新能源类专业教学资源库建设配套教材

机械制图

（项目式任务驱动教程）

王技德　曾晓彤　张　康　主编

刘妮娜　蒋　伟　王　艳　副主编

胡宗政　主审

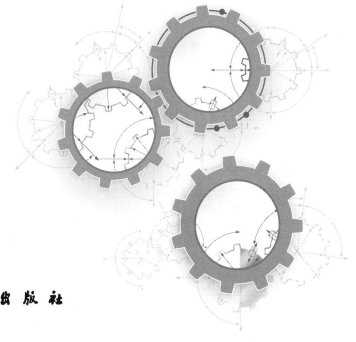

化学工业出版社

·北京·

内 容 提 要

本书是面向高职层次的一本工学结合，进行"翻转课堂"和"做中学与做中教"及线上线下混合教学相结合的新形态一体化教材，包括 6 个项目、14 个任务。项目 1 为平板类零件图的识读与绘制，包括识读减速器透视盖零件图和抄画减速器透视盖垫零件图 2 个任务；项目 2 为套筒类零件三视图与零件图的绘制，包括套筒零件三视图的绘制和套筒零件图的绘制 2 个任务；项目 3 为轮盘类零件三视图与零件图的绘制与识读，包括减速器透盖三视图的绘制和减速器透盖零件图的绘制 2 个任务；项目 4 为轴类零件图的绘制与识读，包括减速器从动轴零件图的识读和减速器齿轮轴零件图的绘制 2 个任务；项目 5 为箱体类零件图的识读与绘制，包括减速器箱盖零件图的识读和减速器箱体零件图的绘制 2 个任务；项目 6 为装配图的识读与绘制，包括减速器轴系零件装配图的绘制、减速器箱体与箱盖及其附件连接视图的绘制、减速器装配图的绘制及减速器装配图的识读 4 个任务。

本教材适用于高职院校新能源类光伏等专业以及机械设计制造类、机电设备类、汽车类、自动化类等工科各专业的学生使用，也可供有关工程技术人员参考培训使用。

图书在版编目（CIP）数据

机械制图：项目式任务驱动教程/王技德，曾晓彤，
张康主编. —北京：化学工业出版社，2020.8
新能源类专业教学资源库建设配套教材
ISBN 978-7-122-37400-4

Ⅰ.①机… Ⅱ.①王… ②曾… ③张… Ⅲ.①机械
制图-高等职业教育-教材 Ⅳ.①TH126

中国版本图书馆 CIP 数据核字（2020）第 125972 号

责任编辑：张绪瑞 刘 哲　　　　　　　　装帧设计：史利平
责任校对：王鹏飞

出版发行：化学工业出版社（北京市东城区青年湖南街 13 号　邮政编码 100011）
印　　装：三河市延风印装有限公司
787mm×1092mm　1/16　印张 16¾　字数 408 千字　2020 年 11 月北京第 1 版第 1 次印刷

购书咨询：010-64518888　　　　　　　　售后服务：010-64518899
网　　址：http://www.cip.com.cn
凡购买本书，如有缺损质量问题，本社销售中心负责调换。

定　　价：49.50 元　　　　　　　　　　　　　　版权所有　违者必究

新能源类专业教学资源库建设配套教材

建设单位名单

天津轻工职业技术学院 (牵头单位)
佛山职业技术学院 (牵头单位)
酒泉职业技术学院 (牵头单位)

(以下按照汉语拼音排列)
包头职业技术学院
常州轻工职业技术学院
哈尔滨职业技术学院
湖南电气职业技术学院
兰州职业技术学院
乐山职业技术学院
秦皇岛职业技术学院
衢州职业技术学院

新能源类专业教学资源库建设配套教材

编审委员会成员名单

主 任 委 员：戴裕崴

副主任委员：李柏青　薛仰全　李云梅

主 审 人 员：刘　靖　唐建生　冯黎成

委　　　员（按照姓名汉语拼音排列）

陈文明　陈晓林　戴裕崴

段春艳　方占萍　冯黎成

冯　源　韩俊峰　胡昌吉

黄冬梅　李柏青　李良君

李云梅　廖东进　林　涛

刘　靖　刘秀琼　皮琳琳

唐建生　王春媚　王冬云

王技德　薛仰全　张　东

张　杰　张振伟　赵元元

随着传统能源日益紧缺，新能源的开发与利用得到世界各国的广泛关注，越来越多的国家采取鼓励新能源发展的政策和措施，新能源的生产规模和使用范围正在不断扩大。《京都议定书》签署后，新的温室气体减排机制将进一步促进绿色经济以及可持续发展模式的全面进行，新能源将迎来一个发展的黄金年代。

当前，随着中国的能源与环境问题日趋严重，新能源开发利用受到越来越高的关注。新能源一方面可以作为传统能源的补充，另一方面可以有效降低环境污染。我国新能源开发利用虽然起步较晚，但近年来也以年均超过 25% 的速度增长。自《可再生能源法》正式生效后，政府陆续出台一系列与之配套的行政法规和规章来推动新能源的发展，中国新能源行业进入发展的快车道。

中国在新能源和可再生能源的开发利用方面已经取得显著进展，技术水平已有很大提高，产业化已初具规模。

新能源作为国家加快培育和发展的战略性新兴产业之一，国家已经出台和即将出台的一系列政策措施，将为新能源发展注入动力。随着投资光伏、风电产业的资金、企业不断增多，市场机制不断完善，"十三五"期间光伏、风电企业将加速整合，我国新能源产业发展前景乐观。

2015 年根据教育部教职成函【2015】10 号文件《关于确定职业教育专业教学资源库 2015 年度立项建设项目的通知》，天津轻工职业技术学院联合佛山职业技术学院和酒泉职业技术学院以及分布在全国的 10 大地区、20 个省市的 30 个职业院校，建设国家级新能源类专业教学资源库，得到了 24 个行业龙头、知名企业的支持，建设了 18 门专业核心课程的教育教学资源。

新能源类专业教育教学资源库开发的 18 门课程，是新能源类专业教学中应用比较广、涵盖专业知识面比较宽的课程。18 本配套教材是资源库海量颗粒化资源应用的一个方面，教材利用资源库平台，采用手机 APP 二维码调用资源库中的视频、微课等内容，充分满足学生、教师、企业人员、社会学习者时时、处处学习的需求，大量的资源库教育教学资源可以通过教材的信息化技术应用到全国新能源相关院校的教学过程，为我国职业教育教学改革做出贡献。

戴裕崴

2017 年 6 月 5 日

前言

"机械制图"课程是工科各专业的必修课。本书是在广泛吸取同类教材的优点，总结编者多年从事课程教学的实践经验和教学成果，以及负责 2015 年度教育部立项项目"新能源类专业教学资源库建设"的子项目"机械制图与 AUTOCAD 课程"建设的体会与成果的基础上，精心编写的实用机械制图教材。本教材力求体现项目式教学法、任务驱动法、工学结合、理实一体化的特色，并及时跟踪最新标准，将"互联网＋资源库"充分应用，使理论学习与技能训练同步进行，可提高学生的学习效率、学习热情和学习效果。

本教材以绘图、读图能力的培养为基本目标，以减速器的零件部件为项目引领，以减速器零件部件三视图与零件图的识读和绘图为任务驱动，以课前检测为问题导学，将机件的表达方法和尺寸公差融入零件图中，将标准件和常用件及配合融入装配图中，将零件的技术要求分散到各任务之中，实现理论与实践的有机结合，强化了工程性和实用性，贴近了工程设计和生产实际。

本书是面向高职层次的一本工学结合，进行"翻转课堂"和"做中学与做中教"及线上线下混合教学相结合的新形态一体化教材。全书包括 6 个项目、14 个任务。项目 1 为平板类零件图的识读与绘制，包括识读减速器透视盖零件图和抄画减速器透视盖垫零件图 2 个任务；项目 2 为套筒类零件三视图与零件图的绘制，包括套筒零件三视图的绘制和套筒零件图的绘制 2 个任务；项目 3 为轮盘类零件三视图与零件图的绘制与识读，包括减速器透盖三视图的绘制和减速器透盖零件图的绘制 2 个任务；项目 4 为轴类零件图的识读与绘制，包括减速器从动轴零件图的识读和减速器齿轮轴零件图的绘制 2 个任务；项目 5 为箱体类零件图的识读与绘制，包括减速器箱盖零件图的识读和减速器箱体零件图的绘制 2 个任务；项目 6 为装配图的绘制与识读，包括减速器从动轴系零件装配图的绘制、减速器箱体与箱盖及其附件连接视图的绘制、减速器装配图的绘制及减速器装配图的识读 4 个任务。

考虑到不同专业的需要，本书内容与任务检测均有一定的选择余地，使用时可根据专业和课时情况进行取舍，如课时较少时，可以选学项目 1~4 和项目 6 中的任务 1 和任务 2。

本教材适用于高职院校新能源类光伏等专业以及机械设计制造类、机电设备类、汽车类、自动化类等工科各专业的学生使用，也可供有关工程技术人员参考培训使用。

本教材由兰州职业技术学院王技德、襄阳汽车职业技术学院曾晓彤和酒泉职业技术学院张康任主编，南京铁道职业技术学院刘妮娜、南京铁道职业技术学院蒋伟、兰州职业技术学院王艳任副主编，兰州职业技术学院何育慧、杨筱萍、杜昕、董军参编，胡宗政教授主审，王技德负责对全书进行统稿。刘胜教授和杨新田教授对本书编写给予了大力支持与帮助，在此深表感谢。

由于编者水平所限，不妥之处在所难免，敬请广大读者和专家批评指正。

编　者

目录

绪论

一、工科类专业的学生学习机械制图课程的必要性

1. 图样是工程界的技术语言

在机械制造业中，机器设备是根据图样（准确表达物体的形状、尺寸及其技术要求，根据投影原理和国家标准绘制的图，称为图样）加工制造的。如要生产一部图 6-0-1（b）所示的一级圆柱斜齿齿轮减速器，首先要画出如图 6-3-1 所示表达该减速器的装配图和图 6-3-2 所示零件的零件图（详见本书各任务的零件图），然后根据零件图制造出全部零件，再按装配图装配成机器。由此可知，在工程技术中，图样不但是设计者表达设计意图，生产者指导生产的重要技术文件，而且是他们进行技术交流的重要工具。因此，图样是每一个工程技术人员必须掌握的"工程技术语言"。

2. 机械制图课程是后续课程的基础

对工科类专业的学习者来说，后续课程的学习和毕业设计都离不开阅读和绘制图样，因此，本课程是工科类专业的学习者学习后续专业基础课、专业课和进行课程设计的基础。

3. 机械制图课程的性质与地位

在机械工程中使用的图样称为机械图样。"机械制图"是一门研究绘制和阅读机械图样的理论和方法的技术基础课程，是工科类学习者必修的基础课程、主干课程。

综合上述，"机械制图"对工科类的学习者来说非常重要，是每一个工程技术人员必须掌握的基础课程。

二、学习目标

掌握正投影法的基本理论及其应用，国家制图标准及其有关规定；具有绘图和阅读机械图样的基本能力；培养空间思维与想象能力；为后续课程的学习做好铺垫，为毕业后从事机械加工、制造岗位的技术工作和工程图样的绘制与管理工作打下牢固的基础。

三、任务和要求

学习一个理论：学习正投影的基础理论及其应用。

贯彻两个标准：贯彻《机械制图》与《技术制图》国家标准及其有关规定。

培养三种能力：培养绘制机械图样的基本能力、阅读机械图样的基本能力及空间思维与构思能力。

养成一种作风：养成认真负责的工作态度和严谨细致的工作作风。

四、学习内容

平板类零件图的识读与绘制、套筒类零件三视图与零件图的识读与绘制、轮盘类零件图的识读与绘制、轴类零件图的识读与绘制、箱体类零件图的识读与绘制、装配图的识读与绘制。

五、教师的教学方法

1. 教学思路

以绘图、读图能力的培养为基本目标，以图 6-0-1（b）所示的一级圆柱斜齿齿轮减速器为项目引领，以图 6-3-1 所示表达该减速器的装配图和图 6-3-2 所示零件的零件图绘制与阅读为任务驱动，以教学资源库为学习平台，以课前检测为问题导学，以学习者为本、做学一体、强调实践、精讲多练、重视信息化技术和认知规律，自始至终贯穿严谨作风的养成教育为教学思路。

2. 教学方法

采用任务驱动、翻转课堂、做中学与做中教及线上线下混合教学相结合的方法。

3. 教学手段

充分利用信息化、多媒体、实物、模型等手段进行教学。

六、学生的学习方法

本课程既有系统理论又有很强的实践性，因此，学习时应特别注意以下几点：

1. 贯彻一个"严"字

因为图样是工程界的技术语言，对于图样的幅面、比例、字体、图线、画法和标注方法及图样中涉及的各种技术要求均有标准可循，所以在学习本课程时，要严格贯彻《机械制图》与《技术制图》国家标准及其有关规定。

2. 突出一个"练"字

因为本课程的实践性很强，其主要内容必须在学习基础理论的基础上，通过大量的绘图、读图练习才能逐步掌握。练习时，首先要准备一套合乎要求的制图工具，按照正确的制图方法和步骤来画；其次要注意画图与看图相结合，物体与图样相结合，多画多看，并认真完成作业，逐步建立平面图形和空间形体间的对应关系。

3. 贯穿一个"勤"字

古人说："书山有路勤为径""业精于勤荒于嬉"，强调的就是这个"勤"字。同样，要掌握正确的画图和看图方法——形体分析法、线面分析法和投影分析法，提高独立分析和解决看图、画图等问题的能力，也离不开勤于思考、勤于学习、勤于实践、勤于合作探究，勤于利用丰富的网上教学资源进行学习。

4. 加强一个"记"字

因为本课程的国标和规定画法较多，所以离不开记忆。

5. 强化一个"细"字

因为画图或读图的任何差错都会给生产造成损失，所以在学习本课程时，必须注意培养细心、认真、严谨的职业素养。

七、考核方法

采用线上考核与线下考核（期末考评）相结合的方法，强调线上考核的重要性，具体见课程考核表。

课程考核表

考核方式	线上考核			线下考核（期末考评）
	学习行为考核	线上测试	作业考核	
	15%	25%	20%	40%
考核实施	根据学生的学习行为考评	根据学生完成课堂小测及按时完成并提交的任务考评	根据学生按时完成并提交的作业考评	线下实操考核
考核标准	①线上的学习过程 ②在线学习讨论 ③课前测试 ④问卷与合作性 ⑤纪律性和言行举止	课程共包括14个课堂教学任务,针对每个任务均设计5～8个课堂小测。其中课堂小测30分,按时提交任务成果70分,不按时提交任务得应得分的80%,晚交两周不得分	课程共包括14个举一反三或分层教学的实训作业题,每个100分,不按时提交得应得分的80%,晚交两周不得分	按学校安排进行线下实操考核,根据提交的成果进行评分,共100分

平板类零件图的识读与绘制

项目描述 ▶▶

常见的平板类零件有垫板、固定板、滑板、连接板、工作台、模板等。其结构特点是主体为高度方向尺寸较小的柱体，其上常有成型孔、螺纹孔、螺栓孔、销孔、圆角及凸台、凹坑等结构，如图 1-0-1 所示。本项目以减速器透视盖零件图的识读和透视盖垫零件图的绘制为例，介绍机械制图基本规范，平板类零件图的图形选择、尺寸标注、技术要求及其识读和绘制的方法和步骤。

(a)透视盖　　　　　　　　　(b)透视盖垫　　　　　　　　　(c)模板

图 1-0-1　平板类零件的立体图

任务 1　识读减速器透视盖零件图

任务要求 ▶▶

识读零件图是工程技术人员必备的基本技能之一。在生产车间，正确地阅读零件图是合理组织生产，并加工出符合图样要求的合格零件的前提条件。本任务以图 1-1-1 所示的减速器透视盖零件图为例，介绍零件图的内容。要求学习者能大概粗略地认识机械零件图的内容，并通过填空的形式回答透视盖零件图上所涉及的简单问题，以便在后续的任务中详细掌握。

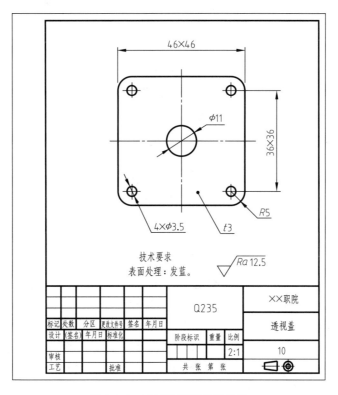

图 1-1-1　减速器透视盖零件图

任务目标 ▶▶

通过识读图 1-1-1 所示的减速器透视盖零件图，让学习者大概掌握零件图的内容，按时完成率 90% 以上，正确率达到 80% 以上。

课前检测 ▶▶

选择题（选择正确的答案并将相应的字母填入题内的括号中）。

1. 一张完整的零件图主要包括（　　）内容。

A. 一组图形　　　　　B. 全部尺寸　　　　　C. 技术要求　　　　　D. 标题栏

2. 尺寸标注中，符号"t"表示（　　）。

A. 球直径　　　　　B. 厚度　　　　　C. 深度　　　　　D. 45°倒角

3. 机械图样中，表示可见轮廓线的线型是（　　）。

A. 波浪线　　　　　B. 细实线　　　　　C. 粗实线　　　　　D. 虚线

4. 机械图样中，表示圆的中心线及回转体轴线的线型是（　　）。

A. 细点画线　　　　　B. 细实线　　　　　C. 粗实线　　　　　D. 虚线

任务 1
参考答案

任务实施 ▶▶

零件图是用于表达单个零件形状结构、尺寸大小、技术要求的图样，是体现设计思想、指导生产、控制整个生产过程的重要技术依据。一幅完整的零件图包括标题栏、一组图形、全部尺寸和技术要求等四方面的内容。

一、识读标题栏

标题栏在图样的右下角，用以规范填写零件的名称、材料、图样的编号、比例及设计、审核人员的签名、日期等内容。从本任务的标题栏可知，零件名称是_____，比例为____，材料是_____，图纸编号为_____。

二、识读图形

识读图形就是识读零件的表达方法并想象零件的结构形状。本任务采用____个图形来表达透视盖的结构形状，它由厚度为____的带圆角的一个_____、一个大____和四个小_____组成，如图 1-0-1（a）所示。

三、识读尺寸

识读尺寸就是分析图形中各部分的定形尺寸、各方向的尺寸基准及定位尺寸和总体尺寸。定形尺寸是确定图形中各部分形状和大小的尺寸，如线段的长度、圆弧的半径、圆的直径和角度等大小的尺寸。定位尺寸是确定图形中各部分之间相对位置的尺寸。定位尺寸应从尺寸基准出发标注，所谓尺寸基准，就是标注定位尺寸起始位置的点、线或面。每个图形的每个方向至少应有一个尺寸基准。常用的尺寸基准多为图形的对称中心线、较大圆的中心线或图形的轮廓边线等。对于对称结构，其定位尺寸应对称标注。总体尺寸是图形的总长、总宽和总高尺寸，如图 1-1-1 中的 46×46 和 $t3$。值得注意的是，有的尺寸既是定形尺寸，又是定位尺寸或总体尺寸。

本任务的定形尺寸有_____、_____、_____、_____、_____，定位尺寸有_____，尺寸基准为_____，46×46 既是大正方形的_____尺寸，又是零件的_____尺寸。

四、识读技术要求

零件图的技术要求是制造零件的质量指标，包括表面结构、尺寸公差、几何公差及与加工、检验有关的文字说明等。这些要求是制订加工工艺、组织生产、保证产品质量的重要技术依据。识读技术要求就是找出零件图给出的表面结构要求、尺寸公差、几何公差以及文字说明等，并理解其含义。这些内容将分散到每个任务中介绍，以达到分散难点的目的。在本任务中，技术要求中未标注_____和_____，表面结构要求为_____（用代号表示），这说明透视盖的加工精度要求不高。其中 Ra 是表面粗糙度的评定参数_____，Ra 的值越小，表面越光滑，质量越高，加工成本越高。$\sqrt{\dfrac{Ra\,12.5}{}}$ 的含义是_____，文字说明的技术要求是_____。

任务检测 ▶▶

分析图 1-2-1 所示减速器透视盖垫零件图并填空。

透视盖垫使用的材料是_____，绘图比例是____；它的结构形状是由厚度为_____mm 的带圆角的大小两个_____和四个小_____组成的，如图 1-0-1（b）

所示；φ3.5 的四个圆孔的定位尺寸是 _____，带圆角的小正方形的定形尺寸是 _____ 和 _____；零件图的技术要求是 _____。

知识拓展 ▶▶

一、表面结构的概念

零件的表面结构是表面粗糙度、表面波纹度、表面缺陷、表面纹理和表面几何形状的总称。它们在零件的加工过程中，同时生成并存在于同一表面中，影响零件的外观、加工成本、使用性能。表面结构的几何参数众多，但常用表面粗糙度参数来评定。

二、表面粗糙度

1. 表面粗糙度概念

零件的表面无论加工得多么光滑，在显微镜（或放大镜）下观察，都可以看到微观的峰谷不平痕迹，如图 1-1-2（a）所示。零件表面上具有的较小间距的峰谷所组成的微观几何形状特征，称为表面粗糙度。

2. 表面粗糙度的评定参数

表面粗糙度的评定参数有轮廓算术平均偏差 Ra 和轮廓最大高度 Rz。

（1）轮廓算术平均偏差 Ra

如图 1-1-2（b）所示，Ra 是在一个取样长度内，被测实际轮廓上各点至轮廓中线的距离（纵坐标值的绝对值）的算术平均值。Ra 能充分反映零件表面的微观不平度，因此在评定表面结构时普遍被采用。

Ra 用电动轮廓仪测量，运算过程由仪器自动完成。它的参数值已经标准化，设计时应按表 1-1-1 所示的国家标准 GB/T 1031—2009 规定的参数值系列选取。

表 1-1-1　*Ra* 的数值系列（GB/T 1031—2009）　　　　　　μm

第一系列	0.012	0.025	0.050	0.100	0.2	0.4	0.80
	1.6	3.2	6.3	12.5	25.0	50.0	100

（2）轮廓最大高度 Rz

如图 1-1-2（b）所示，在取样长度内轮廓峰顶线和轮廓谷底线之间的距离，称轮廓最大高度，用 Rz 表示。它用于限定零件表面某些区域不允许出现较大加工痕迹。

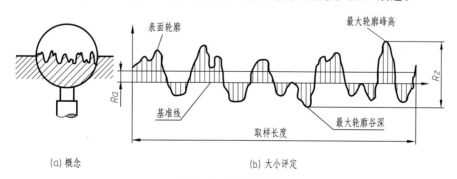

(a) 概念　　　　　　　　　　　　(b) 大小评定

图 1-1-2　表面粗糙度

三、表面结构的图形符号与代号

1. 表面结构的图形符号及意义

表面结构的图形符号及意义如表 1-1-2 所示。

表 1-1-2　表面结构的图形符号及意义

符　号	意　义
√	基本符号。仅适用于简化代号标注。当加注参数或补充说明时，表示表面可用任何方法获得。当不加注粗糙度参数值或有关说明时，不能单独使用
▽	扩展图形符号一。表示表面是用去除材料的方法获得的，如车、铣、钻、磨、剪切、抛光、腐蚀、电火花加工、气割等
◁	扩展图形符号二。表示表面是用不去除材料的方法获得的，如铸、锻、冲压、热轧、冷轧、粉末冶金等
√ ▽ ◁	完整图形符号。符号长边上加一横线，用于标注有关参数和说明

2. 表面结构代号及其识读

表面结构的图形符号中注写了具体的评定参数代号及其数值和对零件表面的其他要求后，即为表面结构代号，它们的标注位置（GB/T 131—2006）如图 1-1-3（a）所示，图中各符号表示的含义是 a 位置注写第一个表面结构要求，如图 1-1-3（b）~（d）所示；b 位置注写第二个表面结构要求，如图 1-1-3（e）所示；c 位置注写加工方法（如车、铣等），如图 1-1-3（b）所示；d 位置注写表面纹理和方向（如平行"＝"、相交"×"、垂直"⊥"等），如图 1-1-3（c）所示；e 位置注写加工余量，以毫米为单位给出数值，如图 1-1-3（d）所示。

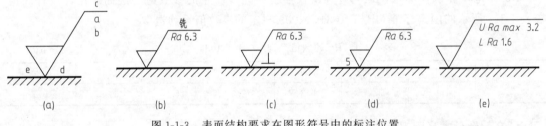

图 1-1-3　表面结构要求在图形符号中的标注位置

在识读表面结构代号时注意两点：一是当标注上限值或上限值与下限值时，允许实测值中有 16% 的测值超差（即 16% 规则）；二是当不允许任何实测值超差时，应在参数代号的右侧加注"max"（即最大规则）。例如：

$\sqrt{^{Ra\,12.5}}$：读作用去除材料的方法获得的表面，表面粗糙度的轮廓算术平均偏差（或 Ra）的上限值为 12.5μm。

$\sqrt{^{Ra\,3.2}}$：读作用任何方法获得的表面，Ra 的上限值为 3.2μm。

$\sqrt{^{U\,Ra\,max\,3.2}_{L\,Ra\,1.6}}$：读作用不去除材料的方法获得的表面，$Ra$ 的最大上限值为 3.2μm，下限值为 1.6μm。

任务 2 抄画减速器透视盖垫零件图

任务要求 ▶▶

本任务用 A4 图幅和留装订边的 Y 型图纸及 2∶1 的比例抄画如图 1-2-1 所示的减速器透视盖垫零件图。要求布图匀称，图框、图线、标题栏、尺寸、文字符号等要素符合国标。

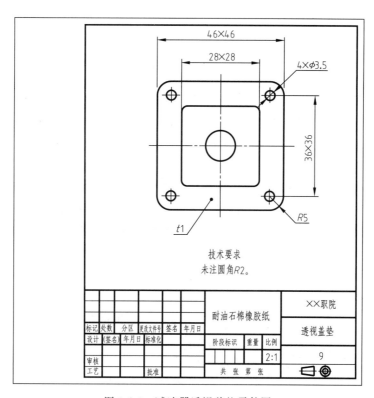

图 1-2-1　减速器透视盖垫零件图

任务目标 ▶▶

通过抄画如图 1-2-1 所示的一级圆柱斜齿齿轮减速器透视盖垫的零件图，让学习者掌握铅笔、图板、三角尺、丁字尺、圆规等常用绘图工具的使用方法，图纸幅面、图框格式、标题栏、比例、图线、汉字、字母、数字的相关标准，图样绘制的基本方法和步骤；绘制图样时能准确选用图幅、图框类型、比例和各种线型，能正确绘制图形、标注尺寸和填写标题栏，按时完成率 90% 以上，正确率达到 80% 以上。

课前检测 ▶▶

选择题（选择正确的答案并将相应的字母填入题内的括号中）。

1.《技术制图》国家标准规定的两种图框格式是（　　　）。

A. 横装和竖装　　　　　　　　　　　　B. 有加长边和无加长边

任务 2
参考答案

C. 不留装订边和留装订边   D. 粗实线和细实线

2.《技术制图》国家标准规定的基本图纸幅面有（　　）。

A. 3 种   B. 5 种   C. 4 种   D. 6 种

3. 两段点画线相交处应是（　　）。

A. 线段交点   B. 间隙交点   C. 空白点   D. 任意点

4. 用半径为 R 的圆弧连接两已知正交直线，以两直线的交点为圆心，以 R 为半径画圆弧，圆弧与两直线的交点即为连接圆弧的（　　）。

A. 交点   B. 连接点   C. 原点   D. 圆心

任务实施 ▶▶

一、认识绘图工具的使用方法

正确使用绘图工具是保证绘图质量和加快绘图速度的一个重要方面，因此，必须养成正确使用绘图工具的良好习惯。

1. 图板

图板是用来铺放和固定图纸的。板面要求平整光滑，图板四周一般都镶有硬木边框，图板的左边是工作边，称为导边，需保持平直光滑。使用时，要防止图板受潮、受热。图纸要铺放在图板的左下部，用胶带纸粘住四角，并使图纸下方至少留有一个丁字尺宽度的空间，如图 1-2-2 所示。

2. 丁字尺

丁字尺主要用于画水平线，它由互相垂直并连接牢固的尺头和尺身两部分组成，如图 1-2-2 所示。尺身沿长度方向带有刻度的侧边为工作边，绘图时，要使尺头紧靠图板左边，并沿其上下滑动到需要画线的位置，同时使笔尖紧靠尺身，笔杆略向右倾斜，即可从左向右匀速画出水平线。应注意：尺头不能紧靠图板的其他边缘滑动而画线；丁字尺不用时应悬挂起来（尺身末端有小圆孔），以免尺身翘起

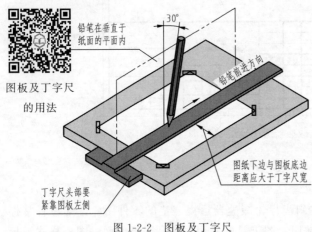

图板及丁字尺
的用法

图 1-2-2　图板及丁字尺

变形。

3. 三角板

三角板由 45°和 30°（60°）各一块组成一副，主要用于配合丁字尺的使用来画垂直线与倾斜线。画垂直线时，应使丁字尺尺头紧靠图板工作边，三角板一边紧靠住丁字尺的尺身，然后用左手按住丁字尺和三角板，使铅笔靠在三角板的左边自下而上画线。画 30°、45°、60°倾斜线时均需丁字尺与一块三角板配合使用，当画其他 15°整数倍角的各种倾斜线时，需丁字尺和两块三角板配合使用画出，如图 1-2-3 所示。同时，两块三角板配合使用，还可以画出已知直线的平行线或垂直线。

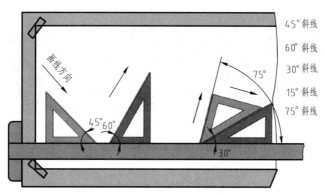

图 1-2-3　三角板和丁字尺的配合使用

4. 铅笔

铅笔是用来画图线或写字的。铅笔的铅芯有软硬之分，铅笔上标注的"H"表示铅芯的硬度，"B"表示铅芯的软度，"HB"表示软硬适中，"B""H"前的数字越大表示铅笔越软或越硬。6H 和 6B 分别为最硬和最软的铅芯。画图时，应使用较硬的铅笔打底稿，如 3H、2H 等，用 HB 铅笔写字，用 B 或 2B 铅笔加深图线。铅笔通常削成锥形或铲形，铅芯露出约 6～8mm。画图时应使铅笔略向运动方向倾斜，并使之与水平线大致成 75°角，如图 1-2-4 所示，且用力要得当。用锥形铅笔画直线时，要适当转动笔杆，这样可使整条线粗细均匀；用铲形铅笔加深图线时，可将铅芯削得与线宽一致，使所画线条粗细一致。

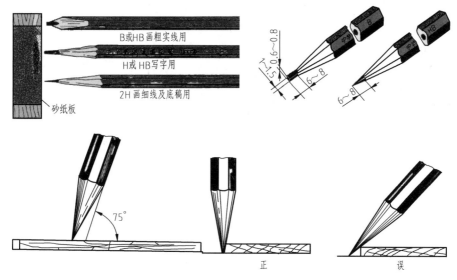

图 1-2-4　铅笔的使用

5. 圆规和分规

圆规主要用来画圆及圆弧。一般较完整的圆规应附有铅芯插腿、钢针插腿、直线笔插腿和延伸杆等，如图 1-2-5 (a) 所示。在画图时，应尽量使钢针和铅芯都垂直于纸面，钢针的台阶与铅芯尖应平齐，并按顺时针转动，如图 1-2-5 (b) 所示。画大圆或圆弧时，应接上延伸杆，并且使圆规的两条腿都垂直于纸面，如图 1-2-5 (c) 所示。

分规的形状与圆规相似，但两腿都是钢针，主要用来量取线段长度和等分线段。为了能准

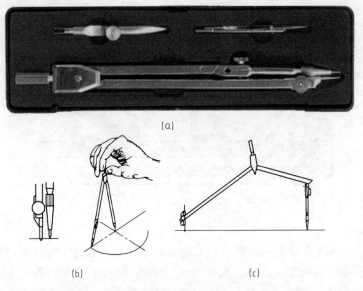

(a)

(b)   (c)

图 1-2-5   圆规的用法

确地量取尺寸，分规的两针尖应保持尖锐，使用时，两针尖应调整到平齐，如图 1-2-6（a）所示。等分线段时，通常用试分法，逐渐地使分规两针尖调到所需距离，然后在图纸上使两针尖沿要等分的线段依次摆动前进，如图 1-2-6（b）所示。从尺上量取长度时，针尖不要正对尺面，应使针尖与尺面保持倾斜，如图 1-2-6（c）所示。

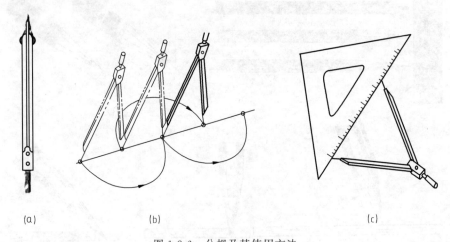

(a)   (b)   (c)

图 1-2-6   分规及其使用方法

6. 其他绘图工具

绘图时还需要曲线板、小刀（或刀片）、绘图橡皮、胶带纸、量角器、砂纸及软毛刷等。

二、确定图幅与图框格式及标题栏

国家标准（GB/T 14689—2008）对图幅与图框格式作了明确规定。"GB/T"表示推荐性国家标准，如果"GB"后没有"/T"表示强制性国家标准，"14689"是该标准的编号，"2008"表示该标准是 2008 年发布的。"国家标准"简称"国标"。

1. 图纸幅面

图纸幅面是指图纸宽度与长度组成的图面。图纸的基本幅面共有 A0、A1、A2、A3、A4 五种，其尺寸见表 1-2-1，绘制图样时应优先采用这些幅面尺寸。必要时，也允许选用加长幅面，其尺寸必须由基本幅面的短边乘整数倍增加后得出。

表 1-2-1 图纸幅面代号和尺寸   mm

尺寸代号	幅面代号				
	A0	A1	A2	A3	A4
$B \times L$	841×1189	594×841	420×594	297×420	210×297
a	25				
c	10			5	
e	20		10		

注：B 为短边尺寸，L 为长边尺寸，a、c、e 为留边宽度。

2. 图框格式

图框是指图纸上限定绘图区域的线框，用粗实线画出图框，其格式分为不留装订边和留装订边两种，但同一产品的图样只能采用一种格式，图样必须画在图框之内。

留装订边的图纸，其图框格式如图 1-2-7 所示。

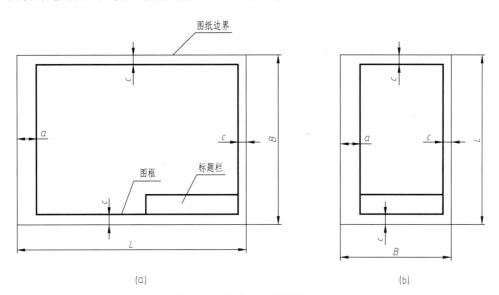

图 1-2-7 留装订边的图框格式

不留装订边的图纸，其图框格式如图 1-2-8 所示。

加长幅面的周边尺寸，按所选用的基本幅面大一号的周边尺寸确定。如 A2×3 的周边尺寸，按 A1 的周边尺寸确定，即 e 为 20 或 c 为 10。

3. 标题栏

国家标准（GB/T 10609.1—2008）规定了标题栏的格式及尺寸，用以说明图样的名称、图号、零件材料、设计单位及有关人员的签名等内容，它一般包含更改区、签字区、其他区及名称代号区四个部分，如图 1-2-9（a）所示，但学校里制图作业中的标题栏可以按照图 1-2-9（b）的格式绘制。

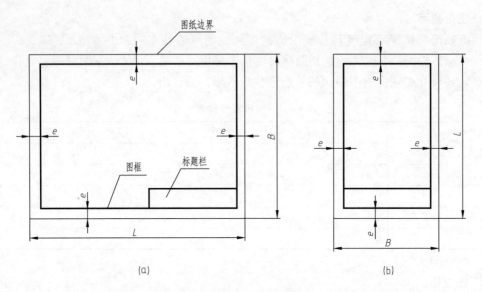

图 1-2-8 不留装订边的图框格式

标题栏的位置一般应在图纸的右下角，如图 1-2-7 和图 1-2-8 所示。当标题栏的长边置于水平方向并与图纸的长边平行时，构成 X 型图纸，如图 1-2-7（a）和图 1-2-8（a）所示。当标题栏的长边与图纸的长边垂直时，则构成 Y 型图纸，如图 1-2-7（b）和图 1-2-8（b）所示。在此情况下，标题栏中的文字方向即为看图方向。

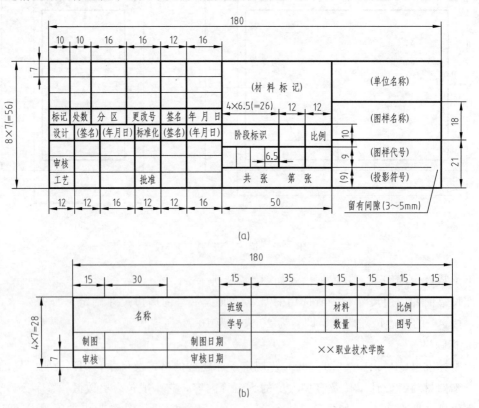

图 1-2-9 标题栏格式

4. 对中符号和方向符号

国家标准（GB/T 14689—2008）规定，为了使图样在复制和微缩摄影时定位方便，应在图纸各边的中点处分别画出对中符号。对中符号用粗实线绘制，长度从纸边开始伸入图框线内约 5 mm，如图 1-2-10（a）所示；当对中符号处于标题栏内时，则伸入标题栏内的部分省略不画，如图 1-2-10（b）所示。为了使用预先印制好的图纸，允许将标题栏的位置放在图纸的右上角，但为了能正确地表达看图方向，应在图纸下边的对中符号处绘制方向符号，如图 1-2-10（a）、（b）所示，方向符号的画法如图 1-2-10（c）所示。

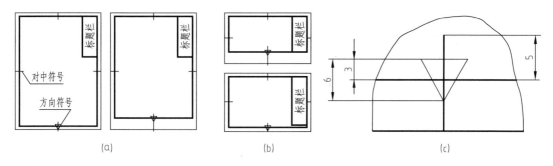

图 1-2-10　对中符号和方向符号

本任务选用 A4 图幅，Y 型图纸，留装订边的图框，标题栏的名称框中填写"减速器透视盖垫"。

三、确定绘图比例

1. 比例的含义

比例是指图样中图形与实物相应要素的线性尺寸之比。比值大于 1 的比例，如 2∶1 等，称为放大比例，如图 1-2-11（a）所示；比值为 1 的比例，即 1∶1，称为原值比例，如图 1-2-11（b）所示；比值小于 1 的比例，如 1∶2 等，称为缩小比例，如图 1-2-11（c）所示。

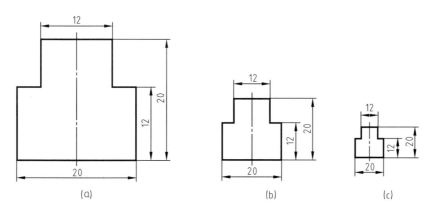

图 1-2-11　同一机件按不同比例画出的图形

2. 比例系列

国标（GB/T 14690—1993）规定可选的比例如表 1-2-2 所示。

表 1-2-2　比例系列

种类	第一系列比例			第二系列比例					
原值比例	1：1								
放大比例	2：1	5：1	10：1	2.5：1	4：1				
	$2×10^n$：1	$5×10^n$：1	$1×10^n$：1	$2.5×10^n$：1	$4×10^n$：1				
缩小比例	1：2	1：5	1：10	1：1.5	1：2.5	1：3	1：4	1：6	1：$6×10^n$
	1：$2×10^n$	1：$5×10^n$	1：$1×10^n$	1：$1.5×10^n$	1：$2.5×10^n$	1：$3×10^n$	1：$4×10^n$		

注：n 为正整数，优先选用第一系列比例。

3. 绘制比例选用

绘制图样时，应尽可能按机件的实际大小画出，以方便看图，如果机件太大或太小，则可在表 1-2-2 中所规定的第一系列中选取适当的比例，必要时也允许选取表 1-2-2 中所规定的第二系列比例。

需要注意的是，无论采用放大或缩小的比例绘图，图样中标注的尺寸，均为机件的实际尺寸，如图 1-2-11 所示；带角度的图形，无论放大或缩小，仍应按实际角度绘制和标注。比例一般应标注在标题栏中的比例栏内，当机件局部需要放大表达时，可采用不同比例绘制，并将比值写在相应图形的上方。

本任务选用 2：1 的比例，并在标题栏的比例框中填写"2：1"。

四、明确图线的种类及其用途和画法

1. 图线的种类和用途

画在图纸上的各种型式的线条统称图线。国家标准《技术制图　图线》（GB/T 17450—1998）规定了 15 种基本线型及其变形。国家标准《机械制图　图样画法　图线》（GB/T 4457.4—2002）规定了 9 种的线型和主要用途，这些图线名称、型式、宽度及其用途如表 1-2-3 所示，作图时常用前 6 种线型。通常将细虚线、细点画线、细双点画线分别简称为虚线、点画线、双点画线。

表 1-2-3　图线的名称、型式、宽度及其用途

图线名称	图线型式	图线宽度	主要用途	应用举例
粗实线	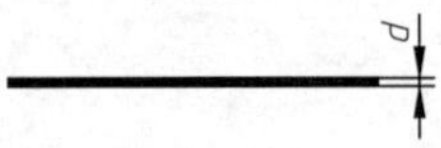	d	可见轮廓线,剖切符号用线	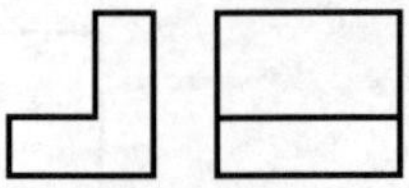
细实线		$d/2$	尺寸线及尺寸界线,剖面线,重合断面的轮廓线,螺纹的牙底线及指引线等	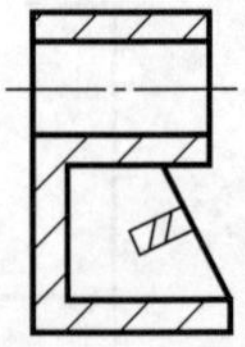
细虚线（虚线）	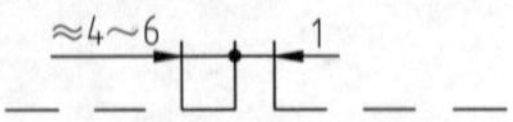	$d/2$	不可见轮廓线	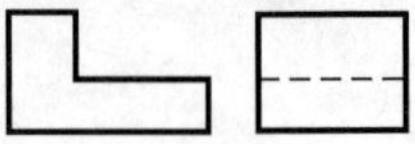
细点画线（点画线）	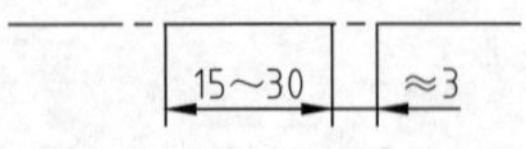	$d/2$	轴线,对称中心线,齿轮的分度圆线	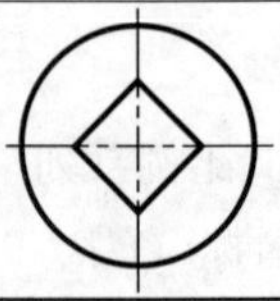

续表

图线名称	图线型式	图线宽度	主要用途	应用举例
波浪线		$d/2$	断裂处的边界线,视图与剖视图的分界线	
细双点画线（双点画线）	15~30 ≈5	$d/2$	极限位置的轮廓线或轨迹线,相邻辅助零件的轮廓线等	
粗点画线	15~30 ≈3	d	限定范围表示线	35~40HRC
粗虚线	1 ≈4~6	d	允许表面处理的表示线	镀铬
双折线	30° m	$d/2$	断裂处的边界线	

注：1. 表中虚线、细点画线、双点画线的线段长度和间隔的数值可供参考。

2. 图线宽度 d 推荐系列为 0.13mm, 0.18mm, 0.25mm, 0.35mm, 0.5mm, 0.7mm, 1mm, 1.4mm, 2mm。

3. 粗实线的宽度应根据图形的大小和复杂程度在 0.5~2mm 之间选择,在实际画图中,一般取 0.5mm 或 0.7mm。

2. 图线的画法

① 在同一图样中,同类图线的宽度应基本一致,虚线、点画线及细双点画线的线段长度和间隔应各自大致相等,点画线、细双点画线的首末两端应是画,而不是点。

② 两条平行线之间的最小间隙不得小于 0.7mm。

③ 各种线型相交时,都应以画相交,不应在空隙或点处相交。当虚线处于粗实线的延长线上时,粗实线应画到分界点,而虚线应留有空隙;当虚线圆弧和虚线直线相切时,虚线圆弧应画到切点而虚线直线需留有空隙,如图 1-2-12 所示。

④ 绘制圆的对称中心线（简称中心线）时,圆心应为画的交点,点画线的两端应超出轮廓线 2~5mm。当圆的图形较小,绘制点画线有困难时,允许用细实线代替点画线,如图 1-2-12 所示。

⑤ 基本线型重合绘制的优先顺序:可见轮廓线（粗实线）→不可见轮廓线（细虚线）→各种用途的细实线→轴线和对称线（细点画线）→假想线（细双点画线）。

本任务用到粗实线、细实线和点画线三种线型,画图时根据上述规定正确绘制。

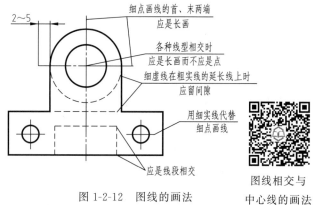

图 1-2-12 图线的画法

图线相交与中心线的画法

五、绘制零件的图形

1. 分析图形的尺寸和线段

图形是由若干段线段（如直线段、圆、圆弧、正方形、长方形）所组成的，而线段的形状与大小及相对位置是根据给定的尺寸确定的。因此在画图时，只有通过分析尺寸和线段间的关系，才能明确从何处着手以及按什么顺序作图。

（1）分析尺寸

分析尺寸就是明确图形中定形尺寸、定位尺寸和总体尺寸及各方向的尺寸基准。本任务的定形尺寸有 46×46 和 $R5$、28×28 和 $R2$、$4 \times \phi 3.5$ 与 $t1$，定位尺寸有 36×36，总体尺寸有 46×46 和 $t1$，尺寸基准为图形的对称中心线。

（2）分析线段

分析线段就是根据图形中线段的尺寸是否齐全分清已知线段、中间线段和连接线段，明确它们的画法。

已知线段是定形尺寸、定位尺寸全部注出的线段。如图 1-2-13（g）所示手柄图形中的尺寸 $\phi 20$、15、$\phi 5$、$R15$、$R10$ 为已知线段，它的尺寸齐全可直接画出，如图 1-2-13（a）、（b）所示。

中间线段是已知定形尺寸和一个方向的定位尺寸，缺少另一个方向的定位尺寸，需要根据连接关系才能画出的线段。作图时由于缺少一个定位尺寸，就必须有一个连接条件才能作图，如图 1-2-13（g）中的圆弧 $R50$ 为中间线段，它的圆心给出了与 $\phi 30$ 的圆相切的一个方向的尺寸 50，另一个方向的尺寸需要与 $R10$ 的内切关系来确定，作图方法如图 1-2-13（c）、（d）所示。

连接线段是只注出了定形尺寸，而未标注定位尺寸的圆弧或者无任何尺寸但两端与圆相切的线段或者有平行、垂直等约束关系的线段。作图时由于缺少两个定位尺寸，就必须有两个连接条件才能作图，如图 1-2-13（g）中的圆弧 $R12$ 为连接线段，它需要通过相邻的 $R50$ 和 $R15$ 两圆弧的圆弧连接关系才能画出，作图方法如图 1-2-13（e）、（f）所示。

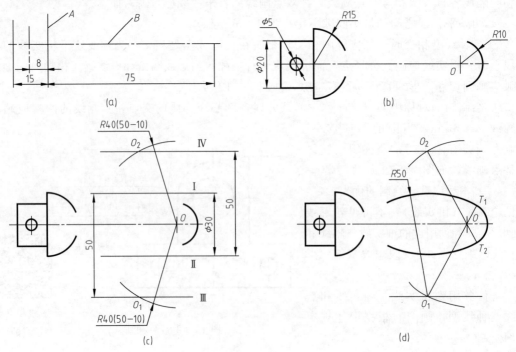

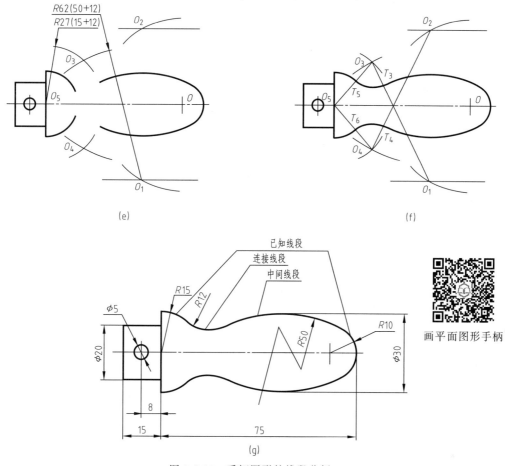

图 1-2-13　手柄图形的线段分析

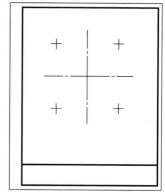

画平面图形手柄

本任务中，除 R5 和 R2 的圆弧是连接线段之外，其他都是已知线段，作图方法如图 1-2-13（a）～（d）所示。

2. 图形布局

按制图标准的要求，用 H 或 2H 铅笔依次轻轻画出图框线和标题栏，然后根据要画图形的比例和总体尺寸确定图形的位置，最后在选定的位置处画出图形的基准线，如中心线、对称轴线及较长直线段等，如图 1-2-14 所示。

3. 绘制底稿

按已知线段、中间线段、连接线段的先后顺序，用 H 或 2H 铅笔轻轻画出底稿线。底稿图线宜细不宜粗，但线型要分明，能够辨认。对于用半径为 R 的圆弧连接两条已知直线的作图方法是先找连接点（切点），再找连接弧的圆心，然后画连接圆弧。本任务底稿的作图步骤如图 1-2-15 所示。

4. 检查与加深

描深以前，必须检查底稿，把画错的线条及作图辅助线用软橡皮轻轻擦净。描深时用 B 或 2B 铅笔将图线按先曲后直、先细后粗、先小后大、先上后下、先左后右、先横后竖

图 1-2-14　图形布局

再斜的顺序进行。加深后的图纸应整洁、没有错误，线型层次清晰，线条光滑、均匀并浓淡一致，如图 1-2-1 所示。

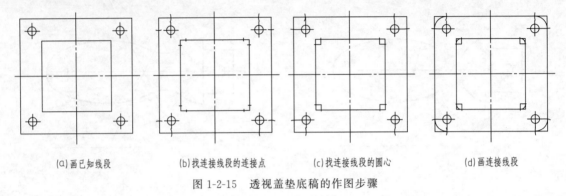

(a)画已知线段 (b)找连接线段的连接点 (c)找连接线段的圆心 (d)画连接线段

图 1-2-15　透视盖垫底稿的作图步骤

六、标注尺寸

在图样上，图形只能表明机件的结构形状，只有标注尺寸后，才能确定机件的大小和各部分精确的位置关系，所以尺寸是图样的重要组成部分，只有在图样中正确、完整、清晰、合理地标出尺寸，才能作为加工制造机件的依据。因此，GB/T 4458.4—2003 和 GB/T 16675.2—2012 中对尺寸注法作了专门规定。

1. 基本规则

① 机件的真实大小应以图样上所注的尺寸数值为依据，与图形的大小、比例及绘图的准确度无关。

② 图样中的尺寸以 mm 为单位时，不需标注计量单位的代号或名称，如采用其他单位，则必须注明相应的计量单位的代号或名称。

③ 对机件的每一种结构，一般只标注一次，并应标注在反映该结构最清晰的图形上。

④ 图样中所标注的尺寸为该图样所示机件的最后完工尺寸，否则应另加说明。

⑤ 标注相互平行的尺寸时，应遵循"小尺寸在里，大尺寸在外"的原则，依次排列整齐，相互平行的尺寸线之间的间隔尽量保持一致，并且应大于 7mm。

⑥ 为了区分不同类型的尺寸，在标注尺寸时规定标注表 1-2-4 所示符号和缩写词。

表 1-2-4　常用的符号和缩写词

名称	符号和缩写词	名称	符号和缩写词
直径	ϕ	正方形边长	□
半径	R	深度	↓
球直径	$S\phi$	沉孔或锪平	⊔
球半径	SR	埋头孔	∨
厚度	t	锥度	▷
均布	EQS	斜度	∠
45°倒角	C	弧长	⌒

2. 尺寸的组成

完整的尺寸应具有尺寸界线、尺寸线及尺寸终端和尺寸数字，如图 1-2-16 所示。

（1）尺寸界线

尺寸界线用来确定所注尺寸的范围，用细实线绘制，应从图形的轮廓线、轴线或对称中心线处引出，也可利用轮廓线、轴线或对称中心线作尺寸界线，尺寸界线应与尺寸线垂直，且超出尺寸线约 2～3mm，如图 1-2-17（a）所示；当尺寸界线过于贴近轮廓线时，也允许倾斜画出，但两尺寸界线必须平行。在光滑过渡处标注尺寸时，必须用细实线将轮廓线延长，并从它们的交点处引出尺寸界线，如图 1-2-17（b）所示。

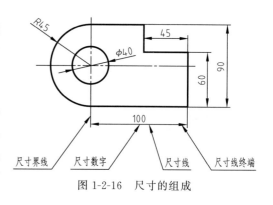

图 1-2-16　尺寸的组成

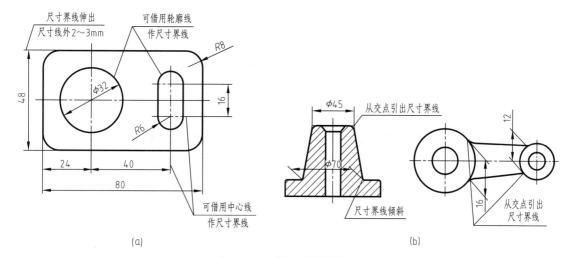

（a）　　　　　　　　　　　　　　　　（b）

图 1-2-17　尺寸界线的画法

（2）尺寸线及尺寸终端

尺寸线用细实线绘制，一般应与图形中标注该尺寸的线段平行，并与该尺寸的尺寸界线垂直。尺寸线不能用其他图线代替，也不能与其他图线重合或画在其延长线上，尺寸线之间或尺寸线与尺寸界线之间应避免交叉，其画法如图 1-2-18 所示。

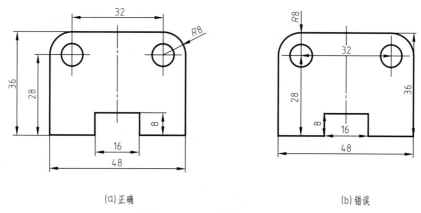

（a）正确　　　　　　　　　　　　　　（b）错误

图 1-2-18　尺寸线的画法

尺寸线的终端有箭头和斜线两种形式。在机械制图中多采用箭头，同一张图上箭头大小要一致，箭头尖端应与尺寸界线接触，在没有足够的位置画箭头时，允许用圆点代替箭头，其画法如图 1-2-19 所示。

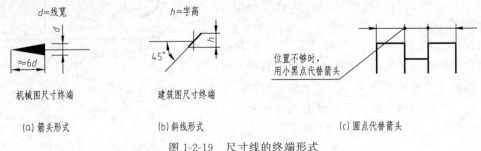

(a) 箭头形式　　　　　(b) 斜线形式　　　　　(c) 圆点代替箭头

图 1-2-19　尺寸线的终端形式

（3）尺寸数字

用于表明机件实际尺寸的大小，与图形的大小无关。尺寸数字采用阿拉伯数字书写，且同一张图上的字高要一致。尺寸数字不可被任何图线穿过，当不可避免时，图线必须断开，如图 1-2-20 所示。

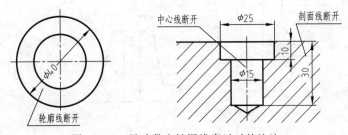

图 1-2-20　尺寸数字被图线穿过时的注法

3. 常见尺寸的标注方法

（1）线性尺寸的标注

标注线性尺寸时，尺寸线应与所标注的线段平行。水平方向的尺寸，尺寸数字要写在尺寸线中间部位的上面，字头朝上；竖直方向的尺寸，尺寸数字要写在尺寸线中间部位的左侧，字头朝左，如图 1-2-21 所示；倾斜方向的尺寸，尺寸数字的字头要有朝上的趋势，并尽可能避免在 30°范围内注写，当无法避免时，可用引线标注，如图 1-2-21（a）所示；非水平方向的尺寸在不致引起误解时，允许其数字水平注写在尺寸线的中断处，如图 1-2-21（b）所示，但在同一图样中，应采用同一种方法注写尺寸数字。

（2）圆或圆弧尺寸的标注

标注圆或大于半圆的圆弧时，尺寸线通过圆心，以圆周为尺寸界线，尺寸数字前加注直径符号"ϕ"，如图 1-2-22（a）所示；标注等于或小于半圆的圆弧时，尺寸线自圆心引向圆弧，只画一个箭头，尺寸数字前加注半径符号"R"，如图 1-2-22（b）所示；当圆弧的半径过大或在图纸范围内无法标注其圆心位置时，可采用折线形式，如图 1-2-22（c）所示；若圆心位置不需注明，则尺寸线可只画靠近箭头的一段，如图 1-2-22（d）所示；当四角有圆弧的平面图形，将圆弧看成已知弧，则既要注圆角半径，也要注出总体尺寸，如图 1-2-22（e）所示；按圆周分布的圆的定位尺寸及同一圆周上不连续的圆弧均标注直径，如图 1-2-22（f）、（g）所示；两个或多个直径相同的圆或半径相同的圆弧，一般只注一次，但在直径符号的"ϕ"前加注该圆的数量，而在半径符号的"R"前不加注该圆弧的数量，如图 1-2-22（e）～（g）所示。

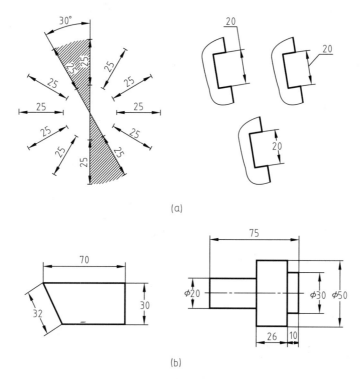

(a)

(b)

图 1-2-21　线性尺寸的标注

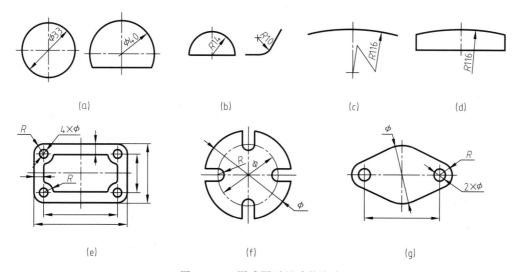

(a)　　　　　　　　(b)　　　　　　　　(c)　　　　　　　　(d)

(e)　　　　　　　　(f)　　　　　　　　(g)

图 1-2-22　圆或圆弧尺寸的注法

（3）小尺寸的标注

对于小尺寸在没有足够的位置画箭头或注写数字时，箭头可画在外面或用小圆点代替；尺寸数字也可采用旁注或引出标注，如图 1-2-23 所示。

（4）板状零件厚度尺寸的标注

标注板状零件的厚度尺寸时，在厚度的尺寸数字前加注符号"t"，如图 1-2-24 所示。

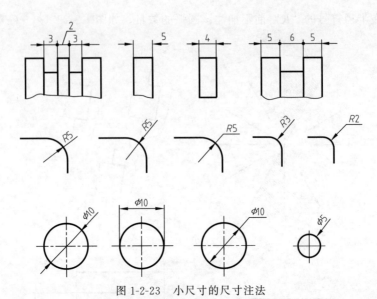

图 1-2-23　小尺寸的尺寸注法

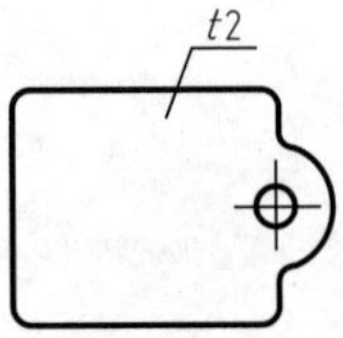

（5）正方形结构的尺寸标注

标注正方形结构的尺寸时，可在边长尺寸数字前加注符号"□"，或用"14×14"代替"□14"。图中相交的两条细实线是平面符号，如图 1-2-25 所示。

（6）对称机件的尺寸标注

当对称机件的图形只画一半或大于一半时，尺寸线应略超过对称中心线或断裂处的边界线，此时仅在尺寸线的一端画出箭头，如图 1-2-26 所示。

图 1-2-24　板状零件厚度的尺寸注法

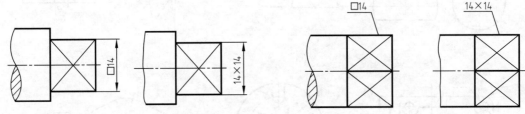

图 1-2-25　正方形结构的尺寸注法

（7）球面尺寸的标注

标注球面的直径或半径时，应在尺寸数字前分别加注符号"$S\phi$"或"SR"，如图 1-2-27（a）所示；对于螺钉、铆钉的头部、轴和手柄的端部等，在不致引起误解的情况下，可省略符号"S"，如图 1-2-27（b）所示。

（8）角度尺寸的标注

标注角度时，尺寸界线应沿径向引出，尺寸线画成圆弧，圆心是角的顶点，尺寸数字一律水平注写，一般注写在尺寸线的中断处，必要时，也可写在上方或外面，也可引出标注，如图 1-2-28 所示。

（9）弦长和弧长尺寸的标注

标注弦长和弧长时，尺寸界线应平行于弦的垂直平分线。弧长的尺寸线为同心弧，并应在尺寸数字左方加注符号"⌒",如图1-2-29所示。

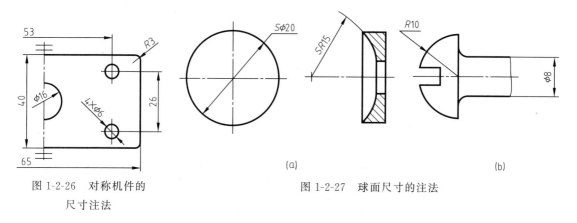

图1-2-26 对称机件的
尺寸注法

图1-2-27 球面尺寸的注法

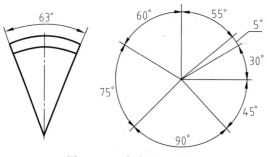

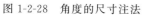

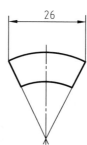

图1-2-28 角度的尺寸注法

图1-2-29 弦长和弧长的尺寸注法

　　在完成本任务的尺寸标注时,要严格遵循国标规定,做到正确;根据图形的画法来标注尺寸,即首先确定尺寸基准,然后在已知线段上标注定形尺寸和两个方向的定位尺寸,在中间线段上标注定形尺寸和一个方向的定位尺寸,连接线段上只标注定形尺寸,达到标注的尺寸不遗漏也不重复,做到完整;设计好尺寸线、尺寸界线的标注位置,使之有层次,画好尺寸箭头,填好尺寸数字做到清晰,结果如图1-2-1所示。

七、书写文字说明的技术要求和填写标题栏

　　国家标准GB/T 14691—1993对图样中采用的汉字、字母和数字作了明确规定。

1. 汉字

　　图样中的汉字应采用长仿宋体。长仿宋体汉字书写的特点:横平竖直、起落有锋、粗细一致、结构匀称。汉字的高度不应小于3.5mm,字宽约等于字高的2/3。汉字的结构布局示例如表1-2-5所示。

表1-2-5 长仿宋体字的示例

字体		示　　例
长仿宋体	10号	字体工整笔画清楚间隔均匀排列整齐
	7号	横平竖直注意起落结构均匀填满方格

2. 字母和数字

在图样中可采用的字母有拉丁字母和希腊字母，可采用的数字有阿拉伯数字和罗马数字。字母和数字可写成斜体或直体，斜体字字头向右倾斜，与水平基准线成75°，但当字母和数字与汉字混合书写时，可写成直体。字母和数字分 A 型和 B 型，A 型字体的笔画宽度（d）为字高（h）的 1/14，B 型字的笔画宽度为字高的 1/10，即 B 型字体比 A 型字体的笔画要粗一点。但在同一图样上，只允许选用一种形式。字母和数字的示例如表 1-2-6 所示。

表 1-2-6　字母和数字的示例

字体		示　例
拉丁字母	大写斜体	*ABCDEFGHIJKLMNOPQRSTUVWXYZ*
	小写斜体	*abcdefghijklmnopqrstuvwxyz*
阿拉伯数字	斜体	*0123456789*
	正体	0123456789
罗马数字	斜体	*I II III IV V VI VII VIII IX X*
	正体	I II III IV V VI VII VIII IX X

3. 字体高度

字体高度（用 h 表示）的公称尺寸系列为 1.8、2.5、3.5、5、7、10、14、20（mm）等 8 种，如需要书写更大的字，其字体高度应按 $\sqrt{2}$ 的比率递增。字体高度代表字体的号数，如 7 号字的高度为 7mm。用作指数、分数、极限偏差、注脚等的数字及字母，一般应采用小一号的字体书写，示例如下：

$$10^3 \quad S^{-1} \quad D_1 \quad T_d \quad \phi 20^{+0.010}_{-0.023} \quad 7^{+1°}_{-2°} \quad \frac{3}{5}$$

在本任务中，书写文字说明的技术要求和填写标题栏时，汉字采用长仿宋体，字母采用直体拉丁字母，数字采用直体阿拉伯数字，字体高度采用 5 号字和 7 号字。

任务检测 ▶▶

线型应用

① 分析图 1-2-30 所示的线型应用并按要求填空。

在括号内填写箭头所指线型的名称，从右下角开始沿顺时针方向分别是

＿＿＿＿、＿＿＿＿、＿＿＿＿、＿＿＿＿、＿＿＿＿、＿＿＿＿、

＿＿＿＿、＿＿＿＿、＿＿＿＿，在图幅右侧引线上方填写指引线所指各部分的名称，从上向

下分别是＿＿＿＿、＿＿＿＿，如该图所用图幅为 A3，则图框格式是＿＿＿＿，

边距是＿＿和＿＿，填写标题栏所用的汉字是＿＿＿＿，字号是＿＿＿＿号和＿＿＿＿号。

② 选用合适图幅和图框及比例抄画图 1-1-1 所示的减速器透视盖零件图。要求布图匀称，图框、图线、标题栏、尺寸、文字符号等要素符合国标。

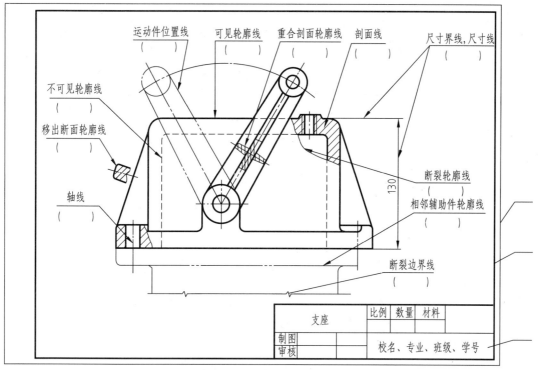

图 1-2-30 线型应用

知识拓展 ▶▶

一、徒手画图的方法

1. 直线的画法

画直线时，眼睛看着图线的终点，由左向右画水平线，由上向下画竖直线，为了顺手图纸可斜放，线斜度较大时可自左向右下或自右向左下画出，如图 1-2-31 所示。当直线较长时，可用目测在直线中间定几个点，然后分几段画出。画短线常只用手腕运笔，画长线则配以手臂动作。

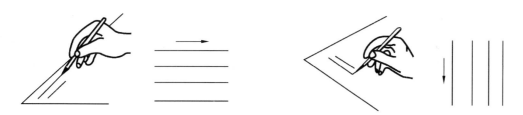

图 1-2-31 直线的徒手画法

2. 圆的画法

画直径较小的圆时，在中心线上按半径目测定出四点，然后徒手连成圆，如图 1-2-32（a）所示；画直径较大的圆时，除中心线以外，再过圆心画几条不同方向的直线，在中心线和这些直线上按半径目测定出若干点，再徒手连成圆，如图 1-2-32（b）所示。

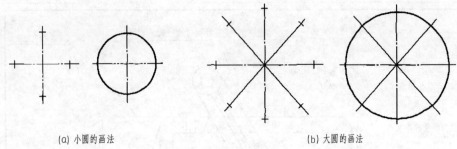

图 1-2-32　圆的徒手画法

3. 常用角度的画法

画 45°、30°、60°等常见角度时，可根据直角边的比例关系，在两直角边上定出几点，然后连接这些点，如图 1-2-33 所示。

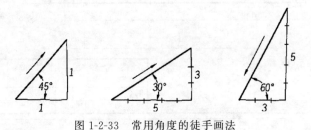

图 1-2-33　常用角度的徒手画法

4. 圆角的画法

徒手画圆角时，应先作出角平分线，然后在角平分线上指定圆心，并过圆心作两条边的垂线，以指定圆弧的两个切点，接着在角平分线上截取圆弧上的一点，最后把三点连接起来即可，如图 1-2-34 所示。

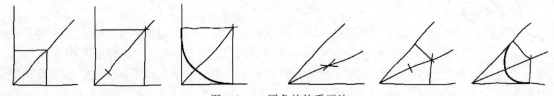

图 1-2-34　圆角的徒手画法

5. 椭圆的画法

可按画圆的方法先画出椭圆的长短轴，并用目测定出其端点位置，过这四点画一矩形，然后徒手作椭圆与此矩形相切。也可先画适当的外切菱形，再根据此菱形画出椭圆，如图 1-2-35 所示。

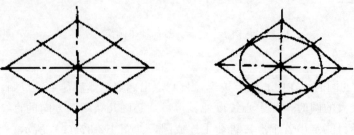

图 1-2-35　椭圆的徒手画法

二、常见几何图形的作图方法

1. 正六边形的作图方法

正六边形的作图方法有多种，其中常用的有按照角度关系的作图法和按照边长关系的作图法。按照角度关系的作图法是：当已知正六边形外接圆的直径 AD 时，过 A、D 两点分别作与水平线成 $60°$ 角的直线 AB、AF、DC、DE，交圆周于 B、F、C、E 四点，连接 BC、EF，得六边形 $ABCDEF$，如图 1-2-36（a）所示；当已知正六边形内切圆的直径 S 时，先作出圆的上下两条水平切线，再分别以与水平线成 $60°$ 角、$120°$ 角作出另外四条切线，如图 1-2-36（b）所示。按照边长关系的作图法是：分别以水平直径的两端点为圆心，以外接圆的半径为半径画弧，得六边形的另外四个顶点，然后依次连接，如图 1-2-36（c）所示。

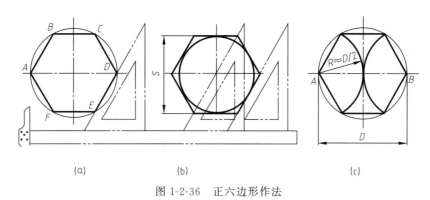

图 1-2-36　正六边形作法

2. 等分线段

过线段 AB 的端点 A 作任意一条不与原线段及其延长线重合的射线 AC。利用直尺或圆规在射线 AC 上从 A 点起，以适当长度截取 5 个等分点。用直线连接点 5 与点 B，然后过其他各等分点作线段 $B5$ 的平行线并与线段 AB 相交，交点即为线段 AB 的等分点，如图 1-2-37 所示。

图 1-2-37　等分线段的方法

3. 正 n 边形的作图方法

正 n 边形（图中 $n=7$）的作图过程是：先将外接圆的垂直直径 AN 等分为 n 等份，并标出顺序号 1，2，3，4，5，6，7，如图 1-2-38（a）所示，然后以 N 为圆心，NA 为半径作圆，与外接圆的水平线交于 P 点和 Q 点，如图 1-2-38（b）所示，再由 P 点和 Q 点作直线与 NA 上每相隔一分点（如奇数点 1，3，5）相连并延长与外接圆交于 C、D、E、B、G、F 各点；最后顺序连接各顶点，即得七边形 $BCDENFG$，如图 1-2-38（c）所示。

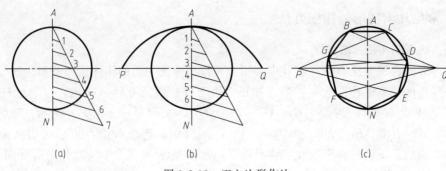

图 1-2-38　正七边形作法

4. 圆的切线的作图方法

（1）过圆外一点作圆的切线

① 连接 OA。

② 以 OA 为直径作圆。

③ 分别连接 AC_1、AC_2，如图 1-2-39 所示。

（2）作两圆的外公切线

① 以 O_2 为圆心，R_2-R_1 为半径作辅助圆。

② 过 O_1 作辅助圆的切线 O_1C。

③ 连接 O_2C 并延长使其与 O_2 圆交于 C_2。

④ 过 O_1 作 O_2C_2 的平行线。

⑤ 连接 C_1C_2 即为两圆的外公切线，如图 1-2-40 所示。

（3）作两圆的内公切线

① 以 O_1O_2 为直径作辅助圆。

② 以 O_2 为圆心，R_2+R_1 为半径作圆弧与辅助圆相交。

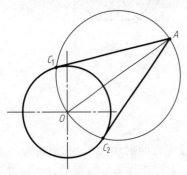

图 1-2-39　过圆外一点作圆的切线

③ 连接 O_2K。

④ 过 O_1 作 O_2C_2 的平行线。

⑤ 连接 C_1C_2 即为两圆的内公切线，如图 1-2-41 所示。

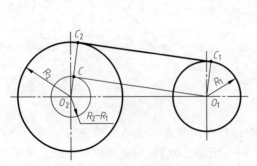

图 1-2-40　作两圆的外公切线

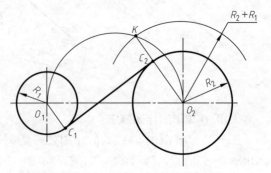

图 1-2-41　作两圆的内公切线

套筒类零件三视图与零件图的绘制

套筒类零件一般装在轴上或孔中，用来定位、支承、保护传动零件，或用来保护与它外壁相配合的表面，如套筒、衬套等。它的结构特点一般是空心同轴回转体，壁厚小于内孔直径，局部常有油槽、倒角、轴肩、定位孔、螺纹等工艺结构，如图 2-0-1 所示。本项目以绘制如图 2-0-1（a）所示减速器套筒零件的三视图与零件图为例，介绍三视图的投影规律及其绘制方法，套筒类零件图的视图选择、尺寸标注、技术要求及其绘制的方法和步骤。

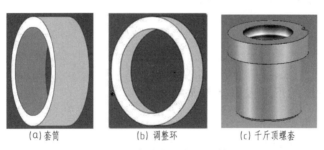

(a)套筒　　　　　　　(b) 调整环　　　　　　(c) 千斤顶螺套

图 2-0-1　套筒类零件的立体图

任务1　套筒零件三视图的绘制

根据图 2-1-1 所示减速器套筒的参照尺寸，用 A4 图幅和留装订边的 Y 型图纸及 2：1 的

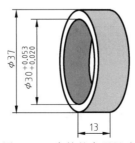

图 2-1-1　套筒的参照尺寸

比例绘制其三视图并标注尺寸。要求布图匀称、图面整洁，图框、图线、尺寸、文字符号等要素符合国标。

任务目标 ▶▶

通过绘制如图 2-1-1 所示的一级斜齿圆柱齿轮减速器套筒的三视图，让学习者掌握正投影法的特性、三视图的形成方法及投影规律，套筒类零件三视图的绘制与尺寸标注的方法与步骤，按时完成率 90% 以上，正确率达到 80% 以上。

课前检测 ▶▶

任务 1
参考答案

选择题（选择正确的答案并将相应的字母填入题内的括号中）。

1. 在一圆柱体的三视图中，其中圆的图线代表（　　　）。

A. 圆柱顶面的投影 　　　　　　　　　　B. 圆柱面的积聚性投影

C. 圆柱底面的投影 　　　　　　　　　　D. 圆柱顶面和底面的投影

2. 圆柱体的尺寸标注需要有（　　　）个尺寸。

A. 4　　　　　　　　B. 3　　　　　　　　C. 2　　　　　　　　D. 1

3. 圆柱体在其轴线所垂直的投影面上的投影为圆，则另两个投影是（　　　）。

A. 均为圆 　　　　　　　　　　　　　　B. 均为大小相等且带轴线的矩形

C. 均为直线 　　　　　　　　　　　　　D. 均为三角形

4. 俯视图反映物体的（　　　）方位关系。

A. 左右和前后　　　　B. 左右和上下　　　　C. 前后和上下　　　　D. 都不对

任务实施 ▶▶

一、学习正投影的形成及基本性质

1. 投影法的基本概念

在日常生活中，人们经常可以看到，物体在光线的照射下，就会在墙面或地面（这种承接影子的平面称为承影面）上留下影子，如图 2-1-2（a）所示。如果把光线看作投射线，承影面看作投影面，那么，这种投射线通过物体，向选定的投影面进行投射，并在该面上得到投影（图形）的方法就是投影法。根据投射线是否平行，投影法分为中心投影法和平行投影法两种。平行投影法又根据投射线是否与投影面垂直分为斜投影法和正投影法两种。在机械制图中，图样是用正投影法绘制的，所以本书后面不特别指出，投影指的就是正投影。

2. 正投影的形成

设想平面 V 是一个直立平面，在该平面的正前方放置一个物体，然后用一束相互平行的投射线向 V 面垂直投射，此时，在 V 面上就可以得到该物体的正投影。这种形成正投影的方法称为正投影法，得到物体投影的面（如这里的直立平面 V）称为投影面，投影面上形成的图形称为正投影，如图 2-1-2（b）所示。由此可见，要得到物体的正投影，必须具备投射线、物体和投影面三个条件。

3. 正投影的基本性质

物体上的直线和平面相对投影面有三种情况：平行、垂直和倾斜。采用正投影法投影时，针对这三种位置的直线和平面具有以下四种性质。

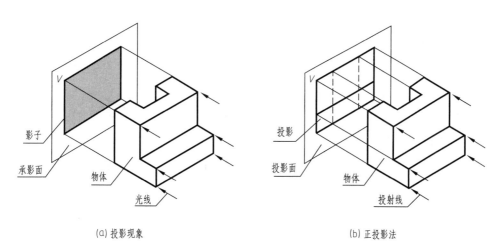

（a）投影现象　　　　　　　　　　　（b）正投影法

图 2-1-2　正投影的形成

（1）实形性

如图 2-1-3（a）所示，当直线或平面平行于投影面时，直线的正投影反映真实长度，平面的正投影反映真实形状，这种性质称为实形性。

（2）积聚性

如图 2-1-3（b）所示，当直线或平面垂直于投影面时，直线的投影积聚为点；平面的投影积聚为直线段，这种性质称为积聚性。

（3）类似性

如图 2-1-3（c）所示，当直线和平面倾斜于投影面时，直线的投影为缩小的线段；平面的投影为缩小的类似形，这种性质称为类似性。

（4）从属性

如图 2-1-3 所示，点在直线上，其投影仍在直线的投影上；线在面上，其投影仍在面的投影上。

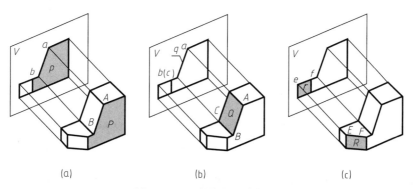

（a）　　　　　　　　　　（b）　　　　　　　　　　（c）

图 2-1-3　正投影的基本性质

二、明确三视图的形成及投影规律

依照制图标准和规定，用正投影法所绘制出的物体的图形称为视图。一个视图通常不能完整并准确地表达出物体的形状和大小，而且不同形状的物体在同一投影面上的投影有可能相同，如图 2-1-4 所示。因此，为了准确且全面地表示物体的形状和大小，就必须从几个方向进行投影，也就是要用几个正投影图相互补充才能完整表达物体的形状和大小。在实际绘图中，常用三个正投影图来表达。

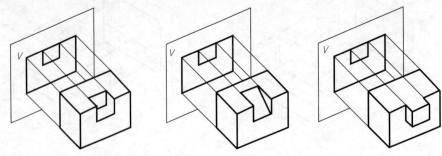

图 2-1-4　不同形状的物体在同一投影面上的投影

1. 三视图的形成

（1）建立三投影面体系

三投影面体系由三个相互垂直的投影面组成，如图 2-1-5 所示。其中 V 面称为正立投影面，简称正面；H 面称为水平投影面，简称水平面；W 面称为侧立投影面，简称侧面。在三投影面体系中，两投影面的交线称为投影轴，V 面与 H 面的交线为 OX 轴，H 面与 W 面的交线为 OY 轴，V 面与 W 面的交线称 OZ 轴。三根投影轴的交点为原点，记为 O。

（2）作三面投影

将物体放在三投影面体系中，采用正投影法将组成物体的各面分别向三个投影面投影，得到物体三面投影，如图 2-1-6 所示。这里注意：空间平面相对于一个投影面的位置有投影面平行面、投影面垂直面和一般位置平面三种，三种位置的平面有不同的投影特性。

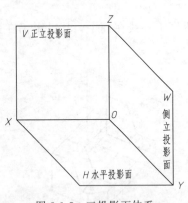

图 2-1-5　三投影面体系

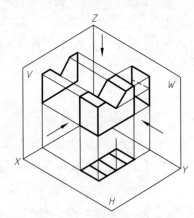

图 2-1-6　物体的三面投影

① 投影面平行面的投影特性　投影面平行面是指平行于一个投影面而与另外两个投影面垂直的平面。它有三种，即水平面（平行于 H 面）、正平面（平行于 V 面）、侧平面（平行于 W 面）。它的投影特性是平面在所平行的投影面上的投影反映实形，其余投影均为直线，有积聚性，如图 2-1-6 所示的前后左右面。

② 投影面垂直面的投影特性　投影面垂直面是指垂直于一个投影面而对另外两个投影面倾斜的平面。按与其垂直的投影面的不同可分为铅垂面（垂直于 H）、正垂面（垂直于 V）、侧垂面（垂直于 W）三种。它的投影特性是在所垂直的投影面上的投影为倾斜于相应

投影轴的直线，具有积聚性，其余投影均为类似形，如图 2-1-6 所示的上面中间的 V 形面。

③ 一般位置平面的投影特性　一般位置平面是指与三个投影面都倾斜的平面。它的投影特性是三个投影都不反映实形，但具有类似性。

（3）展开三投影面体系形成三视图

在实际作图中，为了画图方便，需要将三个投影面在一个平面（纸面）上表示出来，规定：保持 V 面不动，将 H 面绕 OX 轴向下旋转 90°，W 面绕 OZ 轴向右旋转 90°，与 V 面处于同一平面上，如图 2-1-7（a）所示，这样便得到物体的三视图。V 面上的视图称为主视图，H 面上的视图称为俯视图，W 面上的视图称为左视图，如图 2-1-7（b）所示。在画视图时，投影面的边框及投影轴不必画出，三个视图的相对位置不能变动，即俯视图在主视图的下边，左视图在主视图的右边，三个视图的配置如图 2-1-7（c）所示，不必标注三个视图的名称。

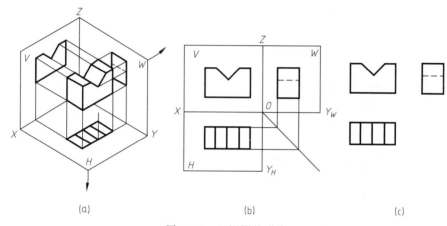

图 2-1-7　三视图的形成

2. 三视图的投影规律

如图 2-1-8 所示，三视图之间的投影规律是：主、俯视图长对正，主、左视图高平齐，俯、左视图宽相等。简言之：长对正、高平齐、宽相等。这称为"三等关系"，也称"三等规律"。无论是对整个物体还是对物体的每一点、线、面等局部均符合这种关系。

3. 三视图与物体方位的对应关系

物体在三投影面体系内的位置确定后，它的前后、左右和上下的位置关系也就在三视图上明确地反映出来，如图 2-1-9 所示。主视图反映物体的上、下和左、右；俯视图反映物体

图 2-1-8　视图间的"三等"关系

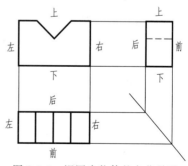

图 2-1-9　视图中物体的方位关系

的左、右和前、后；左视图反映物体的上、下和前、后。俯、左视图靠近主视图的一边（里边），均表示物体的后面，远离主视图的一边（外边），均表示物体的前面。

将三视图中任意两视图组合起来看，就能完全看清物体的上、下、左、右、前、后六个方位的相对位置。其中物体的前后位置在左视图中最容易弄错。左视图中的左、右反映了物体的后面和前面，不要误认为是物体的左面和右面。

三、学习圆柱三视图的绘制方法

1. 圆柱的基本概念

套筒零件是圆柱体 1 的中间挖去圆柱体 2 形成的，如图 2-1-10 所示。圆柱是由一条直母线（动直线）绕平行于它的轴线（定直线）回转一周围成的立体；此母线绕其轴线回转形成的曲面为圆柱面；圆柱面上任意位置的直母线称为圆柱表面的素线；从某个投射方向看，处于圆柱面可见部分与不可见部分的分界线位置的素线称为该方向上的转向轮廓素线，如图 2-1-11 所示。

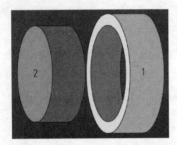

图 2-1-10 套筒的立体图

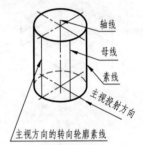

图 2-1-11 圆柱的基本概念

2. 圆柱的投影及其三视图的作图方法

圆柱投影就是把组成圆柱的圆柱面、底面和轴线的投影表示出来：圆柱面的投影在与轴线平行的投影面上用其转向轮廓素线的投影表示，并且对某投影面的转向轮廓素线可见，其投影只能在该投影面上用粗实线画出，如果不可见（如圆柱孔）用细虚线表示，而在其他投影面上则不再画出；底面的投影在与轴线垂直的投影面上用底面圆在该面的投影表示（重影）；轴线的投影用细点画线画出。圆柱投影的作图步骤如下。

（1）确定圆柱的放置位置

圆柱的放置位置如图 2-1-12（a）所示。

（2）分析视图

当圆柱与投影面处于图 2-1-12（a）所示的位置时，圆柱上、下底面为水平面，H 面的投影反映实形是圆，V 面和 W 面的投影积聚为直线；圆柱面上所有素线均为铅垂线，在 H 面的投影积聚在圆上，V 面的投影是圆柱面上 V 面投影的转向轮廓素线（即最左、最右素线）的投影，W 面的投影是圆柱面上侧面投影的转向轮廓素线（即最前、最后素线）的投影。

（3）作图

① 画出长、宽、高三个方向的基准线。即画出圆的中心线、圆柱的轴线与高度基准线，以确定各投影图形的位置，如图 2-1-12（b）所示。

② 画出特征面的投影。即画出圆柱顶面和底面的三个投影，如图 2-1-12（c）所示。

③ 画圆柱面的投影。即画出最左、最右素线的 V 面投影和最前、最后素线的 W 面投影，圆柱面在 H 面上的投影积聚于圆周上，如图 2-1-12（d）所示。不过在看图时应注意：空间点用大写字母（如 A）表示，它的水平投影、正面投影和侧面投影，分别用相应的小写字母（如 a、a' 和 a''）表示。过空间点 A，分别向 H 面、V 面和 W 面作垂线，得到三个垂足 a、a'、a''，便是点 A 在三个投影面上的投影。

圆柱投影的
作图过程

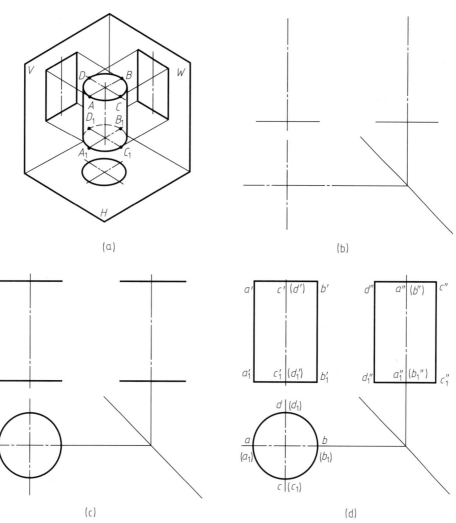

图 2-1-12　圆柱的投影及作图过程

（4）圆柱投影的图形特征

由圆柱的投影可知，其图形特征是：一个投影面的投影为圆，其他两个投影面的投影为大小相等且带轴线的矩形。读图时，如果图形有此特征，就可判断该形体就是圆柱。

四、绘制套筒零件的三视图并标注尺寸

1. 确定比例和图幅并绘制图框与标题栏外框

根据用 A4 图幅，留装订边的 Y 型图纸，2∶1 的比例绘制套筒零件三视图并标注尺寸任务要求，绘制图框与标题栏外框。

2. 选择主视图

选择主视图就是确定零件的摆放位置和形成主视图的投射方向。选择主视图需要考虑以下三个原则。

① 形状特征原则。能充分表达组成零件的各个形体之间的相互位置和主要形体的形状和结构。

② 加工位置原则。能反映零件在主要加工工序中的位置，即图形方向和主要的加工位置方向一致。目的是便于加工制造者看图方便。

③ 工作位置原则。能反映零件在机器中的工作位置，即图形方向和零件工作位置方向相一致。目的是便于想象零件在机器中的作用。

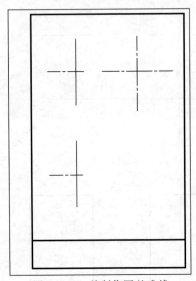

图 2-1-13　绘制作图基准线

在具体确定一个零件的主视图时，轴套类零件和轮盘类零件的主要回转面和端面都在车床上加工，所以常按加工位置，将轴线水平安放来画主视图；叉架类零件和箱体类零件由于结构复杂，加工工序多，所以常按工作（安装）位置原则和形状特征原则来选择主视图。根据上述分析，本任务按加工位置原则，将套筒的轴线水平安放来画主视图。

3. 合理布图并绘制作图基准线或中心线

布置图形位置时，应根据各个视图每个方向的最大尺寸，在视图之间留足标注尺寸的空隙，使视图布局合理，排列均匀，画出各视图的作图基准线，如图 2-1-13 所示。

4. 按投影关系绘制视图底稿

套筒零件三视图底稿的绘制步骤如图 2-1-14 所示。

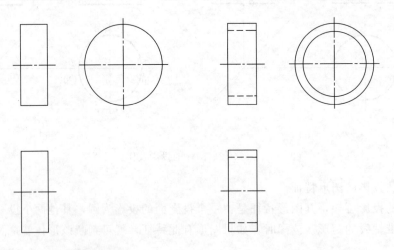

(a) 画圆柱体1的三视图　　　　　　(b) 画圆柱体2的三视图

图 2-1-14　套筒零件三视图的绘制步骤

5. 标注尺寸

圆柱应标注底圆直径和高度尺寸，直径尺寸最好注在非圆视图上，在直径尺寸数字前要加注"ϕ"，内形尺寸与外形尺寸最好分别注在视图的两侧。按此规定，套筒零件三视图的尺寸标注,如图 2-1-15 所示。

6. 检查描深并绘制填写标题栏

底稿画完,检查无误后,加粗描深,并绘制填写标题栏,完成本任务,结果如图 2-1-16 所示。

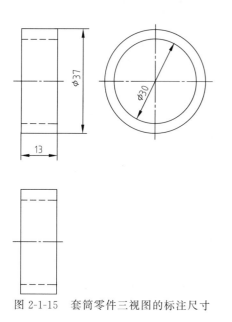

图 2-1-15　套筒零件三视图的标注尺寸

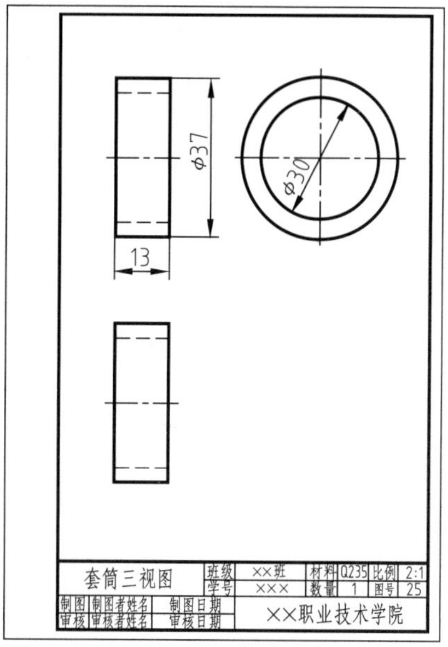

图 2-1-16　检查描深并填写标题栏

任务检测 ▶▶

根据如图 2-1-17 所示减速器调整环的参照尺寸,用 A4 图幅和留装订边的 Y 型图纸及 1∶1 [见图 2-17 (a)]、2∶1 [见图 2-17 (b)] 的比例绘制其三视图并标注尺寸。要求布图匀称、图面整洁,图框、图线、尺寸、文字符号等要素符合国标。

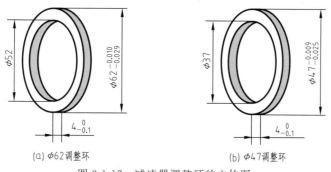

(a) ϕ62调整环　　　　　　(b) ϕ47调整环

图 2-1-17　减速器调整环的立体图

知识拓展 ▶▶

一、棱柱的投影及其特征

1. 棱柱的概念

棱柱是由两个平行的多边形底面和几个矩形的侧棱面围成的立体。棱线互相平行且垂直于上、下底平面的棱柱，称为直棱柱；上、下底平面为正多边形的直棱柱称为正棱柱，如图 2-1-18 所示。

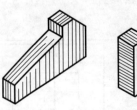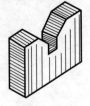

图 2-1-18　棱柱体

2. 棱柱的投影

棱柱的表面均为平面，所以它属于平面立体，其投影就是把组成立体的平面和棱线的投影表示出来，对于可见的棱线，其投影用粗实线表示；对于不可见的棱线，则用细虚线表示。

3. 棱柱投影的作图步骤

（1）确定棱柱的放置位置

以正六棱柱为例，放置位置如图 2-1-19（a）所示。

（2）分析视图

正六棱柱的上、下底面为水平面，在俯视图上反映实形为正六边形，另外两个投影积聚为直线；后棱面与前棱面为正平面，在主视图上反映实形为矩形，另外两个投影积聚为直线；其余四个侧面为铅垂面，在俯视图上都积聚在六边形的边上，另外两个投影为类似形。

（3）作图

① 画出长、宽、高三个方向的基准线，以确定各视图的位置，如图 2-1-19（b）所示。

② 画出特征面的投影。即在 H 面上画出上下正六边形的实形图形（重影），在 V 面、W 面上画出两条分别平行于 X 轴和 Y_W 轴的直线，如图 2-1-19（c）所示。

③ 画其他面的投影。即由正六边形在 H 面的顶点的投影，根据三视图的投影规律画出六条为铅垂线的侧棱线在 V 面、W 面上的投影图，即完成六棱柱的投影，如图 2-1-19（d）所示。

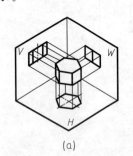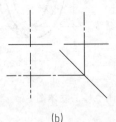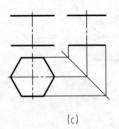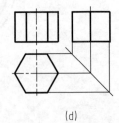

| (a) | (b) | (c) | (d) |

图 2-1-19　棱柱的投影及作图过程

4. 棱柱投影的特征

由图 2-1-19 得知，棱柱的投影特征是：在与棱线垂直的投影面上的投影为一多边形，反映棱柱的形状特征，而另外两个投影面上的投影为矩形线框。读图时，如果图形有此特征，就可判断该形体就是棱柱。

二、棱锥的投影及其特征

1. 棱锥的概念

棱锥是由一个底面为多边形，棱面为几个具有公共顶点的三角形所围成的立体。常见的棱锥有三棱锥、四棱锥、六棱锥等，如图 2-1-20 （a）所示是三棱锥。

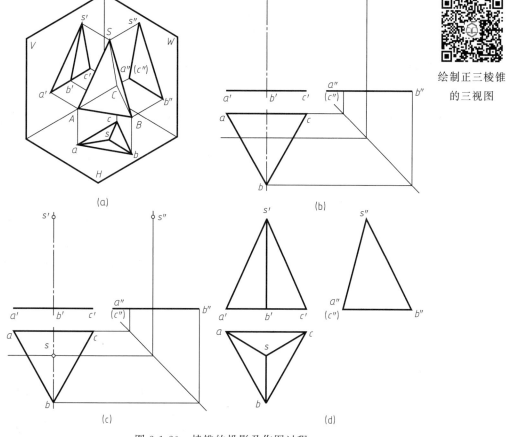

绘制正三棱锥
的三视图

图 2-1-20 棱锥的投影及作图过程

2. 棱锥投影

棱锥的表面都是平面，所以它也属于平面立体，其投影就是把组成棱锥的平面和棱线的投影按国标规定的线型表示出来。

3. 棱锥投影的作图步骤

（1）确定棱锥的放置位置

以正三棱锥为例，放置位置如图 2-1-20 （a）所示。

（2）分析视图

三棱锥底面为水平面，俯视图反映实形是三角形，主视图和左视图积聚为直线；三棱锥后棱面为侧垂面，左视图积聚为直线，另外两个投影是三角形的类似形；其他两个侧棱面为一般位置的平面，三个投影都是三角形的类似形。

（3）作图

① 画出三棱锥的左右对称中心线、宽度基准线和底平面的三个投影图，以确定各视图

的位置，如图 2-1-20（b）所示。

② 根据三棱锥的高度，确定锥顶的投影，如图 2-1-20（c）所示。

③ 作棱线的投影，也就是作底平面各点与锥顶同面投影的连线，即为三棱锥的三面投影图，如图 2-1-20（d）所示。

4. 棱锥投影的图形特征

由图 2-1-20（d）得知，棱锥的投影特征是：在与棱锥底面平行的投影面上的投影为多边形，多边形之中是三角形，反映棱锥的形状特征，其余两个投影为一个或几个三角形。读图时，如果图形有此特征，就可判断该形体就是棱锥。

三、圆锥的投影及其特征

1. 圆锥的基本概念

圆锥是由一条与轴线斜交的直母线绕轴线回转一周而围成的立体；此母线绕其轴线回转形成的曲面为圆锥面；圆锥面上任意位置的直母线，称为圆锥表面的素线；从某个投射方向看，处于圆锥面可见部分与不可见部分的分界线位置的素线称为该方向的转向轮廓素线。

2. 圆锥的投影

圆锥的投影就是把组成圆锥的圆锥面、底面和轴线的投影表示出来：圆锥面的投影在与轴线平行的投影面上用其转向轮廓素线的投影表示，并且对某投影面的转向轮廓素线的投影，只能在该投影面上用粗实线（如果是不可见的圆锥孔用细虚线）画出，而在其他投影面上则不再画出；底面的投影在与轴线垂直的投影面上用底面圆在该面的投影表示；轴线的投影用细点画线画出，如图 2-1-21（a）所示。

3. 圆锥投影的作图步骤

（1）确定圆锥的放置位置

圆锥的放置位置如图 2-1-21（a）所示。

（2）视图分析

圆锥底面是水平面，H 面投影为圆，V 面和 W 面的投影积聚为直线；圆锥面的 H 面投影重影在圆锥底面的投影上，V 面和 W 面的投影为等腰三角形，其两腰分别为圆锥面上 V 面投影的转向轮廓素线（即最左、最右素线）和 W 面投影的转向轮廓素线（即最前、最后素线）的投影。

（3）作图

① 画出圆锥的轴线、圆的中心线的三个投影及高度基准线，以确定圆锥各图形的位置，如图 2-1-21（b）所示。

② 画出底平面及锥顶的三面投影，如图 2-1-21（c）所示。

③ 画出圆锥面各转向轮廓线的 V 面投影和 W 面投影，如图 2-1-21（d）所示。

4. 圆锥投影的图形特征

由圆锥的投影图可知，其图形特征是：一个投影面的投影为圆，其他两个投影面的投影为两个相等且带轴线的等腰三角形。读图时，如果图形有此特征，就可判断该形体就是圆锥。

四、圆球的投影及其特征

1. 圆球的基本概念

圆球是由一圆母线绕其直径回转一周而围成的立体，圆球的表面是球面，球面上与某投

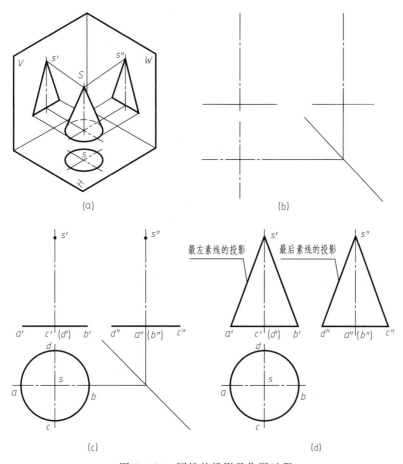

图 2-1-21 圆锥的投影及作图过程

影面平行的最大圆称为该投影面的转向轮廓素线，如图 2-1-22（a）所示，*A*、*B*、*C* 圆分别是球面上平行于 *V* 面、*W* 面、*H* 面的最大素线圆，即分别是 *V* 面、*W* 面、*H* 面转向轮廓素线。

2. 圆球的投影

圆球的投影就是用粗实线画出各投影面的转向轮廓素线的投影，并且对某投影面的转向轮廓素线的投影，只能在该投影面上画出，而在其他投影面上则不再画出。

3. 圆球投影的作图步骤

（1）分析视图

如图 2-1-22（a）所示，球体表面只有一个面，其三视图均为大小相等的圆，*H* 面投影的圆 *C* 将球体分为上下两部分，*V* 面投影的圆 *A* 将球体分为前后两部分，*W* 面投影的圆 *B* 将球体分为左右两部分。三个圆分别是 *H* 面、*V* 面、*W* 面的转向轮廓素线。

（2）作图

① 画出三个圆的中心线，用以确定投影图形的位置，如图 2-1-22（b）所示。

② 分别画出圆球在 *H* 面、*V* 面、*W* 面的转向轮廓素线的投影，如图 2-1-22（c）所示。

③ 明确各转向轮廓素线在其他两投影面的投影，均与圆的中心线重合，不应画出。

4. 圆球投影的图形特征

由圆球的投影图可知，其图形特征是：三个投影面的投影都是直径相等的圆。读图时，

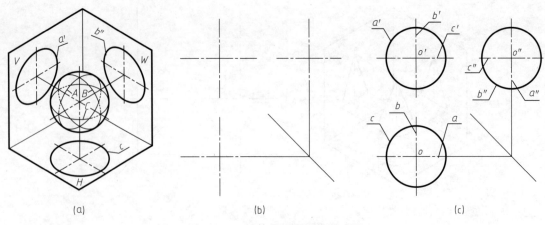

图 2-1-22　球体的投影及作图过程

如果图形有此特征，就可判断该形体就是圆球。

五、基本体的正等轴测投影（轴测图）

在机械制图的学习中，为了表达空间立体，以弥补平面视图的不足，提高从平面到立体的空间想象能力和读图能力，有必要了解轴测图的画法。

1. 轴测投影（轴测图）的基本知识

（1）正等轴测图的基本概念

① 正等轴测图　使物体的三直角坐标轴与轴测投影面的倾角相等，并用正投影法将物体向轴测投影面投射所得的图形称为正等轴测图，如图 2-1-23 所示。

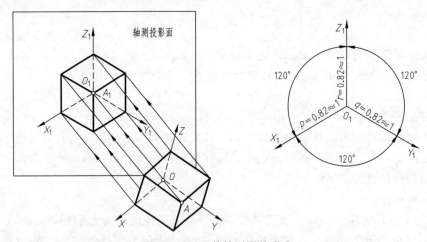

图 2-1-23　正等轴测图的形成

② 轴测投影面　轴测投影时使用的单一投影面，如图 2-1-23 所示。

③ 轴测轴　直角坐标系中的坐标轴 OX、OY、OZ 在轴测投影面上的投影 O_1X_1、O_1Y_1、O_1Z_1 称为轴测图的轴测轴，如图 2-1-23 所示。

④ 轴间角　轴测图中相邻两轴测轴之间的夹角 $\angle X_1O_1Y_1$、$\angle X_1O_1Z_1$、$\angle Y_1O_1Z_1$ 称为轴间角。正等轴测图的轴间角均为 120°，如图 2-1-23 所示。

⑤ 轴向伸缩系数　沿轴测轴方向，线段的投影长度与其在空间的真实长度之比，称为

轴向伸缩系数。分别用 p、q、r 表示 OX、OY、OZ 轴的轴向伸缩系数。正等轴测图的轴向伸缩系数相同，即 $p=q=r=0.82$。为了作图、测量和计算的方便，一般用 1 代替 0.82，叫简化系数，如图 2-1-23 所示。

（2）正等轴测图的投影特性

① 立体上分别平行于 OX、OY、OZ 三直角坐标轴的直线段，在正等轴测图上分别平行于相应的轴测轴，画图时可按规定的轴向伸缩系数度量其长度。

② 立体上不平行于 OX、OY、OZ 三直角坐标轴的直线段，则在轴测图上不平行于任一轴测轴，画图时不能直接度量其长度。

③ 立体上互相平行的直线段，在轴测图上仍然互相平行。

④ 轴测图中一般只画出可见部分的轮廓线，必要时可用细虚线画出其不可见的轮廓线。

2. 棱柱的正等轴测图的画法

坐标法是轴测图常用的基本作图方法，它是将视图上各点的直角坐标移到轴测坐标系中，画出各点的轴测投影，然后由点连成线或面而得到正等轴测图的方法。下面举例说明其作图步骤与方法，如图 2-1-24（a）所示，已知正六棱柱的主、俯视图，用坐标法画出其正等轴测图。

（1）在视图上确定出直角坐标系

由于正六棱柱前、后、左、右对称，为了方便画图，选顶面中心点作为坐标原点，顶面的两对称线作为 X、Y 轴，Z 轴在其中心线上，如图 2-1-24（a）所示。

（2）画出轴测轴

画出 O_1X_1、O_1Y_1、O_1Z_1，如图 2-1-24（b）所示。

（3）作出顶面的正等轴测图

采用坐标量取的方法，将图 2-1-24（a）所示 1、2、3、4、5、6 点的坐标移到图 2-1-24（b）所示的轴测坐标系上，并顺次连接 1_1、2_1、3_1、4_1、5_1、6_1 点，得到顶面的正等轴测图，如图 2-1-24（c）所示。

（4）作出其他面的正等轴测图

过顶面各点向下量取 h 值画出平行于 O_1Z_1 轴的侧棱，并过各侧棱顶点画出底面各边，得到各棱面与底面的正等轴测图，如图 2-1-24（d）所示。

（5）完成全图

擦去作图辅助线和细虚线后描深，得到六棱柱的正等轴测图，如图 2-1-24（e）所示。

由上例可知，画棱柱的正等轴测图时，应首先找出其特征面，画出该特征面的正等轴测图，然后画出其他面的正等轴测图来完成全图。根据轴测图中不可见的轮廓线一般不画的规

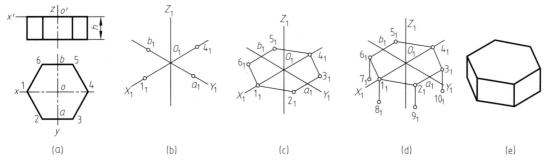

图 2-1-24　棱柱正等轴测图画法

定，通常先画特征面的上面、左面、前面，再画出下面、右面、后面。

3. 棱锥的正等轴测图的画法

棱锥正等轴测图的作图步骤与方法和棱柱的相似，这里仅给出了一个实例，请读者自行分析，如图 2-1-25 所示。

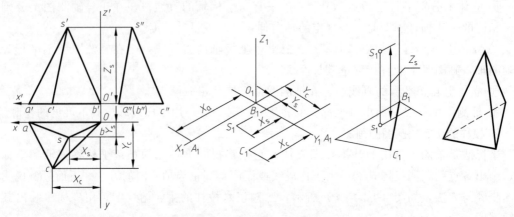

图 2-1-25　棱锥正等轴测图的画法

4. 圆柱的正等轴测图

（1）平面圆的正等轴测图的画法

常见的回转体有圆柱、圆锥、圆球、圆台等。在作回转体的轴测图时，首先要解决圆的正等轴测图的画法问题。三个坐标面或其平行面上的圆的正等轴测图是大小相等、形状相同的椭圆，只是长短轴方向不同，如图 2-1-26 所示。

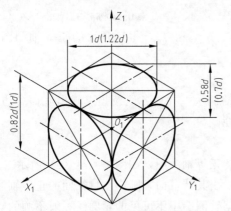

图 2-1-26　平行于坐标面圆的正等轴测图

在实际作图时，一般不要求准确地画出椭圆曲线，经常采用"四心圆弧法"进行近似作图，将椭圆用四段圆弧连接而成。例如图 2-1-27（a）所示水平面上圆的正等轴测图的作图方法与步骤如下。

① 在视图上确定直角坐标系并画出圆的外切正方形。通过圆心 O 作坐标轴 OX 和 OY，再作圆的外切正方形，切点为 1、2、3、4，如图 2-1-27（b）所示。

② 画出轴测轴和圆的外切正方形的正等轴测图。作轴测轴 O_1X_1、O_1Y_1，从点 O_1 沿轴向量得切点 1_1、2_1、3_1、4_1，过这四点作轴测轴的平行线，得到菱形，并作菱形的对角线，如图 2-1-27（c）所示。

③ 找四心。O_2、O_3 与连接 $O_2 1_1$、$O_2 2_1$ 或 $O_3 3_1$、$O_3 4_1$ 分别在菱形的对角线 AB 上得到的两个交点 O_4、O_5 就是代替椭圆弧的四段圆弧的中心，如图 2-1-27（d）所示。

④ 画圆弧。分别以 O_2、O_3 为圆心，$O_2 1_1$、$O_3 3_1$ 为半径画圆弧 $1_1 2_1$、$3_1 4_1$；再分别以 O_4、O_5 为圆心，$O_4 1_1$、$O_5 2_1$ 为半径画圆弧 $1_1 4_1$、$2_1 3_1$，即得近似椭圆图，如图 2-1-27（e）所示。

⑤ 完成全图。加深四段圆弧，擦去多余图线，完成全图，如图 2-1-27（f）所示。

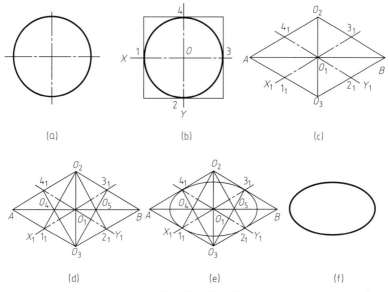

图 2-1-27　圆正等轴测图的画图过程

（2）圆柱的正等轴测图的画法

知道了平行于坐标面圆的正等轴测图的画法，在画圆柱的正等轴测图时，只要明确该圆柱的平面圆与哪一个坐标面平行，就能保证作出正确的正等轴测图了。例如图 2-1-28（a）所示圆柱正等轴测图的作图方法与步骤如下。

① 在给出的视图上定出坐标轴、原点的位置，如图 2-1-28（a）所示。

② 根据圆的半径用四心圆弧法画出顶面上的椭圆，再根据圆柱高度用移心法画出底面上的椭圆，如图 2-1-28（b）所示。

③ 作两椭圆的公切线，如图 2-1-28（c）所示。

④ 最后擦去多余作图线，描深后即完成全图，如图 2-1-28（d）所示。

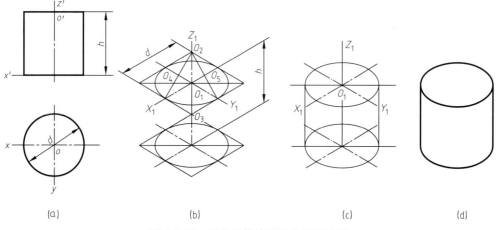

图 2-1-28　圆柱正等轴测图的画图过程

（3）四分之一圆柱的正等轴测图的画法

平面立体上的每个圆角，相当于一个完整圆柱的四分之一，例如画图 2-1-29（a）所示的带圆角的长方体底板的正等轴测图就是这种情况，下面介绍它的作图过程。

① 在给出的视图上确定出圆角半径 R 的圆心和切点的位置，如图 2-1-29（a）所示。

② 画出底板上表面的正等轴测图。即根据已知圆角半径 R，找出切点，过切点作切线的垂线，两垂线的交点即为圆心，以此圆心到切点的距离为半径画圆弧，即得底板上表面的正等轴测图，如图 2-1-29（b）所示。

③ 用移心法完成底板下表面的圆角轴测图，并作出两表面圆角的公切线，即完成圆角的正等轴测图，如图 2-1-29（c）所示。

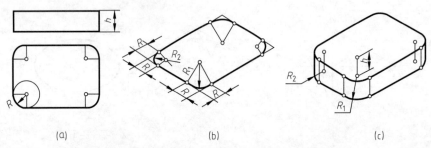

图 2-1-29　四分之一圆柱的正等轴测图的画图过程

5. 圆锥和圆台的正等轴测图

圆锥和圆台正等轴测图的画法与圆柱相似，这里仅举例介绍。

（1）图 2-1-30（a）所示圆锥的正等轴测图的作图方法与步骤

① 在视图上确定直角坐标系。由给定的两面投影图可知，圆锥底面是平行于 V 面的正平面，所以确定的平面圆上的直角坐标轴位置如图 2-1-30（a）所示。

② 作出底面圆的正等轴测图，并过锥顶作出其公切线，如图 2-1-30（b）所示。

③ 擦去不可见以及多余的作图辅助线，描深完成全图，如图 2-1-30（c）所示。

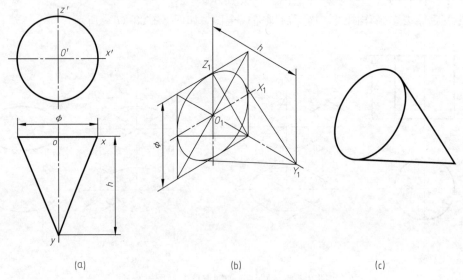

图 2-1-30　圆锥正等轴测图的画图过程

（2）图 2-1-31（a）所示圆台的正等轴测图的作图方法与步骤

这里仅给一个实例，请读者自行分析，如图 2-1-31 所示。

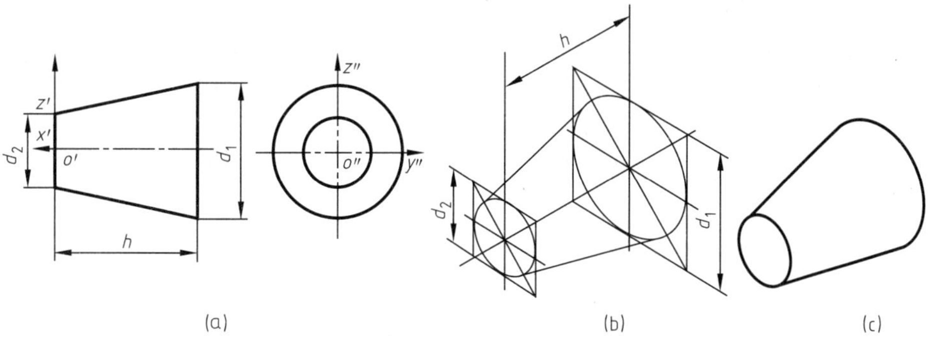

图 2-1-31　圆台正等轴测图的画图过程

任务 2　套筒零件图的绘制

任务要求 ▶▶

参照如图 2-1-1 所示的一级圆柱斜齿齿轮减速器套筒的尺寸和表 2-2-1 所示的技术要求，选择合适的比例、图幅和图框与图纸形式绘制其零件图。要求零件结构的表达方法正确、完整、清晰、简练，绘图步骤与方法正确，视图符合国家标准，尺寸标注正确、完整，表面结构、尺寸公差、几何公差等技术要求的标注正确。

表 2-2-1　套筒的技术要求

技术要求	表面			
	大圆柱面	小圆柱面	左端面	右端面
表面结构 $Ra/\mu m$	12.5	3.2	6.3	6.3
尺寸公差	未注公差	详见图 2-1-1	未注公差	未注公差
几何公差	无	无	基准面 C	相对 C 面的平行度公差为 0.01
文字说明	1. 圆孔倒角 C1.6；2. 未注公差为中等级 m			

任务目标 ▶▶

通过绘制如图 2-1-1 所示的一级圆柱斜齿齿轮减速器套筒的零件图，让学习者掌握套筒类零件的结构特点及表达方案，绘制剖视图的方法，标注尺寸的方法，标注尺寸公差、几何公差、表面结构等技术要求的方法，绘制套筒类零件图的方法及步骤，按时完成率 90% 以上，正确率达到 80% 以上。

课前检测 ▶▶

选择题（选择正确的答案并将相应的字母填入题内的括号中）。

任务 2 参考答案

1. 用视图表达机件时，为减少视图中的虚线使图面清晰可采用（　　）。

A. 局部视图　　　　B. 放大图　　　　C. 剖视图　　　　D. 断面图

2. 机械制图标准规定，剖视图分为（　　）。

A. 全剖视图、旋转剖视图、局部剖视图　B. 半剖视图、局部剖视图、复合剖视图

C. 半剖视图、局部剖视图、阶梯剖视图　D. 全剖视图、半剖视图、局部剖视图

3. 假想用剖切面剖开机件，将处在观察者和剖切面之间的（　　），而将其余部分向投影面投影，并在剖面区域画上剖面符号，这样得到的图形，称为剖视图。

A. 部分移去　　　　　B. 1/4 保留　　　　　C. 部分保留　　　　　D. 一般保留

4. 下列关于公差的叙述中正确的是（　　）。

A. 公差＝上极限尺寸—公称尺寸　　　　B. 公差＝上极限偏差—下极限偏差

C. 公差＝下极限尺寸—公称尺寸　　　　D. 公差＝上极限尺寸—上极限偏差

任务实施 ▶▶

一、分析零件的结构特点

套筒零件是圆柱体 1 的中间挖去圆柱体 2 形成的，如图 2-1-10 所示。

二、确定零件的表达方法

因套筒类零件形状简单，故采用一个轴线水平放置，投射方向垂直于轴线的全剖视图表达。

1. 剖视图

假想用剖切面剖开机件，将处在观察者与剖切面之间的部分移去，而将其余部分向投影面投射，并在剖面区域内画上剖面符号，这样得到的图形，称为剖视图（简称剖视）。如图 2-2-1 所示的 $A—A$ 是沿机件的前、后对称平面剖切后画出的剖视图。

剖切面：剖切机件的假想平面或曲面，如图 2-2-1 所示。

剖面区域：剖切面与机件接触的部分，如图 2-2-1 所示。

剖面符号：为了区分机件被剖切面剖切到与未剖切到的部分或区分材料的类别而按国家

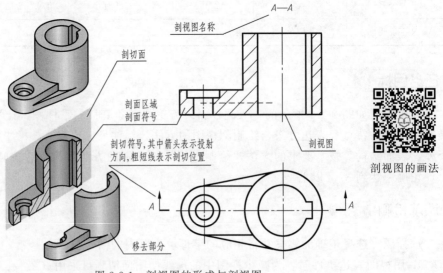

剖视图的画法

图 2-2-1　剖视图的形成与剖视图

标准绘制的符号。当不需要在剖面区域中表示材料类别时，根据国家标准《技术制图　图样画法　剖面区域的表示法》（GB/T 17453—2005），剖面符号用通用剖面线表示，即用与主要轮廓线或剖面区域的对称线成 45°或 135°且间隔相等的细实线表示，但同一机件的各个剖面区域，其剖面线的方向及间隔应一致，如图 2-2-1 所示。当需要在剖面区域中表示材料类别时，应根据如表 2-2-2 所示的国家标准绘制。

表 2-2-2　剖面符号（GB/T 4457.5—2013）

材料名称	剖面符号	材料名称	剖面符号
金属材料	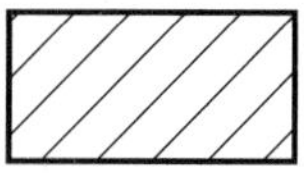	玻璃及观察用的其他透明材料	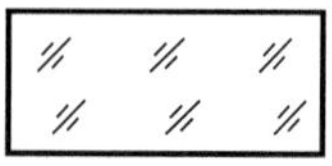
非金属材料	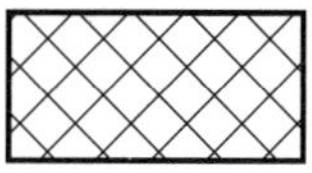	液体	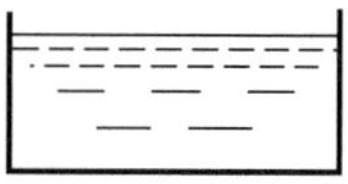
型砂、填砂、砂轮、陶瓷刀片、粉末冶金	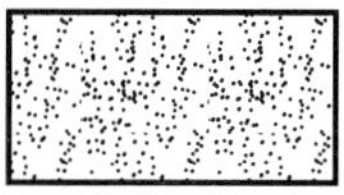	格网（筛网、过滤网等）	

2. 全剖视图

按机件被剖切面所剖切的范围来分，剖视图可分为全剖视图、半剖视图和局部剖视图。全剖视图是用剖切面（一般为平面，也可为柱面）完全剖开机件所得到的剖视图，如图 2-2-1 所示的 A—A。它的应用范围是表达外形简单或者外形已在其他视图表达清楚，而内部结构较复杂的机件，如图 2-2-1 所示。对于空心回转体机件，为了使图形清晰，便于标注，通常也用全剖视图表达，如本任务就属于这种情况。

三、确定比例和图幅并绘制图框

根据套筒的最大尺寸和零件图上需要安排的图形、尺寸及技术要求与标题栏的空间，选用 2∶1 的比例，A4 图幅，留装订边的 Y 型图纸，绘制图框与标题栏外框。

四、绘制套筒零件图的图形——全剖视图

1. 剖视图的绘制方法与步骤

绘制剖视图应遵循"剖""移""画""标"的四字方法与步骤。

① 剖。确定剖切位置并假想用剖切面剖开机件。需要注意的是剖切面应通过剖切结构的对称平面或轴线，并且平行于基本投影面。

② 移。假想将处在观察者和剖切面之间的部分移去。需要注意的是剖开机件并移去是假想的，所以除了剖视图之外，其余视图仍需根据完整的机件绘制，如图 2-2-1 所示的俯视图。

③ 画。画出剖切面后的可见部分的投影（即将剖面区域和所看到的其余部分的投影全部画出），并在剖面区域内画上剖面符号。需要注意的是在剖视图中，凡是已经表达清楚的结构，其虚线省略不画，但对不画虚线就无法确定机件的结构形状，而需另画视图表达且不影响视图清晰的虚线仍应画出，如图 2-2-1 所示虚线是为了表达底板高度。

④ 标。为了看图方便，在画剖视图时，一般应将剖切位置（长 5～10mm 的粗实线表示

的剖切符号）、剖切后的投射方向（箭头）和剖视图的名称（字母）标注在相应的视图上。即用剖切符号指示剖切面的起、讫和转折位置，并尽可能不与图形轮廓线相交；在剖切符号的起、止处外侧画出与剖切符号相垂直的箭头，表示剖切后的投影方向；在剖视图的上方用大写拉丁字母（如 A、B 等）标注其名称"×—×"（如 $A—A$，$B—B$ 等），并在剖切符号外侧标注相同的字母，字母一律水平书写，如图 2-2-1 所示。但当剖视图按投影关系配置，中间没有其他图形隔开时，可省略箭头，即可以将图 2-2-1 中表示投射方向的箭头省略不画。当用单一剖切平面通过机件的对称平面或基本对称平面剖切，且剖视图按投影关系配置，中间又没有其他图形隔开时，可省略标注，即可以将图 2-2-1 中的剖切符号、箭头及字母全部省略。

2. 套筒零件图图形的绘制方法与步骤

根据上述的四字方法与步骤，先假想用剖切面从套筒的前后对称平面处剖开，并将处在观察者和剖切面之间的部分移去，然后按如图 2-2-2 所示的步骤画出全剖视图。由于只有一个图形且符合省略标注的条件，故不用标注。

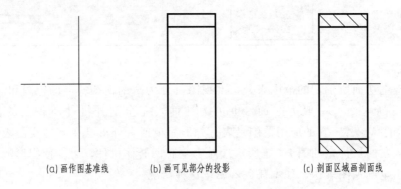

(a) 画作图基准线　　　　(b) 画可见部分的投影　　　　(c) 剖面区域画剖面线

图 2-2-2　绘制套筒零件图图形的方法与步骤

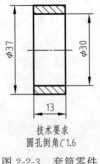

图 2-2-3　套筒零件
图的标注尺寸

技术要求
圆孔倒角 $C1.6$

五、标注尺寸

套筒零件三视图的尺寸标注规则仍然适用于套筒零件图的尺寸标注，倒角尺寸在技术要求中书写，结果如图 2-2-3 所示。

六、标注技术要求

1. 标注表面结构要求

（1）表面结构图形符号画法

表面结构图形符号的画法及其与附加标注的尺寸关系如图 2-2-4 所示，其参考尺寸如表 2-2-3 所示。

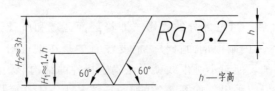

图 2-2-4　表面结构图形符号的画法及相关尺寸

表 2-2-3　表面结构图形符号的尺寸　　　　　　　　　　　　　mm

数字与字母高度 h	2.5	3.5	5	7	10
符号的线宽	0.25	0.35	0.5	0.7	1
高度 H_1	3.5	5	7	10	14
高度 H_2	8	11	15	21	30

（2）表面结构要求在图样中的标注方法

在图样中，零件表面结构要求是用表面结构代号标注的，而在代号中，常注写表面粗

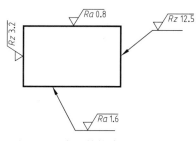

图 2-2-5　表面结构代号的注写方向

糙度参数，因此在本书中提到的表面结构要求特指表面粗糙度参数，参数代号与极限值之间插入空格，如"$Ra\,3.2$"，以避免误解。

① 标注总则　在同一图样中，零件的每一个表面只注一次表面结构要求，并尽可能标注在相应的尺寸及其公差的同一视图上。除非另有说明，否则所标注的表面结构要求均是对加工后零件表面的要求。表面结构代号的注写和读取方向应与尺寸的注写和读取方向一致，如图 2-2-5 所示。

② 标注位置　表面结构代号可标注在轮廓线或其延长线上，其符号的尖端应从材料外指向并接触表面，必要时可以用带箭头或带圆点的指引线引出标注，如图 2-2-6（a）、（b）所示。在不引起误解时，也可以标注在尺寸线、尺寸界线、延长线和几何公差框格上，如图 2-2-6（c）、（d）及图 2-2-7 所示。

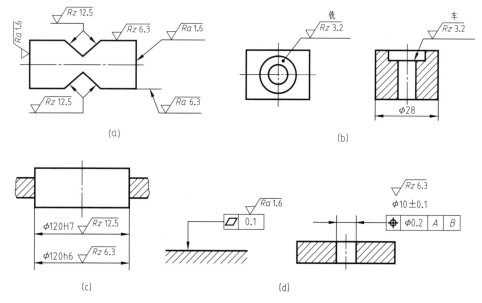

图 2-2-6　表面结构的标注

③ 简化标注

a. 多数表面有相同表面结构要求的简化注法　当零件的多数表面有相同的表面结构要求时，可先将不同的表面结构代号直接标注在视图上，然后将相同的表面结构代号统一标注

在标题栏附近，如图 2-2-7 所示的代号"$\sqrt{Ra\,3.2}$"。此时，该表面结构要求后面应加圆括号，且圆括号内应给出基本符号"$\sqrt{}$"或标出不同的表面结构代号。给出基本符号"$\sqrt{}$"表示除了图上标出来的表面结构要求外，其余表面的表面结构要求均与标题栏附近的那个表面结构要求相同，如图 2-2-7（a）所示；给出不同的表面结构代号，表示与大多数表面的表面结构要求不同的几个表面的表面结构要求，此时必须在图形的对应位置处注出括号内的表面结构代号，如图 2-2-7（b）所示。全部表面有相同的表面结构要求时，在标题栏附近只注写表面结构代号。

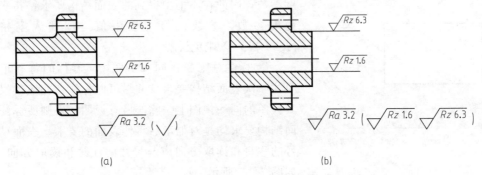

(a)   (b)

图 2-2-7　大多数表面有相同表面结构要求的简化注法

b. 多个表面具有共同表面结构要求的简化注法　当多个表面具有相同的表面结构要求或在图纸空间有限时，在图形中只标注带字母的完整符号或者表面结构符号，但在图形或标题栏附近用等式的形式表示出来，如图 2-2-8 所示。

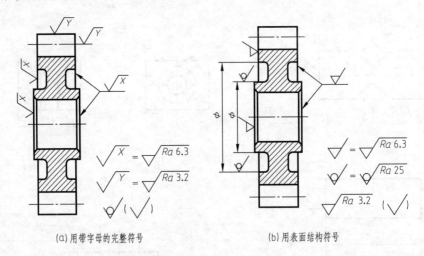

(a) 用带字母的完整符号　　　　　　(b) 用表面结构符号

图 2-2-8　多个表面具有共同表面结构要求的简化注法

（3）本任务中表面结构要求的标注

根据表面结构要求的标注方法，套筒的两个圆柱面的表面结构代号可标注在尺寸线、轮廓线、延长线和尺寸界线上，但在尺寸线上标注时，为了使符号的尖端从材料外指向被测表面，小圆柱面的表面结构代号可标注在下面的尺寸界线上，而大圆柱面的表面结构代号可标注在上面的尺寸界线上，左右两端面的表面结构代号统一标注在标题栏附近，可参考的标注结果如图 2-2-9 所示。

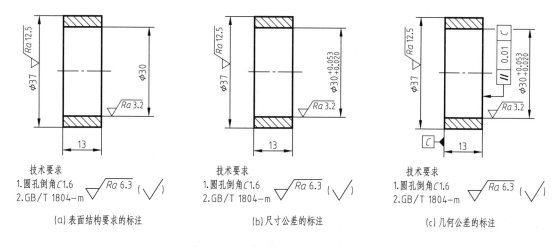

图 2-2-9　套筒零件图技术要求的标注

2. 标注尺寸公差

（1）相关的几个概念

下面以如图 2-1-1 中孔的尺寸"$\phi 30^{+0.053}_{+0.020}$"为例进行说明。

公称尺寸：是指根据零件的强度和结构要求在设计时给定的尺寸，如 $\phi 30$。

实际尺寸：是指零件加工之后，实际测量所得的尺寸。

极限尺寸：是指允许零件实际尺寸变化的两个极限值。最大的界限值称为上极限尺寸，如 $\phi 30 + 0.053 = \phi 30.053$；最小的界限值称为下极限尺寸，如 $\phi 30 + 0.020 = \phi 30.020$。实际尺寸在这两个尺寸之间才算合格。

极限偏差：是指零件的极限尺寸减去其公称尺寸后所得的代数差。极限偏差可以为正值、负值或零。上极限尺寸减去公称尺寸所得的代数差称为上极限偏差，如 $+0.053$；下极限尺寸减去公称尺寸所得的代数差称为下极限偏差，如 $+0.020$。

尺寸公差：零件在制造的过程中，由于加工或测量等因素的影响，加工后一批零件的实际尺寸总存在一定的误差。为了保证零件的互换性，必须将零件的实际尺寸控制在允许的变动范围内，这个允许尺寸的变动范围称为尺寸公差，简称公差。公差恒为正值，不能为零和负值。尺寸公差＝上极限尺寸－下极限尺寸＝上极限偏差－下极限偏差。如 $\phi 30.053 - \phi 30.020 = +0.053 - (+0.020) = 0.033$。

（2）尺寸公差的标注

公差在零件图中有三种标注形式，详见项目 4，这里仅介绍"只标注上下极限偏差数值"这种形式。这种注法用于少量或单件生产，所注的上、下极限偏差的单位为 mm，其标注方法如下。

① 标注极限偏差值时，上极限偏差标在公称尺寸的右上角，下极限偏差标在公称尺寸的右下角，极限偏差值的字号比公称尺寸的字号小一号，下极限偏差和公称尺寸注在同一底线上，并且上、下极限偏差的小数点必须对齐，如 $\phi 30^{+0.006}_{-0.015}$。

② 当上、下极限偏差中的一项末端数字为"0"时，为了使上、下极限偏差的位数相等，用"0"补齐，如 $\phi 30^{+0.053}_{+0.020}$ 中的下极限偏差。

③ 当上、下极限偏差中小数点后末端数字均为"0"时，一般不需注出"0"，

如 $\phi 30^{+0.32}_{+0.11}$。

④ 当上、下极限偏差符号相反、绝对值相同时，在公称尺寸右边注"±"号，且只写出一个极限偏差值，其字号与公称尺寸相同，如 $\phi 30 \pm 0.016$。

（3）本任务中尺寸公差的标注方法

本任务中的尺寸公差按只标注上下极限偏差数值①和③的规定标出，结果如图 2-2-9（b）所示。

3. 标注几何公差

（1）几何公差的概念

在实际生产中，经过加工的零件不仅会产生尺寸误差，还会出现形状和位置误差。为了满足零件使用性能的要求，必须对形状和位置加以限制。几何公差是指零件的实际形状和实际位置对理想形状和理想位置所允许的最大变动量。几何公差包括形状公差、方向公差、位置公差、跳动公差。在技术图样中，几何公差采用代号标注，当无法采用代号时，允许在技术要求中用文字说明。

（2）几何公差代号与基准代号

几何公差代号一般是由带箭头的引线、公差框格、几何特征符号、公差值和其他有关符号及基准代号字母（只有有基准的几何特征才有基准代号字母）组成，如图 2-2-10（a）所示；基准代号由正方形线框、字母和带黑三角（或白三角）的引线组成，如图 2-2-10（b）所示。h 表示字体高度，框格中的字符高度与尺寸数字的高度相同，基准代号中的字母一律水平书写，如图 2-2-10（c）所示。

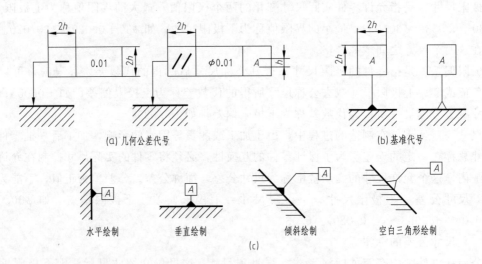

(a) 几何公差代号　　　　　　　　　　　　　　　(b) 基准代号

水平绘制　　　　垂直绘制　　　　倾斜绘制　　　　空白三角形绘制

(c)

图 2-2-10　几何公差代号与基准代号

几何公差代号和基准代号均可垂直或水平放置，水平放置时其内容由左向右填写，竖直放置时其内容由下向上填写。如果公差带为圆形或圆柱形时，公差值前应加注符号"ϕ"，如图 2-2-10（a）所示；如果公差带为圆球形，公差值前应加注符号"$S\phi$"。

（3）几何特征符号

国家标准（GB/T 1182—2008）规定，几何公差的几何特征及符号共分 19 种，其名称和符号如表 2-2-4 所示。

表 2-2-4　几何公差分类与几何特征名称及符号（GB/T 1182—2008）

公差类型	几何特征	符号	有无基准	公差类型	几何特征	符号	有无基准
形状公差 （6 项）	直线度	—	无	位置公差 （6 项）	位置度	⊕	有或无
	平面度	▱	无		同心度（用于中心点）	◎	有
	圆度	○	无		同轴度（用于轴线）	◎	有
	圆柱度	⌀	无		对称度	=	有
	线轮廓度	⌒	无		线轮廓度	⌒	有
	面轮廓度	⌓	无		面轮廓度	⌓	有
方向公差 （5 项）	平行度	∥	有	跳动公差 （2 项）	圆跳动	↗	有
	垂直度	⊥	有		全跳动	↗↗	有
	倾斜度	∠	有	—	—	—	—
	线轮廓度	⌒	有	—	—	—	—
	面轮廓度	⌓	有	—	—	—	—

（4）几何公差的标注方法

① 几何公差代号的标注方法

a. 当被测要素为轮廓线或轮廓表面时，带指引线的箭头应置于被测要素的轮廓线或其延长线上，但必须与尺寸线明显错开，如图 2-2-11 所示。

图 2-2-11　被测要素为轮廓线或轮廓表面的标注方法

b. 当被测要素为轴线或对称面时，带箭头的指引线应与尺寸线对齐，如图 2-2-12 所示。

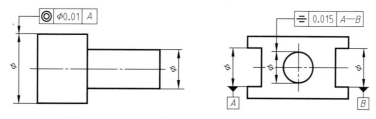

图 2-2-12　被测要素为轴线或对称面的标注方法

c. 当几个不同被测要素具有相同几何公差要求时，从框格一端画出公共指引线，然后将带箭头的指引线分别指向被测要素，如图 2-2-13 所示。

d. 当同一个被测要素具有不同的几何公差要求时，两个公差框格可上下并列，并共用一条带箭头的指引线，如图 2-2-14 所示。

② 基准代号的标注方法

a. 当基准要素为轮廓线或表面时，基准符号应置于要素的外轮廓线或其延长线上，与尺寸线明显地错开，如图 2-2-15（a）所示。基准三角形也可放置在该轮廓面引出线的水平线上，如图 2-2-15（b）所示。

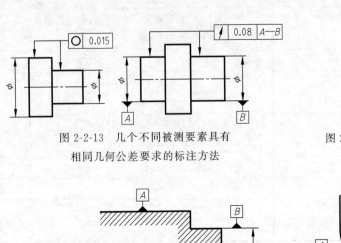

图 2-2-13　几个不同被测要素具有
相同几何公差要求的标注方法

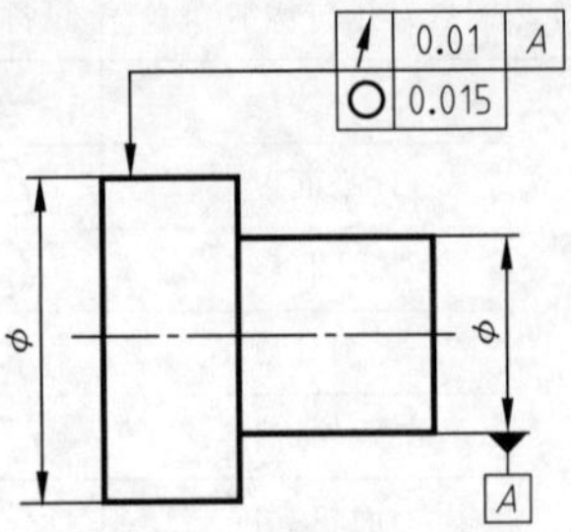

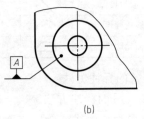

图 2-2-14　同一个被测要素具有不同的
几何公差要求的标注方法

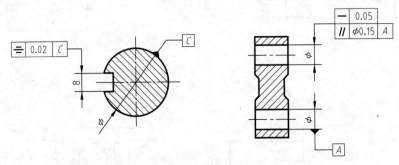

(a)　　　　　　　　　　(b)

图 2-2-15　基准要素为轮廓线或表面的标注方法

  b. 当基准要素是轴线或对称面时，基准代号中的竖直线应与尺寸线对齐，如图 2-2-12、图 2-2-13 所示。

  c. 当尺寸线的一个箭头与基准三角形重叠时，则可用基准三角形代替尺寸线的一个箭头，如图 2-2-16 所示。

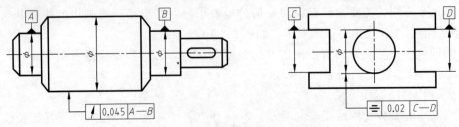

图 2-2-16　基准三角形代替尺寸线的一个箭头的标注方法

  d. 由两个或两个以上基准要素组成的基准称为公共基准。公共基准的字母应将各个字母用横线连接起来，并书写在公差框格的同一个格内，如图 2-2-17 所示。

图 2-2-17　公共基准的标注方法

（5）本任务中几何公差的标注方法

本任务中的几何公差按几何公差代号的标注方法 a 和基准代号的标注方法 a 的规定标出，结果如图 2-2-9（c）所示。

4. 文字书写的技术要求

为了去除切削时产生的毛刺和锐边，便于操作安全和保护装配面，一般在孔或轴的端部加工出倒角。当 45°倒角尺寸较小时，在图样中可不画出，但必须注明尺寸或在技术要求中加以说明，本任务中给出的倒角是 C1.6，结果如图 2-2-3 所示。

一般公差是指在车间一般加工条件下可以保证的公差，是机床设备在正常维护操作情况下，能达到的经济加工精度。采用一般公差时，在公称尺寸后不标注极限偏差或其他代号，所以也称未注公差。GB/T 1804—2000 对线性尺寸的一般公差规定了 4 个公差等级：精密级、中等级、粗糙级和最粗级，分别用字母 f、m、c 和 v 表示，在图样上只注公称尺寸，不注极限偏差，而应在图样的技术要求或有关技术文件中，用标准号和公差等级代号作出总的表示。本任务中给出的是中等级 m，表示为"GB/T 1804-m"，如图 2-2-9 所示。

七、检查与描深并绘制填写标题栏，完成套筒零件图的绘制

结果如图 2-2-18 所示。

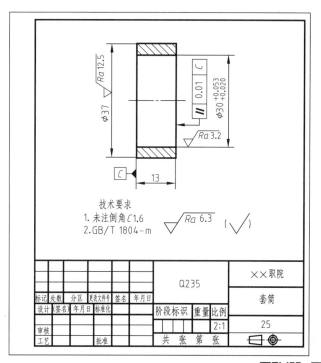

图 2-2-18　套筒零件图

绘制套筒零件图

任务检测 ▶▶

参照如图 2-1-17 所示减速器调整环的立体图及尺寸和表 2-2-5 所示的技术要求，选择合适的比例、图幅和图框与图纸形式绘制其零件图。要求零件结构的表达方法正确、完整、清晰、简练，绘图步骤与方法

绘制 φ62 调整环零件图

绘制 φ47 调整环零件图

正确，视图符合国家标准，尺寸标注正确、完整、清晰、合理，公差、表面粗糙度、几何公差等技术要求的选用合理、标注正确。

表 2-2-5　调整环的技术要求

表面	大圆柱面	小圆柱面	左端面	右端面
表面结构 $Ra/\mu m$	3.2	12.5	3.2	3.2
尺寸公差	未注公差	详见图 2-1-17	未注公差	未注公差
几何公差	无	无	基准面 C	相对 C 面的平行度公差为 0.01
文字说明	1. 圆孔倒角 C1.6；2. 未注公差为中等级 m

知识拓展 ▶▶

一、公差带和公差带图

公差带是代表上极限偏差和下极限偏差或上极限尺寸和下极限尺寸的两条直线所限定的一个区域。在公差分析中，常把公称尺寸、极限偏差和尺寸公差放大画出的图形称为公差带图，如图 2-2-19 所示。

在公差带图中，用零线表示公称尺寸，以该线为基准，在其左端标上"0"，上方为正，标上"＋"号，下方为负，标上"－"号，用矩形的高表示尺寸的变化范围，即公差，矩形的上边代表上极限偏差，矩形的下边代表下极限偏差，矩形的长度无实际意义。

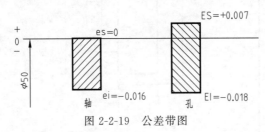

图 2-2-19　公差带图

二、常见几何公差的公差带形状及其含义

常见几何公差的公差带形状及其含义如表 2-2-6 所示。

表 2-2-6　常见几何公差的公差带形状及其含义

名称	标注示例	公差带形状	含义
平面度	□ 0.015	0.015	平面度公差为 0.015，即被测表面必须位于公差值 0.015mm 的两平行平面之间。平面度的公差带是两平行平面之间的区域
直线度	— 0.008	$\phi0.008$	直线度公差为 $\phi0.008$，即被测圆柱体的轴线必须位于直径为 $\phi0.008$mm 的圆柱内 如果公差值前不加注"ϕ"，表示公差带为距离等于给定公差值的两平行平面间的距离

名称	标注示例	公差带形状	含　义
圆柱度			圆柱度公差为 0.006，即被测圆柱面必须位于半径公差值为 0.006mm 的两同轴圆柱面内 公差带为在同一正截面上，半径差等于公差值的两同轴圆柱面之间的区域
平行度			平行度公差为 0.025，即被测表面必须位于距离等于 0.025mm 的两平行平面之间，且平行于基准平面 A 公差带是两平行平面间的区域，且该表面与指定的基准平面平行
对称度			对称度为 0.025，即被测槽的中心平面必须位于距离为 0.025mm，且相对于基准中心平面 A 对称配置的两平行平面之间 公差带是对称配置的两平行平面之间的区域
同轴度			同轴度公差为 0.015，即小圆柱的轴线必须位于直径为 0.015mm 的圆柱面内，且该轴线与大圆柱的轴线同轴 公差带是圆柱面内的区域，该圆柱面的轴线必须与基准轴线同轴
圆跳动			圆跳动公差为 0.02，即当被测圆柱面在绕基准轴旋转一周（无轴向移动）时，在任一测量平面内的径向圆跳动不大于 0.02mm 公差带是在垂直于基准轴的任一平面内，半径差等于公差值，且圆心在基准轴线上的两圆心圆所限定的区域

项目**3** 轮盘类零件三视图与零件图的绘制与识读

 项目描述 ▶▶

　　轮盘类零件一般装在轴上或孔中，在机器中主要起传动、支承、轴向定位或密封等作用。它的结构特点是基本形状为扁平的盘板状，多为同轴回转体的外形和内孔，其轴向尺寸比其他两个方向的尺寸小，零件上常见有肋、孔、槽、轮辐等结构，如图 3-0-1 所示。本项目以减速器透盖零件三视图与零件图的绘制为例，介绍轮盘类零件三视图绘制与尺寸标注及零件图的视图选择、尺寸标注、技术要求及其绘制的方法和步骤。

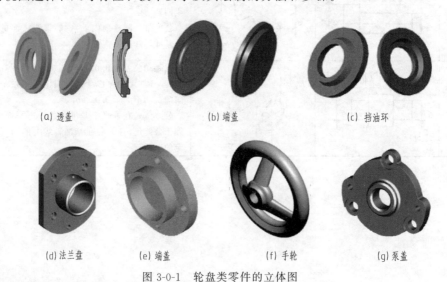

(a) 透盖　　　　　　　　　　(b) 端盖　　　　　　　　　　(c) 挡油环

(d) 法兰盘　　　　(e) 端盖　　　　(f) 手轮　　　　(g) 泵盖

图 3-0-1　轮盘类零件的立体图

任务 1　减速器透盖三视图的绘制

任务要求 ▶▶

　　根据图 3-1-1 所示减速器透盖的参照尺寸，选择合适的比例、图幅和图框与图纸形式绘制其三视图并标注尺寸。要求布图匀称、图面整洁，图框、图线、尺寸、文字符号等要素符合国标。

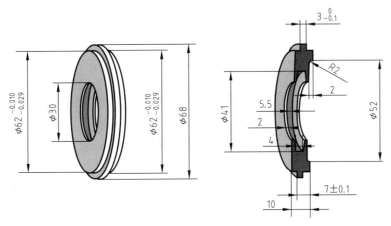

图 3-1-1　减速器透盖的参照尺寸

任务目标 ▶▶

通过绘制如图 3-1-1 所示的一级圆柱斜齿齿轮减速器透盖的三视图，让学习者了解组合体的类型和组合方式，能正确分析组合体表面连接过渡关系和表面交线形式；理解形体分析法的含义及作用，能熟练运用形体分析法对组合体进行形体分析；掌握组合体主视图的选择方法、组合体三视图的绘制和尺寸标注方法与步骤，按时完成率90％以上，正确率达到80％以上。

课前检测 ▶▶

填空题（将正确答案填入题内的横线上）。

1. 组合体是由一些简单的基本体组合而成的复杂立体，根据组合方式，组合体可分为三种类型，分别为＿＿＿＿＿＿组合体、＿＿＿＿＿＿组合体、＿＿＿＿＿＿组合体。

任务 1
参考答案

2. 在组合体的视图上，需要标注＿＿＿＿＿尺寸、＿＿＿＿＿尺寸和＿＿＿＿＿尺寸。

3. 形体分析法是画图、读图和标注尺寸的基本方法。它就是把一个组合体假想分解成若干基本形体，弄清各基本形体的＿＿＿＿＿＿、＿＿＿＿＿＿＿和＿＿＿＿＿＿＿及其表面过渡关系的方法。

任务实施 ▶▶

一、分析透盖的组合形式及其表面过渡关系

任何机器零件，从形体的角度来分析，都可以看成是由一些简单的基本形体（如棱柱、棱锥、圆柱、圆锥、圆球等），按照一定的连接方式组合而成的，这些基本形体可以是一个完整的基本体，也可以是一个不完整的基本体或是它们的简单组合体。由基本形体叠加或切割而成的复杂形体称为组合体，如图 3-1-2 所示。由基本形体形成组合体时，其表面之间会形成一定的连接关系，这些关系需要在组合体三视图上予以表达，因此，在绘制透盖三视图时，必须要分析组合体的组合形式（叠加、切割和综合）及其表面过渡关系（相邻表面的连接处或切割处是否画线的关系）。

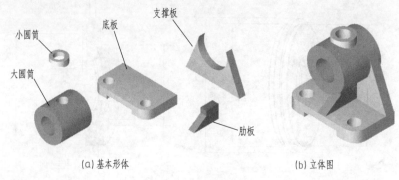

图 3-1-2　组合体

1. 叠加及其表面过渡关系

叠加的形式有相接叠加、相切叠加和相交叠加三种，通过叠加形成的组合体称为叠加型组合体。

（1）相接叠加

两形体以平面相接触的形式叠加时就称为相接叠加。相接叠加时的表面过渡关系有不平齐关系和平齐关系两种。

① 不平齐关系　若同一方向上的两形体表面处在不同的平面上时，则称该表面不平齐（又称不共面），在视图中应各自画线，如图 3-1-3（a）所示的组合体，其前、后的表面不平齐，所以在主视图中，应分别画出各自的轮廓线的投影。

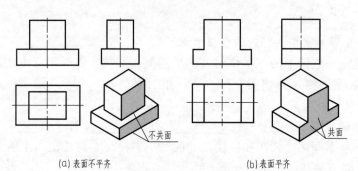

图 3-1-3　相接叠加时连接关系的画法

② 平齐关系　若同一方向上的两形体表面处在同一个平面上，则称这两个表面平齐（又称共面），其连接处的轮廓线消失，因此在视图中没有轮廓线的投影，如图 3-1-3（b）所示的组合体，其前、后的表面平齐，所以在主视图的连接处不画线。

（2）相切叠加

当两基本形体表面相切时，两相邻表面形成光滑过渡，其结合处不存在分界线，因此投影图上不画分界线，如图 3-1-4（a）所示；但当切线与转向轮廓线重合时要画线，如图 3-1-4（b）所示。

（3）相交叠加

当两形体在表面连接处相交时，在相交处产生的交线，是两形体表面的相贯线（两立体相交时表面产生的交线），因此画图时要画出交线的投影，如图 3-1-5 所示两形体相交情况

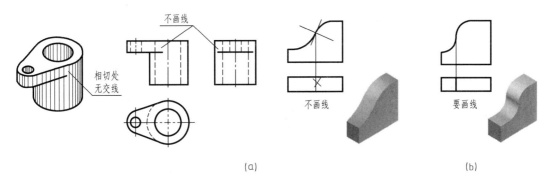

图 3-1-4　表面相切的画法

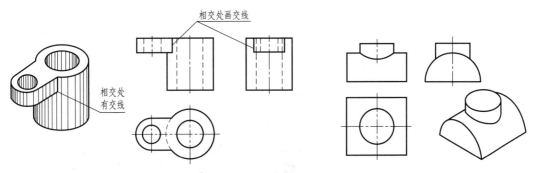

图 3-1-5　表面相交的画法

下的图形画法。

2. 切割及其表面过渡关系

把基本形体用平面或曲面切割去若干部分称为切割，通过切割形成的组合体称为切割型组合体。当组合体是由基本形体通过切割而形成时，相邻表面处必须画出交线。画图时关键是求截平面与形体表面的交线，即截交线，如图 3-1-6 所示。

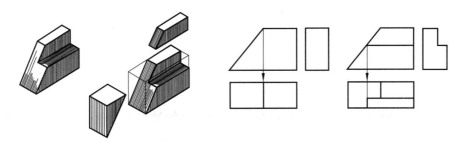

图 3-1-6　切割表面截交线的画法

3. 综合及其表面过渡关系

当形体既有叠加又有切割时称为综合，通过既叠加又切割而形成的组合体称为综合型组合体。分析其表面过渡关系时，首先分清哪些形体是叠加关系，哪些形体被切割，然后分别按叠加和切割的表面过渡关系处理即可。

4. 透盖的组合形式及其表面过渡关系

如图 3-1-1 所示的透盖是综合型组合体，是同轴不平齐相接叠加和同轴切割而形成的，所以相邻表面都要画线。

二、进行透盖的形体分析

形体分析就是假想把一个组合体分解成若干个基本形体，弄清各基本形体的形状、相对位置、组合形式及其表面过渡关系的方法。它是画图、识图和标注尺寸的基本方法。画图时，利用该方法可将复杂的形体简化为若干个基本形体进行绘制；看图时，利用该方法可以从简单的基本形体着手，看懂复杂的形体；标注尺寸时，也是从分析基本形体的定形、定位尺寸的基础上标注组合体尺寸的。

图 3-1-7 所示透盖可以分解为 4 个基本形体，其中形体 1 是由左右两段 $\phi62$ 的圆柱和中间 $\phi68$ 的圆柱同轴不平齐相接叠加而成的简单组合体；形体 2 是在形体 1 上从右向左同轴切割出的长度为 2、直径为 $\phi52$、圆角半径为 $R2$ 的圆柱孔；形体 3 是在形体 1 上从左向右同轴切割出的长度为 8、直径为 $\phi30$ 的圆柱孔；形体 4 是在形体 3 的正上方从形体 1 上同轴切割出的长度为 4、直径为 $\phi41$ 的圆柱孔及其两侧的两个圆台孔组合而成的简单组合体，圆台孔的长度为 $(5.5-4)/2=0.75$，一端直径为 $\phi41$，另一端直径为 $\phi30$。

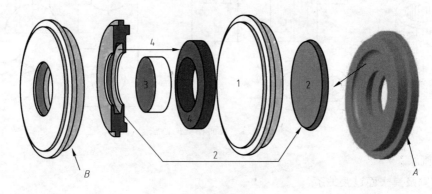

图 3-1-7　透盖的形体分析

三、选择主视图

根据选择主视图时应遵从的三个原则及轮盘类零件的加工特点，将透盖 $\phi52$ 的圆柱孔位于左侧且轴线水平放置，如图 3-1-8 最右侧立体图所示的 A 向，垂直于轴线的方向作为投射方向，这样选择主视图，既符合加工位置原则，又符合形状特征原则，还考虑了左视图中虚线最少的情况。

四、确定比例和图幅及图框形式并绘制图框与标题栏外框

在通常情况下，尽量选用 1:1 的比例；确定图幅及图框形式时，应根据各个视图每个方向的最大尺寸和标题栏的位置以及在视图之间留足标注尺寸的空隙，使视图布局合理，排列均匀来确定。

本任务选用 1:1 的比例，A4 图幅，留装订边的 Y 型图框，绘制图框与标题栏外框。

五、运用形体分析法和投影关系绘制三视图

运用形体分析法和投影关系绘制三视图时需注意以下两个问题。

1. 绘制三视图的顺序

① 画组合体的各基本形体的画图顺序。一般按组合体的形成过程先画基础形体的三视

图，再逐个画其他叠加体或切割体的三视图，将一个基本形体的三视图绘制完成后，再画下一个基本形体的三视图。

② 同一形体三视图的画图顺序。一般先画形状特征明显的视图或有积聚性的视图，再按"长对正、高平齐、宽相等"的投影规律画其他两个视图。对于回转体，先画出轴线、圆的中心线，再画轮廓素线和平面的投影。

2. 绘制三视图的方法与步骤

对于形体 1，按叠加型组合体的画图方法画出，对于形体 2、3、4 按切割型组合体的画法画出，如图 3-1-8 所示。

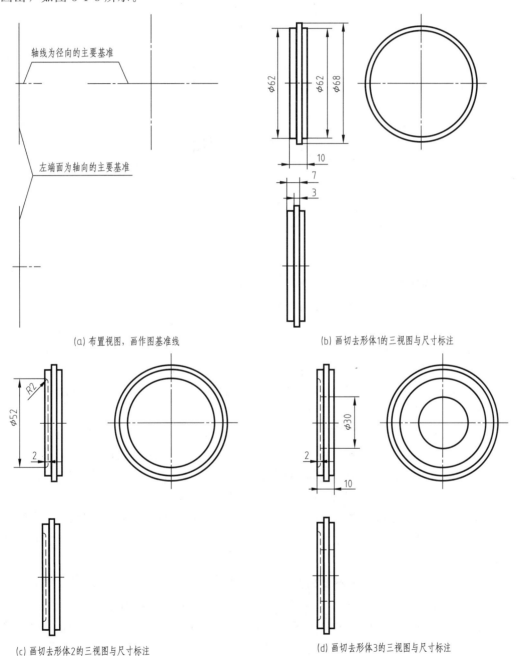

图 3-1-8

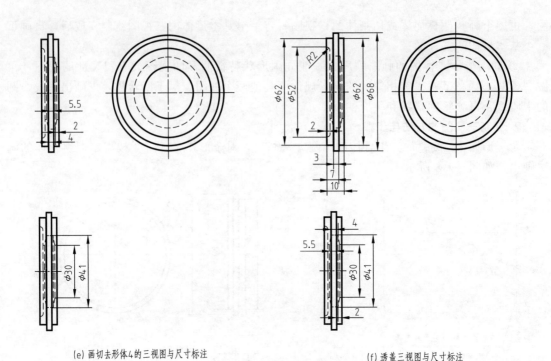

(e) 画切去形体4的三视图与尺寸标注　　　　　　　(f) 透盖三视图与尺寸标注

图 3-1-8　透盖三视图的绘制与尺寸标注的步骤

六、标注尺寸

1. 标注尺寸的基本要求

标注尺寸的基本要求是正确、完整、清晰、合理。

正确就是尺寸标注包括尺寸数字的书写，尺寸线、尺寸界线以及箭头的画法，应满足国家标准《机械制图》中的尺寸注法（GB/T 4458.4—2003）和尺寸的简化注法（GB/T 16675.2—2012）的规定；完整就是所注的尺寸能使组合体中各基本形体大小和相对位置唯一确定，且不允许有遗漏和重复；清晰就是标注的尺寸布局合理，以便于看图并且图面清晰；合理就是标注的尺寸要符合设计的要求和工艺的要求。

根据上述的基本要求，按国家标准标注尺寸即可做到正确，按形体分析法标注尺寸，可以达到完整，合理问题在任务 2 中讲解，这里重点强调要做到清晰应注意的几点。

① 尺寸应尽量注在视图外，与两视图有关的尺寸，最好注在两视图之间，如图 3-1-8 (f) 中主、俯视图之间的 3、7、10 和主、左视图之间的 $\phi62$、$\phi68$ 等。

② 定形、定位尺寸尽量集中标注在反映形状特征和位置特征明显的视图上。如图 3-1-8 (f) 中确定形体 3 的定形尺寸 $\phi41$、$\phi30$、5.5、4 和定位尺寸 2 都集中注在了位置特征明显的俯视图上。

③ 尺寸线与尺寸界线尽量不要相交。为避免相交，在标注相互平行的尺寸时，应按大尺寸在外、小尺寸在内的方式排列，如图 3-1-8 (f) 中的 3、7、10 和 $\phi62$、$\phi68$ 等。

④ 同轴回转体的直径尺寸尽量注在非圆的视图上，圆弧的半径尺寸要注在有圆弧投影的视图上。如图 3-1-8 中直径尺寸和半径尺寸。

⑤ 尽量不要在虚线上标注尺寸。图 3-1-8 (f) 中虚线上标注的尺寸不可避免。

⑥ 内形尺寸与外形尺寸最好分别注在视图的两侧。图 3-1-8 (f) 中的外形尺寸 3、7、10 标注在主视图的下侧，内形尺寸 5.5、4、2 应该标注在主视图的上侧，而为了减少图线与尺寸界线的相交，将尺寸线标注在了视图之中。

⑦ 同一方向的尺寸线，在不互相重叠的条件下，最好画在一条线上，不要错开，如图 3-1-9 所示。

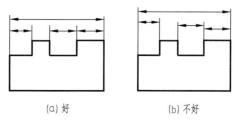

(a) 好　　　　　(b) 不好

图 3-1-9　同一方向尺寸线的画法

2. 尺寸标注的方法与步骤

（1）形体分析

如图 3-1-7 所示。

（2）选择尺寸基准

尺寸基准是指零件在设计、加工、测量和装配时，用来确定尺寸起始点的一些点、线、面。每个零件都有长、宽、高三个方向的尺寸或者轴套类和轮盘类零件有轴向与径向两个方向的尺寸，因此每个方向至少要有一个基准，如图 3-1-10 所示。同一方向上有多个基准时，其中必定有一个基准是主要的（即多个尺寸由其注出且决定零件主要尺寸），称为主要基准，其余的基准则为辅助基准。它们的主要区别是主要基准只能是标注尺寸的起点，而辅助基准既可作为标注某一尺寸的终点，又可作为另一尺寸的起点。主要基准与辅助基准之间应有尺寸联系。常见的尺寸基准有主要回转体的轴线，对称中心面，重要支撑面、端面以及圆的中心线等。

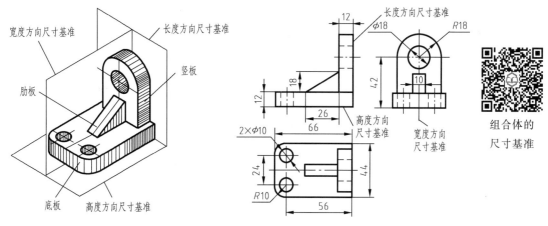

图 3-1-10　底座的尺寸注法

本任务的主要尺寸基准如图 3-1-8 (a) 所示，辅助基准为形体 1 的左右端面。

（3）标注定位尺寸

定位尺寸是确定零件各组成部分之间相对位置的尺寸。零件中的每个基本形体，从每个方向的基准出发应标注一个定位尺寸，但当两个基本形体沿某一方向相接叠加或两面平齐或具有公共对称平面或公共轴线时，不必单独标注定位尺寸，如图 3-1-10 所示，竖板和底板、肋板和底板相接叠加，在高度方向肋板和竖板不必单独标注定位尺寸，竖板和底板的右端面平齐、肋板和竖板相接叠加，在长度方向不必单独标注定位尺寸，底板、肋板、竖板具有公

　　共前后对称平面，在宽度方向不必单独标注定位尺寸。对称结构的定位尺寸应对称标注，如图 3-1-10 所示定位尺寸 24。

　　本任务中，形体 3 与形体 1 的右端面平齐，形体 2 与形体 1 的左端面平齐，不必单独标注轴向定位尺寸，形体 1、2、3、4 同轴，不必单独标注径向定位尺寸。只有形体 4 标注了轴向定位尺寸 2，如图 3-1-8（e）、（f）所示。

　　（4）标注定形尺寸

　　定形尺寸是确定零件各组成部分形状大小的尺寸。对于棱柱、棱锥应注出确定底面形状大小的尺寸和高度尺寸，棱台应注出顶面与底面的形状大小和高度尺寸，而正棱柱和正棱锥，考虑作图和加工方便，也可以标注其底面的外接圆直径和高度尺寸，如图 3-1-11 所示；对于圆柱、圆锥应标注底圆直径和高度尺寸，圆台应注出顶面与底面圆的直径和高度尺寸，圆球应标注直径，如图 3-1-12 所示。

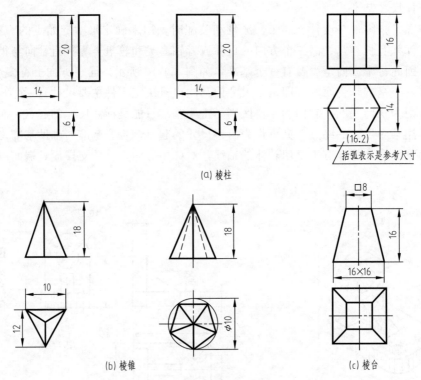

图 3-1-11　棱柱、棱锥、棱台等平面立体的尺寸注法

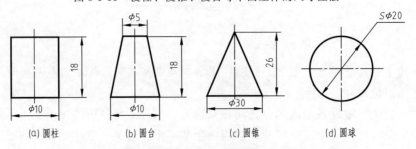

图 3-1-12　圆柱、圆锥、圆台、圆球等曲面立体的尺寸注法

　　本任务按形体分析法把透盖分为 4 个形体，每 4 个形体的定形尺寸如图 3-1-8（b）～（f）所示。

　　（5）标注总体尺寸

总体尺寸是确定零件总长、总高、总宽的尺寸。标注总体尺寸时注意以下三点。

① 当标注总体尺寸后出现多余尺寸时，需作调整，避免出现封闭尺寸链（零件同一个方向上首尾相接的尺寸）。如图 3-1-8（f）所示，标注了总长度尺寸 10，就没有标注右侧 ϕ62 圆柱的长度尺寸。

② 总体尺寸有时可能就是某形体的定形或定位尺寸，这时不再注出。如图 3-1-10 所示总长 66 和总宽 44 就是底板的定形尺寸，所以再不另外注出。

③ 当零件的某一方向具有回转结构时，由于注出了定形、定位尺寸，该方向的总体尺寸不再注出。如图 3-1-10 所示总高尺寸，由于注出了竖板回转面的定形尺寸 R18 和高度定位尺寸 42，所以在高度方向的总体尺寸不再注出。

本任务中，透盖的总长度尺寸为 10，总宽度尺寸和总高度尺寸（即最大径向尺寸）是 ϕ68。

（6）依次检查三类尺寸，保证正确、完整、清晰

结果如图 3-1-8（f）所示。

3. 标注定形和定位尺寸时应注意的问题

对于切割体，不能在截交线上标注尺寸，如图 3-1-13 中有"×"的尺寸不应注出；对于相贯体，不能在相贯线上标注尺寸，如图 3-1-14 中有"×"的尺寸不应注出。

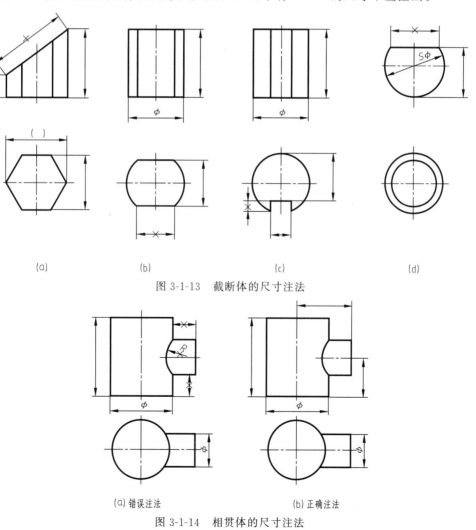

(a)　　　　　　(b)　　　　　　(c)　　　　　　(d)

图 3-1-13　截断体的尺寸注法

(a) 错误注法　　　　　　(b) 正确注法

图 3-1-14　相贯体的尺寸注法

七、检查描深并绘制填写标题栏

绘制三视图并标注尺寸完成后，按形体分析法进行认真检查，确认无误后，加粗描深，并绘制填写标题栏，完成本任务，结果如图 3-1-15 所示。

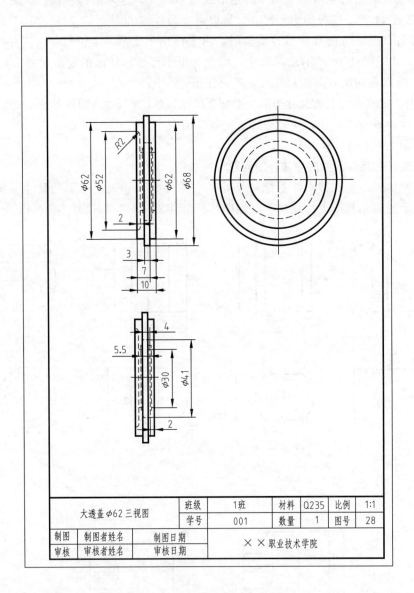

大透盖 φ62 三视图		班级	1班	材料	Q235	比例	1:1
		学号	001	数量	1	图号	28
制图	制图者姓名	制图日期		××职业技术学院			
审核	审核者姓名	审核日期					

图 3-1-15　透盖三视图及其尺寸

任务检测 ▶▶

根据如图 3-1-16～图 3-1-19 所示减速器小透盖、大小端盖及挡油环的参照尺寸，选择合适的比例、图幅和图框与图纸形式绘制其三视图并标注尺寸。要求布图匀称、图面整洁，图框、图线、尺寸、文字符号等要素符合国标。

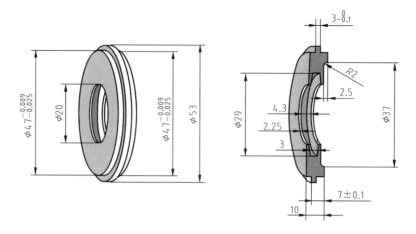

图 3-1-16 小透盖的参照尺寸

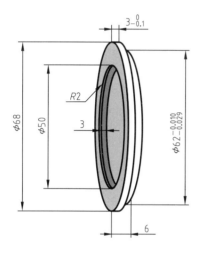

图 3-1-17 大端盖的参照尺寸

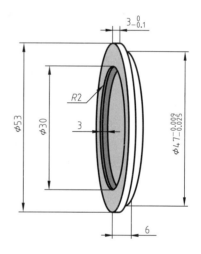

图 3-1-18 小端盖的参照尺寸

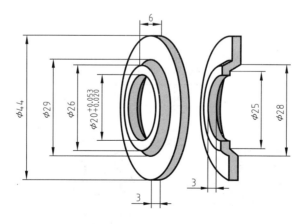

图 3-1-19 挡油环的参照尺寸

知识拓展　▶▶

一、截交线及其投影

1. 有关截交线的几个概念

平面与立体相交，可以看作是立体被平面截切，截切立体的平面称为截平面，被截平面所截后的立体称为截断体，此截平面与立体表面所产生的交线称为截交线，截交线围成的平面图形称为截断面，如图 3-1-20 所示。

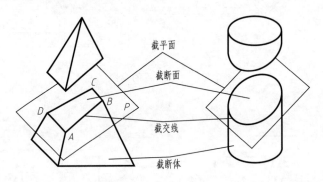

(a) 平面立体与平面相交　　　　(b) 曲面立体与平面相交

图 3-1-20　立体与平面相交

2. 截交线的性质

① 共有性：截交线是截平面与截断体表面共有的交线。

② 封闭性：截交线是封闭的平面图形，其形状取决于立体的形状及截平面相对立体的截切位置。

3. 平面与平面立体相交

平面与平面立体相交，截交线是封闭的多边形，多边形的顶点是截平面与平面立体棱线的交点，多边形的边是截平面与平面立体被截表面的交线，如图 3-1-20（a）所示。

4. 平面与圆柱相交

平面与圆柱相交，根据截平面与圆柱的相对位置不同，截交线有矩形、圆、椭圆等三种形状，如表 3-1-1 所示。

表 3-1-1　圆柱截交线

截平面的位置	与轴线平行	与轴线垂直	与轴线倾斜
轴测图			

续表

截平面的位置	与轴线平行	与轴线垂直	与轴线倾斜
投影图	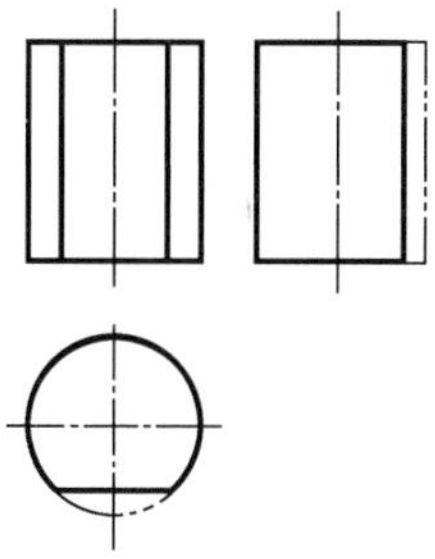	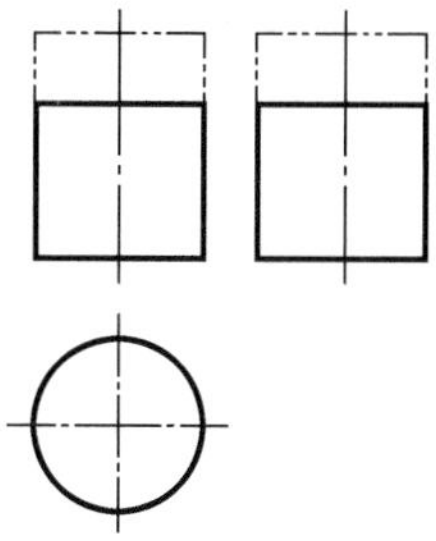	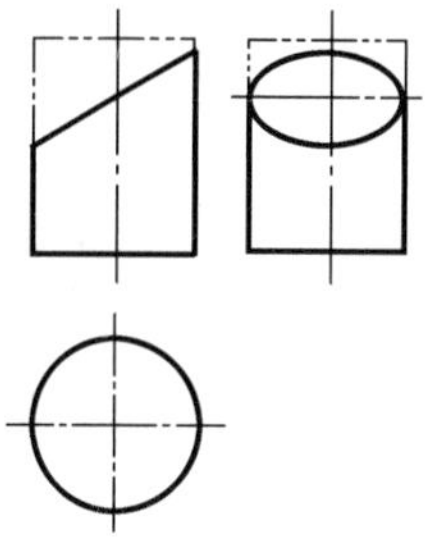
截交线的形状	矩形	圆	椭圆

5. 平面与圆锥相交

平面与圆锥相交，根据截平面与圆锥轴线的相对位置不同，截交线有圆、三角形、直线段、抛物线、椭圆、双曲线等形状，如表 3-1-2 所示。

表 3-1-2　圆锥截交线

截平面的位置	与轴线垂直	过圆锥顶点	平行于任一素线	与轴线倾斜（不平行于任一素线）	与轴线平行
轴测图	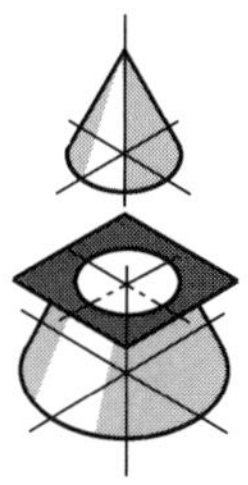	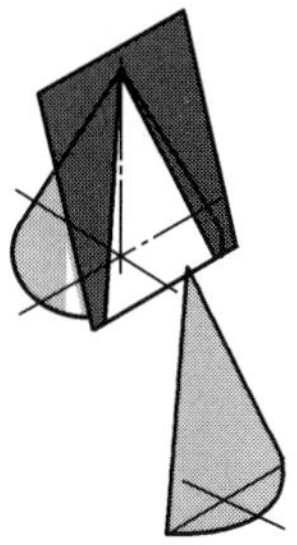	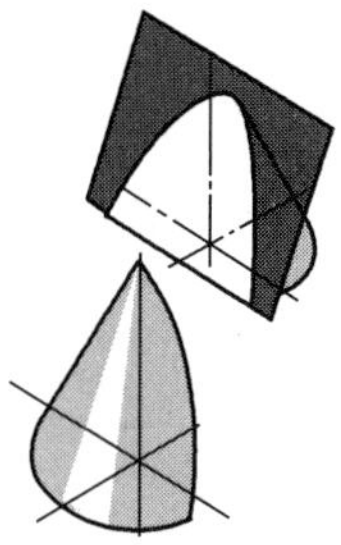	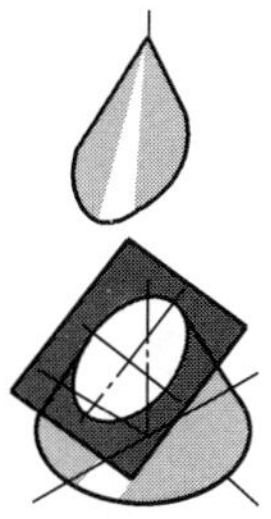	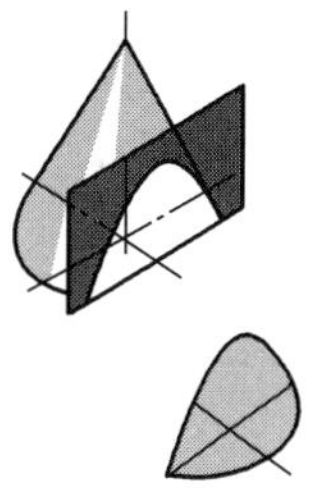
投影图	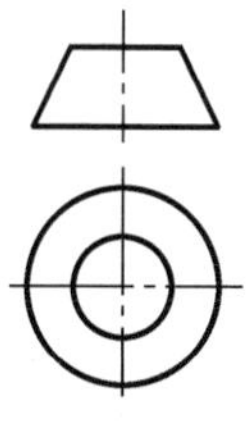	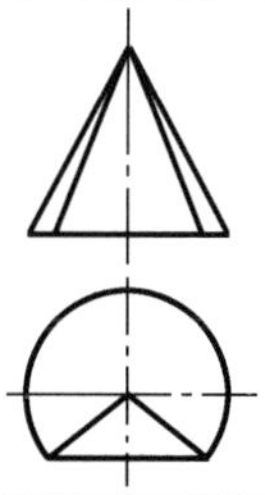	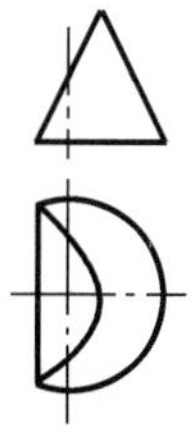	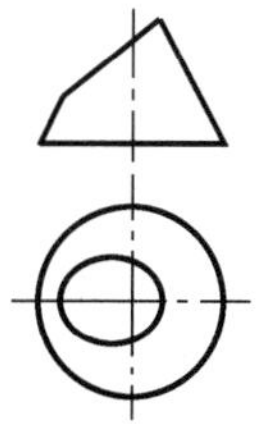	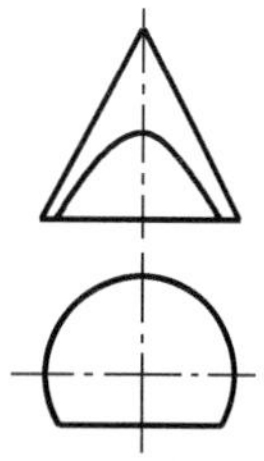
截交线的形状	圆	三角形	抛物线与直线段	椭圆	双曲线与直线段

6. 平面与球相交

平面截切圆球，不论平面与圆球的相对位置如何，其截交线的形状都是圆。截平面通过球心时其圆的直径最大，等于圆球的直径；截平面离球心越远，其圆的直径就越小。截切圆球的平面对投影面的相对位置不同，所得截交线（圆）的投影不同。当截平面平行于投影面时，截交线在该投影面上的投影反映实形，另两个投影积聚成直线。当截平面垂直于投影面时，截交线在该投影面上的投影积聚成直线，其他两个投影面上的投影是椭圆，如表 3-1-3 所示。

表 3-1-3　圆球截交线

截平面为投影面平行面	截平面为投影面垂直面

二、相贯线及其投影

1. 有关相贯线的几个概念

很多机器零件是由两个或两个以上的基本体相交而成，在它们表面相交处会产生交线，常见的是两回转体表面的交线。两立体表面相交时形成的交线，称为相贯线。把这两个立体看作一个整体，称为相贯体。如图 3-1-21 所示就是两个圆柱组成的相贯体，箭头所指的交线为相贯线。

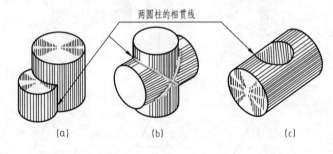

两圆柱的相贯线

(a)　　　　(b)　　　　(c)

图 3-1-21　两个圆柱相贯

2. 相贯线的性质

① 封闭性：相贯线一般为封闭的空间曲线，如图 3-1-21（c）所示，特殊情况下是封闭的平面曲线或直线，如图 3-1-21（a）、（b）所示。

② 共有性：相贯线是相交立体表面的共有线，相贯线上所有的点，都是两立体表面上的共有点，如图 3-1-21 所示。

③ 表面性：相贯线位于立体表面上，如图 3-1-21 所示。

3. 圆柱与圆柱的相贯线

（1）正交两圆柱相贯线的形式

正交（两轴线垂直相交）的圆柱，在零件上是最常见的，它们的相贯线一般有如表 3-1-4 所示的外圆柱与外圆柱相交、外圆柱与内圆柱相交、内圆柱与内圆柱相交三种形式。

表 3-1-4　正交两圆柱相贯线的形式

外圆柱与外圆柱相交	外圆柱与内圆柱相交	内圆柱与内圆柱相交
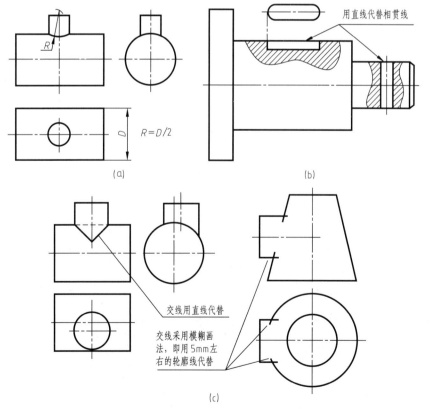		

（2）正交两圆柱相贯线的简化画法

为了简化作图，在不致引起误解时，允许采用简化画法绘制相贯线的投影。当两圆柱正交，且两条轴线平行于某个投影面时，相贯线在该投影面上的投影可用大圆柱半径所作的圆弧来代替，该圆弧的圆心在小圆柱的轴线上，如图 3-1-22（a）所示；有时也可用直线代替，

图 3-1-22　相贯线的简化画法

如图 3-1-22（b）所示；还可采用模糊画法，如图 3-1-22（c）所示。

（3）圆柱相贯线的特殊情况

① 两圆柱直径相等，轴线垂直相交且平行于同一投影面时，相贯线为垂直于这个投影面的椭圆，投影面上的投影是两条相交的直线，如图 3-1-23 所示。

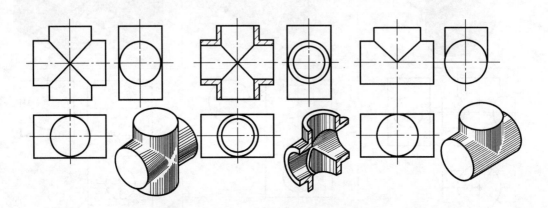

图 3-1-23　两圆柱正交且直径相等的相贯线

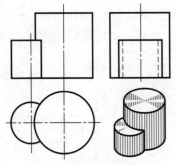

图 3-1-24　两圆柱轴线
平行相交的相贯线

② 轴线平行的两圆柱相交时相贯线是两条平行的直线段，如图 3-1-24 所示。

（4）两正交圆柱相贯线投影的变化趋势

两正交圆柱相贯的相贯线在平行于两圆柱轴线的投影面上的投影始终向大圆柱轴线弯曲，如图 3-1-25 所示。

4. 回转体同轴相贯时的相贯线

当回转体具有公共轴线时，相贯线为垂直于轴线的圆，该圆在与轴线平行的投影面上的投影为直线，在与轴线垂直的投影面上的投影为圆，如图 3-1-26 所示。

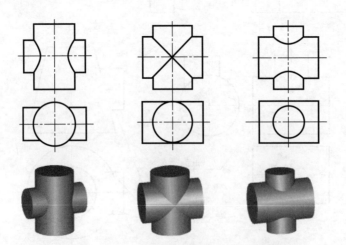

图 3-1-25　两正交圆柱相贯线投影的变化趋势

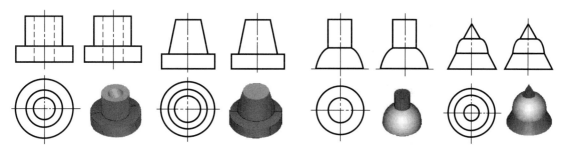

图 3-1-26　两回转体具有公共轴线时的相贯线

三、组合体的正等轴测图的画法

画组合体的轴测图时，先分析组合体由哪些基本体组成，并确定它们之间的相对位置和组合方式，再按照先主后次、从上到下、从左到右、从前到后的顺序，逐一画出各部分的轴测图。例如图 3-1-27（a）所示的组合体三视图的正等轴测图的作图方法及步骤如下。

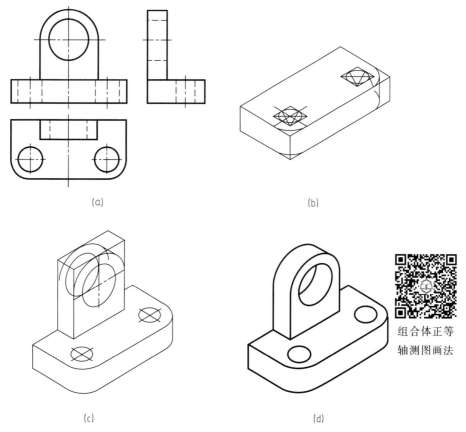

(a)

(b)

(c)

(d)

组合体正等
轴测图画法

图 3-1-27　组合体正等轴测图画法

（1）分析

形体由底板和立板叠加而成，两部分后面平齐，立体左右对称。分别作出底板和立板的正等轴测图并将两部分放在正确的位置，即可完成所要求的组合体的正等轴测图。底板上有通孔和圆角，其正等轴测投影可分别用水平面上的近似椭圆和圆角的简化画法表示。立板上有通孔和圆角，其轴测投影可分别用正平面上的近似椭圆和圆角的简化画法表示。

（2）画底板的正等轴测图

如图 3-1-27（b）所示，先画出四棱柱（底板的基本体）的轴测图，再用菱形法和圆角的简化画法绘制通孔和圆角的轴测投影。

（3）画立板的正等轴测图

如图 3-1-27（c）所示，先画出四棱柱（立板基本体）的轴测图，再用菱形法和圆角的简化画法绘制立板前面（正平面）圆和圆角的轴测投影，再用移心法绘制立板后面的圆和圆角的轴测投影，并作右上角两段圆弧的公切线。

（4）整理加深

擦去多余线条，整理加深，得到所求组合体的正等轴测图，如图 3-1-27（d）所示。

四、斜二等轴测图的画法

1. 斜二等轴测图的形成及其特性

当物体上的两个坐标轴 OX 和 OZ 与轴测投影面平行，而投射方向与轴测投影面倾斜时，所得的轴测图称为斜二等轴测图。

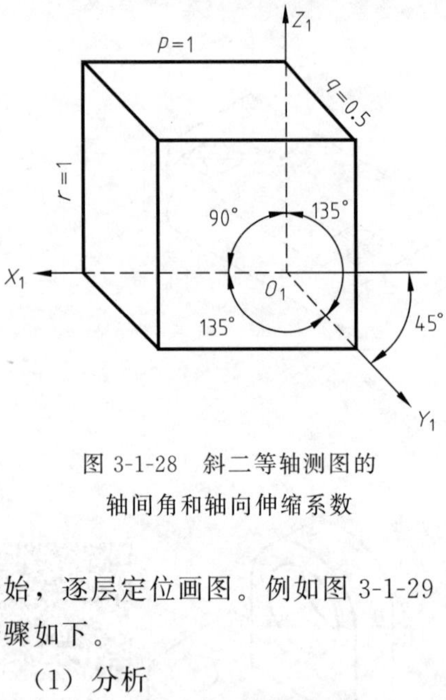

国标规定，在斜二等轴测图中，取 O_1Y_1 与水平方向成 $45°$。则 $\angle X_1O_1Z_1 = 90°$，$\angle X_1O_1Y_1 = \angle Y_1O_1Z_1 = 135°$，$p = r = 1$，$q = 0.5$，如图 3-1-28 所示。

图 3-1-28　斜二等轴测图的
轴间角和轴向伸缩系数

2. 斜二等轴测图的画法

由斜二等轴测图的相关特性可知，形体上凡与坐标平面 XOZ 平行的面（线），其轴测图都反映真实性，因此常选择立体的特征面（尤其是为圆的图形）平行于轴测投影面，从而使作图简便。沿 OY 轴（或平行于 OY 轴）的直线段，其轴测投影为原长的一半。

画斜二等轴测图时，通常沿 O_1Y_1 轴从最前面开始，逐层定位画图。例如图 3-1-29（a）所示组合体三视图的斜二等轴测图的作图方法及步骤如下。

（1）分析

形体由底板和立板叠加而成，底板上有通槽，立板带半圆头，并有通孔，两部分前后面平齐，且为正平面。取正面的平行面作为轴测投影面，则立体前后面的斜二等轴测图反映真实性，方便作图。

（2）建立斜二等轴测轴并作最前面的投影

建立如图 3-1-29（b）所示的斜二等轴测轴，以 O_1 为基准作出前面的真实性投影。

（3）作最后面的投影

如图 3-1-29（c）所示，将 O_1 点沿 Y_1 轴向后移动底板宽度的一半，得 O_2 点。以 O_2 点为作图基准作出后面的真实性投影（不可见轮廓可省略不画）。再作出立板右上角前后面上圆弧的公切线和连接前后面对应顶点之间的棱线。

（4）整理加深

擦去多余线条，整理加深，得到所求组合体的斜二等轴测图，如图 3-1-29（d）所示。

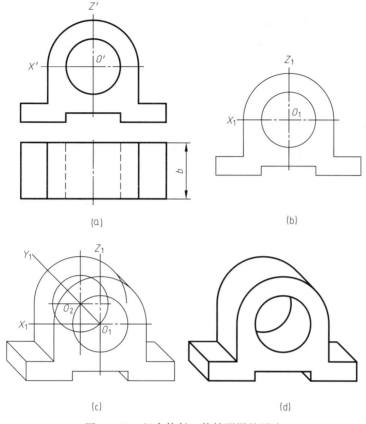

图 3-1-29   组合体斜二等轴测图的画法

任务 2   减速器透盖零件图的绘制

任务要求 ▶▶

参照如图 3-1-1 所示一级圆柱斜齿齿轮减速器透盖的尺寸或图 3-1-15 所示透盖的三视图与尺寸及表 3-2-1 所示的技术要求，选择合适的比例、图幅和图框与图纸形式绘制其零件图。要求零件结构的表达方法正确、完整、清晰、简练，绘图步骤与方法正确，视图符合国家标准，尺寸标注正确、完整、清晰，表面结构、尺寸公差等技术要求的标注正确。

表 3-2-1   透盖的技术要求

技术要求	$\phi 62$ 圆柱			$\phi 68$ 圆柱			其他面
	轴线	圆柱面	右端面	左端面	右端面		
表面结构 $Ra/\mu m$		1.6	3.2	3.2	3.2		12.5
尺寸公差	见图 3-1-1						
几何公差	基准面 A	无	无	基准面 B	相对 B 的平行度公差 0.04 相对 A 的垂直度公差 0.04		无
文字说明	1. 锐角倒钝；2. 表面处理：发蓝；3. 未注公差为中等级 m						

任务目标 ▶▶

通过绘制如图 3-1-1 所示的一级圆柱斜齿齿轮减速器透盖的零件图，让学习者掌握轮盘类零件的结构特点及表达方案，全剖视图与局部放大图的绘制及其标注的方法，尺寸的标注方法，尺寸公差、表面结构、几何公差等技术要求的标注方法，轮盘类零件图的绘制方法及步骤，按时完成率 90% 以上，正确率达到 80% 以上。

课前检测 ▶▶

任务 2
参考答案

选择题（选择正确的答案并将相应的字母填入题内的括号中）。

1. 用剖切面将机件完全剖开所得到的（　　），称为全剖视图。

A. 局部视图　　　　　　　　　B. 复合视图

C. 断面图　　　　　　　　　　D. 剖视图

2. 根据机件表达的需要，剖视图中将剖切面的类型分为单一剖切面、（　　）、几个相交剖切面等三种。

A. 几个平行的剖切面　　　　　B. 半剖切面

C. 局部剖切面　　　　　　　　D. 旋转剖切面

3. 下列叙述正确的是（　　）。

A. 剖面线用粗实线表示　　　　B. 剖面线用细实线表示

C. 剖面线用虚线表示　　　　　D. 剖面线用波浪线表示

4. 在标注表面粗糙度代号时，符号一般应（　　）。

A. 保持水平，尖端指向下方　　B. 保持垂直，尖端指向左方或右方

C. 使尖端从材料外指向表面　　D. 使尖端从材料内指向表面

任务实施 ▶▶

一、分析零件的结构特点

透盖的结构特点是由直径不同的圆柱体或圆台体组成，径向尺寸比轴向尺寸大，属于轮盘类零件，如图 3-1-1 所示。

二、确定零件的表达方法

轮盘类零件主要是在车床上加工，有的表面则需在磨床上加工，所以按其形体的位置特征和加工位置选择主视图，轴线水平放置。常用主视图和左视图（或右视图）两个视图来表达。主视图采用由单一剖切面或几个相交的剖切面（详见本任务的知识拓展）剖切获得的全剖视，左视图则多用视图表示其轴向外形及盘上孔和槽的分布情况。零件上的其他细小结构常采用局部放大图和简化画法进行表达。

根据轮盘类零件的表达特点，本任务采用一个轴线水平放置，投射方向垂直于轴线的全剖视图和一个比例为 2：1 的局部放大图表达。因为这里不用考虑其他视图中虚线最少的情况，所以选择投射方向与任务 1 主视图的投射方向完全相反，如图 3-1-7 最左侧立体图所示的 B 向，以提高学习者举一反三的绘制与读图能力。

三、确定比例和图幅并绘制图框与标题栏外框

根据套筒的最大尺寸和零件图上需要安排的图形、尺寸及技术要求与标题栏的空间,选用 1∶1 的比例,A4 图幅,留装订边的 Y 型图纸,绘制图框与标题栏外框。

四、绘制透盖零件图的图形

1. 绘制全剖视图

根据绘制剖视图应遵循"剖""移""画""标"的四字方法与步骤,先假想用剖切面从透盖的前后对称平面处剖开,将处在观察者和剖切面之间的部分移去,然后按图 3-2-1 所示的步骤画出全剖视图。由于只有一个全剖视图且符合省略标注的条件,故不用标注。对于基准的确定,详见本任务的尺寸标注。

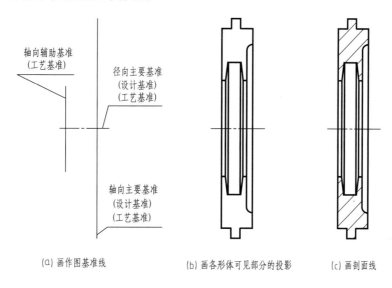

(a) 画作图基准线　　　　(b) 画各形体可见部分的投影　　　(c) 画剖面线

图 3-2-1　绘制透盖零件图图形的方法与步骤

2. 绘制局部放大图

（1）局部放大图的概念

当机件上的某些细小结构在视图中表达不够清楚或不便标注尺寸时,可将该部分用大于原图的比例画出,这种图形称为局部放大图,如图 3-2-2 所示。此时,原视图中该部分的结构可简化表示。局部放大图的比例是指局部放大图中的线性尺寸与实物相应要素的线性尺寸之比,与图形所采用的比例无关。

（2）局部放大图的画法

局部放大图可画成视图、剖视图、断面图（断面图详见项目 4 的任务 2）等,它的画法与被放大部分的原表达方法无关,如图 3-2-2 所示的 I 处画成了剖视图,而 II 处画成了视图。局部放大图应尽量配置在被放大部位的附近,其投影方向应与被放大部分的投影方向一致,与整体联系的部分用波浪线画出。将局部放大图画成剖视图或断面图时,其剖面符号的方向和距离应与原图中相应的剖面符号相同。同一机件上的不同部位的局部放大图,当图形相同或对称时,只画一个。必要时可用几个图形表达同一部位。

（3）放大图的标注

当机件上有一个被放大部位时，用细实线圆圈出被放大的部分，并在局部放大图的上方注写绘图比例；当机件上有几个被放大部位时，须用细实线从圆上引出指引线，并用罗马数字依次编号，标明被放大部位的顺序，并在局部放大图上方注出相应的罗马数字和采用的放大比例，罗马数字和比例之间的横线用细实线画出，前者写在横线之上，后者写在横线之下，如图 3-2-2 所示。

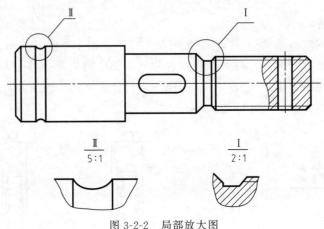

图 3-2-2 局部放大图

（4）本任务中局部放大图的绘制与标注

局部放大图采用全剖视图，画图时先在原图上用细实线圆圈出被放大的部分，然后在被放大部位的附近按 2∶1 的比例画出圆圈中各形体可见部分的投影和与整体联系部分的波浪线，并在剖面区域画上剖面线，在局部放大图的上方注写绘图比例"2∶1"，如图 3-2-3 所示。

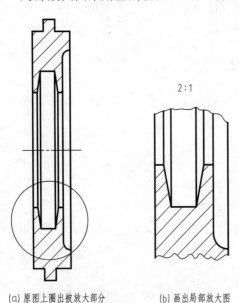

（a）原图上圈出被放大部分　（b）画出局部放大图

图 3-2-3 透盖的局部放大图

五、标注尺寸

零件图上的尺寸是零件加工、检验的重要依据。除了应符合尺寸标注中的正确、完整和清晰的基本要求外，还必须满足较为合理的要求。所谓合理就是指所注的尺寸既符合设计要求，又要符合加工测量等工艺要求。要使零件图的尺寸标注合理，就必须根据零件的结构形状和工艺特点选择合适的尺寸基准。常见的尺寸基准有零件上主要回转结构的轴线，零件的对称中心面，零件的重要支撑面、装配面及重要结合面，零件的主要加工面。

1. 选择尺寸基准

选择尺寸基准的目的有两个，一是为了确定零件在机器中的位置或零件上几何元素的位置，以符合设计要求；二是为了在制作零件时，确定测量尺寸的起点位置，方便加工和测量，以符合工艺要求。根据尺寸基准的作用不同，可将其分为设计基准和工艺基准。

设计基准是指在设计零件时，根据零件在机器中的位置和作用选定的一些面或线或点。

该基准又称为主要基准。如图 3-2-4 所示的阶梯轴,由于轴上的某些部位(如 $\phi25$ 轴段)要与齿轮或端盖等轮盘类零件上的孔或轴承孔配合,且装配后应保证轴和轴上的零件处在同一轴线上。因此,该阶梯轴的轴线是径向尺寸的设计基准。

工艺基准是指用以确定零件在加工或测量时的基准。工艺基准有时与设计基准是重合的,当与设计基准不重合时又称为辅助基准。如图 3-2-4 所示的阶梯轴,在加工该阶梯轴时,车刀每一次车削的最终位置都是以右端面为起点来测定的,因此右端面为工艺基准。

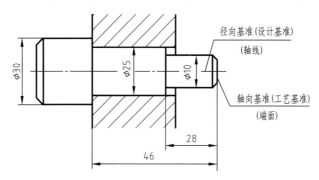

图 3-2-4 阶梯轴设计基准与工艺基准

从设计基准出发进行尺寸标注,尺寸反映设计要求,能保证原设计零件在机器上的使用功能。从工艺基准出发进行尺寸标注,可以把尺寸的标注与零件的加工和测量联系起来,反映了零件加工工艺要求,使零件便于制造加工测量,因此,在选择尺寸基准时,为了减少误差,应遵循"基准重合原则",即尽可能使工艺基准和设计基准重合,当工艺基准与设计基准不重合时,应首先满足设计要求,然后兼顾工艺要求。

2. 合理标注尺寸

(1) 功能尺寸应直接注出

零件的功能尺寸是指影响产品工作性能、装配精度和位置关系的尺寸。为保证设计精度,应将功能尺寸从设计基准出发直接标注在零件图上。如图 3-2-5 (a) 所示,轴承座中心高尺寸 A 是功能尺寸,应直接标注;而若按图 3-2-5 (b) 所示标注,轴承座加工后中心高 A 的误差将为尺寸 B 和 C 的误差之和,不能保证尺寸 A 的精度。

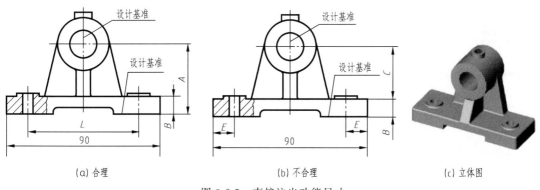

(a) 合理   (b) 不合理   (c) 立体图

图 3-2-5 直接注出功能尺寸

(2) 不能注成封闭的尺寸链

封闭的尺寸链是首尾相接,形成一个封闭圈的一组尺寸。图 3-2-6 (a) 中,已注出各段尺寸 A、B、C,如再注出总长 L,这四个尺寸就构成了封闭尺寸链,每个尺寸为尺寸链中的组成环。根据尺寸标注形式对尺寸误差的分析，尺寸链中任一环的尺寸误差，都等于其他各环的尺寸误差之和。可见，如注成封闭尺寸链，无法同时保证每个尺寸的精度。因此，标注尺寸时应在尺寸链中选一个相对不重要的尺寸不注出，如图 3-2-6（b）中不注出尺寸 C，该尺寸称为开口环。开口环尺寸精度在保证其他尺寸时自然形成，对零件设计要求没有影响，从而保证了其他各组成环的尺寸精度。在零件图上，有时为了使工人在加工时不必计算而直接给出毛坯或零件轮廓大小的参考值，常以"参考尺寸"的形式注出，如图 3-2-6（c）中的尺寸（C）。

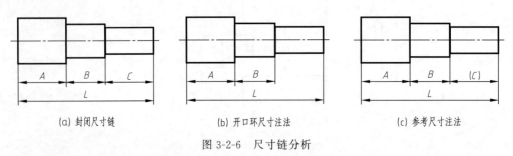

(a) 封闭尺寸链   (b) 开口环尺寸注法   (c) 参考尺寸注法

图 3-2-6　尺寸链分析

（3）标注尺寸应方便测量

只有所注尺寸便于测量，才能方便加工，保证加工精度，同时便于检测，如图 3-2-7 所示。另一方面，在满足设计要求的前提下，所注尺寸应尽量做到使用普通量具就能测量，以提高测量效率，降低测量成本。

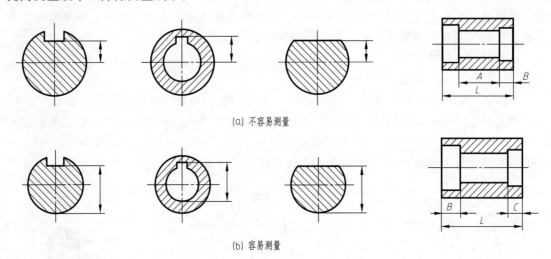

(a) 不容易测量

(b) 容易测量

图 3-2-7　标注尺寸要方便测量

（4）按加工方法标注尺寸

不同工种加工的尺寸应尽量分开标注，以方便看图。如图 3-2-8 所示的阶梯轴，键槽用铣削加工，其尺寸标注在主视图上方和表示槽深的断面图上；各轴段结构用车削加工，其尺寸标注在主视图的下方。

（5）按加工顺序标注尺寸

按加工顺序标注尺寸符合加工过程，方便加工和测量，从而易于保证工艺要求，如图 3-2-8 所示阶梯轴的加工顺序如图 3-2-9 所示。

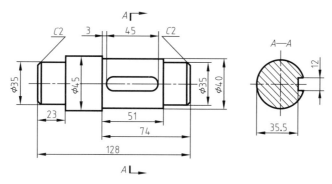

图 3-2-8 阶梯轴按加工方法标注尺寸

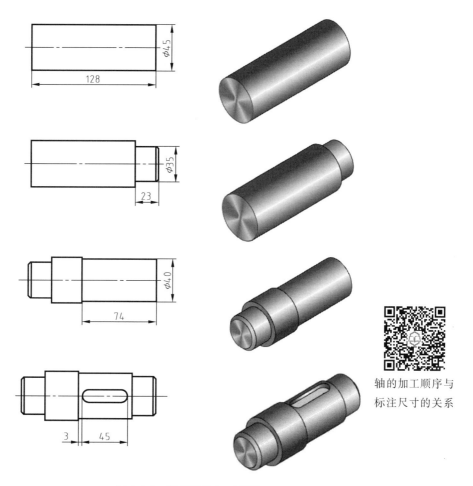

轴的加工顺序与
标注尺寸的关系

图 3-2-9 阶梯轴的加工顺序

3. 透盖零件图的尺寸标注

根据尺寸标注应遵循"正确、完整、清晰、合理"的基本要求和形体分析的方法，透盖零件图的尺寸标注按以下步骤进行。

① 形体分析。透盖的形体分析如图 3-1-8 所示。

② 选择尺寸基准。透盖的轴向设计基准为右端面（主要基准），工艺基准为左端面（辅

助基准），径向基准为轴线（主要基准），如图 3-2-1（a）所示。

③ 标注定位尺寸。只有形体 4 必须轴向定位，如图 3-2-10（d）所示的尺寸 2。其他形体均不标注定位尺寸，具体分析详见任务 1 中的标注定位尺寸。

④ 按形体分析标注定形尺寸。如图 3-2-10（a）～（d）所示。

⑤ 标注总体尺寸。透盖的总长（即轴向）尺寸与形体 1 的尺寸 10 相同，不用另外标注，总宽和总高（即径向）尺寸与形体 1 的 $\phi68$ 相同，也不用另外标注，如图 3-2-10（e）所示。

⑥ 依次检查三类尺寸，保证正确、完整、清晰、合理，结果如图 3-2-10（e）所示。

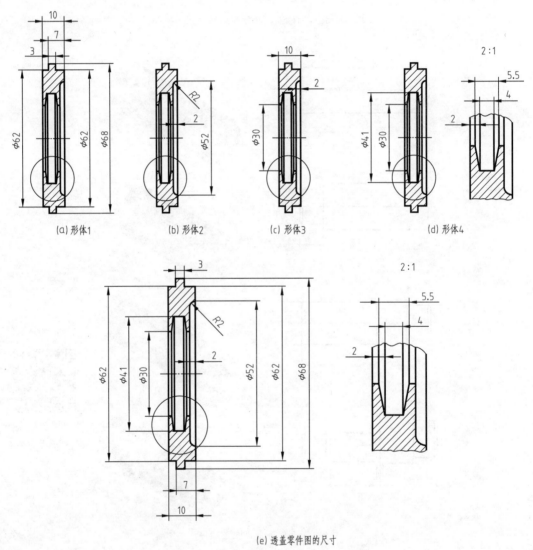

图 3-2-10 透盖零件图的尺寸标注方法与步骤

六、标注技术要求

透盖零件图技术要求的标注按项目 2 中有关技术要求的标注规定标出，参考结果如图 3-2-11 所示。

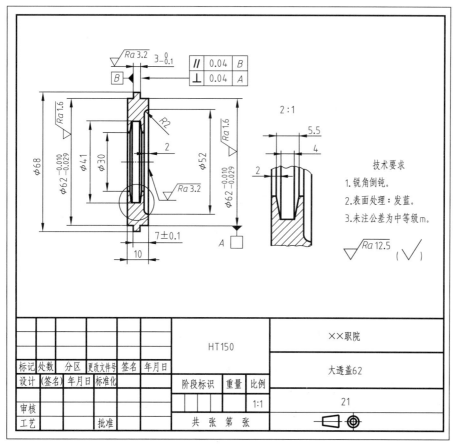

图 3-2-11　透盖零件图技术要求的标注

七、检查与描深并绘制填写标题栏，完成透盖零件图的绘制

结果如图 3-2-12 所示。

绘制大透盖
零件图

图 3-2-12　透盖零件图

任务检测 ▶▶

根据如图 3-1-16～图 3-1-19 所示减速器小透盖、大小端盖及挡油环的参照尺寸及表 3-2-2～表 3-2-5 所示的技术要求，选择合适的比

绘制小透盖零件图

绘制大端盖零件图

绘制小端盖零件图

绘制挡油环零件图

例、图幅和图框与图纸形式绘制其零件图。要求零件结构的表达方法正确、完整、清晰、简练，绘图步骤与方法正确，视图符合国家标准，尺寸标注正确、完整、清晰，表面结构、尺寸公差等技术要求的标注正确。

表 3-2-2　小透盖的技术要求

表面	$\phi37$ 圆柱			$\phi53$ 圆柱		其他面
	轴线	圆柱面	右端面	左端面	右端面	
表面结构 $Ra/\mu m$		1.6	3.2	3.2	3.2	12.5
尺寸公差	见图 3-1-16					
几何公差	基准面 A	无	无	基准面 B	相对 B 的平行度公差为 0.04 相对 A 的垂直度公差为 0.04	无
文字说明	1. 锐角倒钝；2. 表面处理：发蓝；3. 未注公差为中等级 m					

表 3-2-3　大端盖的技术要求

表面	$\phi62$ 圆柱		$\phi68$ 圆柱		其他面
	轴线	圆柱面	左端面	右端面	
表面结构 $Ra/\mu m$		3.2	3.2	3.2	12.5
尺寸公差	见图 3-1-17				
几何公差	基准面 A	无	基准面 B	相对 B 的平行度公差为 0.04 相对 A 的垂直度公差为 0.04	无
文字说明	1. 锐角倒钝；2. 表面处理：发蓝；3. 未注公差为中等级 m				

表 3-2-4　小端盖的技术要求

表面	$\phi47$ 圆柱		$\phi53$ 圆柱		其他面
	轴线	圆柱面	左端面	右端面	
表面结构 $Ra/\mu m$		3.2	3.2	3.2	12.5
尺寸公差	见图 3-1-18				
几何公差	基准面 A	无	基准面 B	相对 B 的平行度公差为 0.04 相对 A 的垂直度公差为 0.04	无
文字说明	1. 锐角倒钝；2. 表面处理：发蓝；3. 未注公差为中等级 m				

表 3-2-5　挡油环的技术要求

表面	$\phi20$ 圆柱面	挡油环的左端面	其他面
表面结构 $Ra/\mu m$	6.3	3.2	12.5
尺寸公差	见图 3-1-19		
文字说明	1. 锐角倒钝；2. 表面处理：发蓝；3. 未注公差为中等级 m		

知识拓展 ▶▶

一、剖切面的种类

根据物体结构的特点，国家标准《技术制图　图样画法　剖视图和断面图》（GB/T 17452—1998）规定剖切面有单一剖切面、几个相互平行的剖切面、几个相交的剖切面三种。这三种剖切面均可剖切绘制全剖视图、半剖视图和局部剖视图。

1. 单一剖切面

单一剖切面是指仅用一个剖切面剖切机件，形成剖视图。根据剖切面是否与投影面平行分为平行于某基本投影面的剖切面和不平行于某基本投影面的剖切面，根据剖切面是否是平面分为平面剖切面和柱面剖切面。用平行于某基本投影面的剖切面剖切机件形成剖视图是最常用的剖切方法，前面介绍的剖视图都是这种情况，这里不再赘述。下面介绍不平行于某基本投影面的剖切面和柱面剖切面剖切机件形成剖视图的方法。

（1）不平行于某基本投影面的剖切平面

机件上有倾斜部分的内部结构需要表达时，可选择一个垂直于基本投影面且与需要表达的部分平行的投影面，然后用平行于该投影面的剖切平面剖开机件，向这个投影面投射而得到倾斜部分内部结构的实形。如图 3-2-13（b）所示 B—B 是用不平行于基本投影面的剖切平面剖切机件而得到的全剖视图。用不平行于任何基本投影面的单一剖切平面剖开机件的方法称为斜剖，斜剖得到的剖视图常用于表达机件上倾斜部分内部的结构形状。

用斜剖画剖视图，应注意以下几点。

① 剖切平面应通过倾斜的内部结构的中心线，且垂直于某基本投影面，剖开后向剖切平面的垂直方向投影，并将其翻转到与基本投影面重合后画出，以反映所剖内部结构的实形。

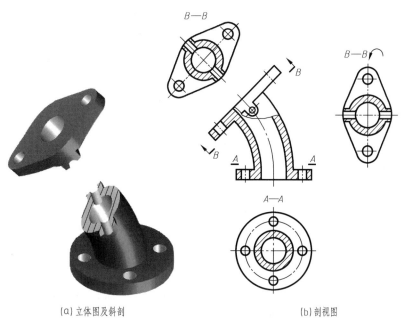

(a)立体图及斜剖　　　　　　　　(b)剖视图

图 3-2-13　斜剖得到剖视图的画法

② 剖视图不能省略标注，要进行完整的标注，即标注剖切符号、箭头和字母及视图名称，如图 3-2-13（b）所示。

③ 剖视图最好配置在箭头所指的前方，以保持直接的投影关系；也可将剖视图平移到适当位置；不引起误解时也可旋转放正配置，此时要在表示剖视图名称的字母旁边加注旋转方向符号，但字母靠近箭头端，如图 3-2-13（b）所示。

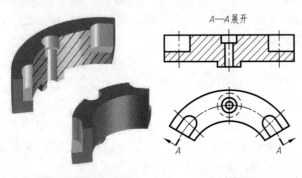

（a）立体图及柱面剖　　　　（b）剖视图

图 3-2-14　柱面剖切面及其剖视图的画法

（2）柱面剖切面

对于在机件上沿圆周分布的孔、槽等结构，可采用柱面剖切。采用柱面剖切时，应将剖切柱面和机件的剖切结构展开成平行于投影面的平面后，再向投影面投射得到剖视图，标注时需在剖视图的名称后加注"展开"二字，如图 3-2-14 所示。

2. 几个相互平行的剖切平面

当机件上具有几种不同的结构要素（如孔、槽等），它们的中心线排列在几个互相平行的平面上时，常用几个平行的剖切平面剖开机件，这种剖切方法也称为阶梯剖。如图 3-2-15（b）所示 A—A 就是用两个相互平行的剖切平面剖开机件而得到的全剖视图。

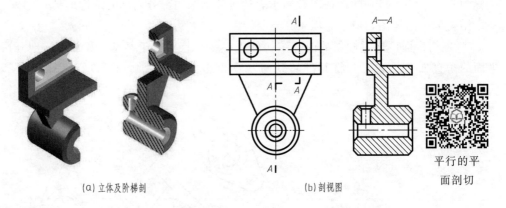

（a）立体及阶梯剖　　　　　　　　　　　（b）剖视图　　　　　　　　平行的平面剖切

图 3-2-15　阶梯剖得到剖视图的画法

用阶梯剖画剖视图，应注意以下几点。

① 剖视图中不允许画剖切平面间转折处的投影，如图 3-2-16（a）所示。

② 剖视图内不应出现剖切不完整的结构要素，如图 3-2-16（b）所示。

③ 剖切符号不能与轮廓线重合，如图 3-2-16（c）所示。

④ 当两个要素在图形上有公共对称中心线或轴线时，以对称中心线或轴线为界各画一半，如图 3-2-16（d）所示。

⑤ 剖视图按投影关系配置，中间没有其他图形隔开时，可省略箭头，如图 3-2-16（a）~（c）所示；当剖切符号转折处的位置有限且不引起误解时也可省略字母，如图 3-2-16（d）所示。

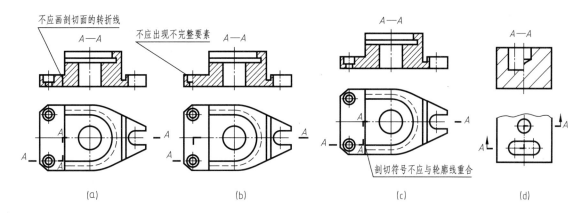

图 3-2-16　阶梯剖画剖视图应注意的事项

3. 几个相交的剖切面

当机件内部需要表达的结构不在同一平面上，且机件整体上又具有回转轴时可用几个相交的剖切平面（其交线应垂直于某一基本投影面）剖开机件，这种剖切方法也称为旋转剖。如图 3-2-17（b）所示 A—A 就是用两个相交的剖切平面剖开机件而得到的全剖视图。

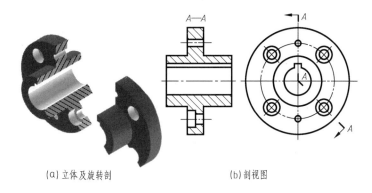

(a) 立体及旋转剖　　　　　(b) 剖视图

图 3-2-17　旋转剖得到剖视图的画法示例（一）

用旋转剖画剖视图，应注意以下几点。

① 按"先剖切后旋转再投影"的方法绘制剖视图。即先假想按剖切位置剖开机件，然后将被剖切平面剖开的倾斜部分结构及其有关部分，绕回转中心（旋转轴）旋转到与选定的基本投影面平行后再投影作图。一般两剖切面之一是投影面平行面，另一个是投影面垂直面，且两相交平面的交线与机件的公共轴线重合，如图 3-2-17（b）所示。

② 位于剖切平面后且与所表达的结构关系不甚密切的结构，或一起旋转容易引起误解的结构，一般仍按原来的位置投射，不必旋转，如图 3-2-18 所示的小孔。需要注意的是该机件上有两种放置的肋板，一种被剖切面纵向剖切，在剖视图中不画剖面符号，而用粗实线将它与邻接部分分开，另一种被剖切面横向剖切，需画上剖面符号，如图 3-2-18 所示。

③ 如果剖切后产生不完整要素，该部分按不剖绘制，如图 3-2-19（b）所示。

④ 剖视图按投影关系配置，中间没有其他图形隔开时，可省略箭头，当剖切符号转折处的位置有限且不引起误解时也可省略字母。

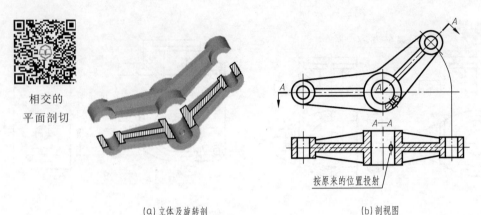

相交的
平面剖切

(a) 立体及旋转剖   (b) 剖视图

图 3-2-18 旋转剖得到剖视图的画法示例（二）

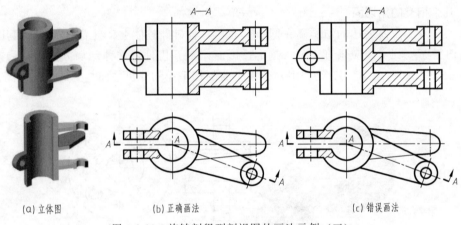

(a) 立体图   (b) 正确画法   (c) 错误画法

图 3-2-19 旋转剖得到剖视图的画法示例（三）

二、半剖视图

1. 半剖视图概念与应用范围

当机件具有对称平面，且向垂直于机件对称平面的投影面上投射时，以对称线（细点画线）为界，一半画成剖视图，另一半画成视图，这样组合的图形，称为半剖视图，可简称为半剖视，如图 3-2-20（a）所示的主、俯视图都画成了半剖视图。它的应用范围是内外形状都需要表达的对称机件；机件接近对称，不对称的局部结构已在其他视图上表达清楚的机件，如图 3-2-21 所示。

2. 画半剖视图的注意事项

① 表达内部结构的半个剖视图与表达外形的半个视图的分界线只能是对称中心线，且分界线用细点画线画出，如图 3-2-20、图 3-2-21 所示。

② 机件的内部形状在半个剖视图中已表达清楚时，在另一半视图中就不必再画出细虚线，当然在表达内形的剖视图中一般也不画细虚线，但对于孔或槽等结构，应画出中心线的位置，如图 3-2-21 所示。

③ 对称机件的轮廓线与对称中心线的投影重合时，不宜画成半剖视图，一般应采用局部剖视图，如图 3-2-22 所示。

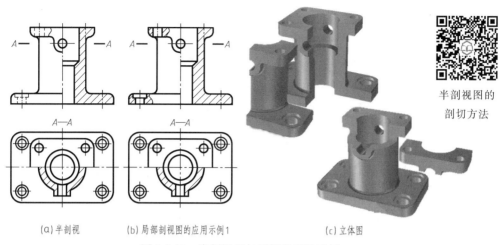

(a) 半剖视　　　(b) 局部剖视图的应用示例1　　　(c) 立体图

图 3-2-20　半剖视图与局部剖视图示例

图 3-2-21　半剖视图应用示例

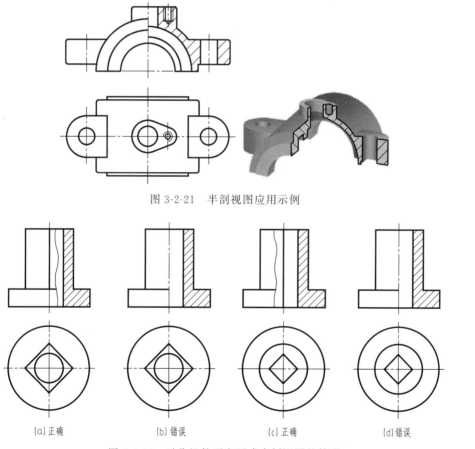

(a) 正确　　　(b) 错误　　　(c) 正确　　　(d) 错误

图 3-2-22　对称机件不宜画成半剖视图的情形

④ 半剖视图的标注及省略标注，符合剖视图的标注规定，如图 3-2-23 所示。

⑤ 半个剖视图通常画在右半边或前半边或上半边。

3. 半剖视图的尺寸标注

半剖视图中某些部分只画一半，标注尺寸时只画一端箭头，另一端只需超过中心线，不画箭头，如图 3-2-24 中 $\phi28$、$\phi40$、$\phi15$、$\phi30$ 等。

三、有关轮盘类零件的简化画法

1. 回转体上均匀分布的肋板和孔及轮辐的画法

回转体机件上有均匀分布的肋、轮辐、孔等结构，不处于剖切平面上时，可将这些结构假想旋转到剖切平面上，按剖视图画出，如图 3-2-25 （a）中的肋板、图 3-2-25（b）中的孔、图 3-2-25（c）中的轮辐。国标规定，机件上的肋、轮辐及薄壁等结构，当剖切面沿纵向剖切时，都不画剖面符号，而用粗实线将它与邻接部分分开，如图 3-2-25 所示；当剖切平面沿横向剖切时，需画上剖面符号，如图 3-2-25（c）所示左视图中的轮辐。

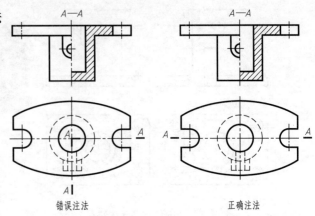

图 3-2-23 半剖视图的标注

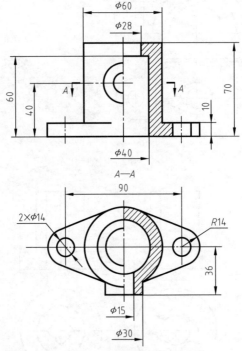

图 3-2-24 半剖视图的尺寸标注

2. 对称图形的简化画法

在不致引起误解时，对于对称机件的视图可只画一半或四分之一，并在图形对称中心线的两端分别画两条与其垂直的平行细实线（对称符号），如图 3-2-26（a）、（b）所示。对于圆周类的对称图形，可画出略大于一半的图形，用波浪线断开，如图 3-2-26（c）所示。

3. 圆周上相同结构的简化画法

圆柱形凸缘（法兰）和类似机件上均匀分布在圆周上直径相同的孔，可按图 3-2-27 所示的方法绘制。

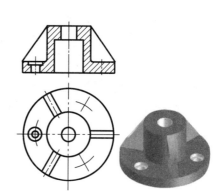

(a) 对称分布的肋　　　　　　　　　　(b) 非对称分布的孔

(c) 非对称分布的轮辐

图 3-2-25　回转体上均布的肋、孔、轮辐的简化画法

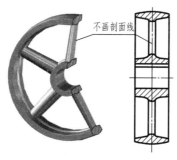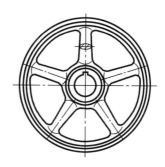

(a)　　　　　　(b)　　　　　　(c)　　　　　　　　(d)

图 3-2-26　对称图形的简化画法

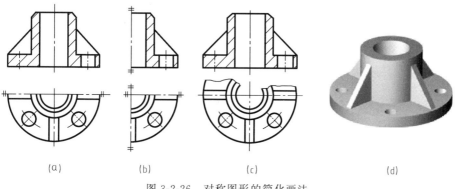

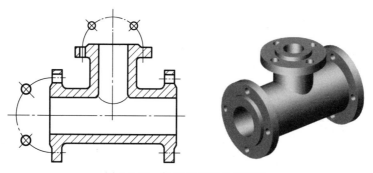

图 3-2-27　沿圆周均匀分布的孔

轴类零件在机器中主要起支承传动零件（如齿轮、带轮等）和传递动力等作用。这类零件的各组成部分多是同轴线的回转体，且轴向尺寸大于径向尺寸，一般带有退刀槽和砂轮越程槽、倒角和倒圆、中心孔等工艺结构，还有键槽、与轴制成一体的齿轮、螺纹以及锥度等结构，如图 4-0-1 所示。本项目以减速器从动轴零件图的识读和齿轮轴零件图的绘制为例，介绍轴类零件图的图形选择和绘制，尺寸与技术要求的识读和标注方法。

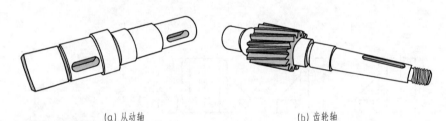

(a) 从动轴　　　　　　　　　　　　(b) 齿轮轴

图 4-0-1　减速器从动轴和齿轮轴的立体图

任务1　减速器从动轴零件图的识读

识读图 4-1-1 所示的一级圆柱斜齿齿轮减速器从动轴的零件图，并通过填空的形式准确回答从动轴零件图上涉及的所有问题，以便详细掌握零件图的内容及其识读方法和步骤。

通过识读如图 4-1-1 所示的一级圆柱斜齿齿轮减速器从动轴的零件图，让学习者掌握零件图的内容、视图选择和尺寸分析，零件图上的表面结构、尺寸公差及几何公差等技术要求的含义，轴上的工艺结构及其标注的方法，识读轴套类零件图的方法和步骤，正确率达到 90% 以上，按时完成率 90% 以上。

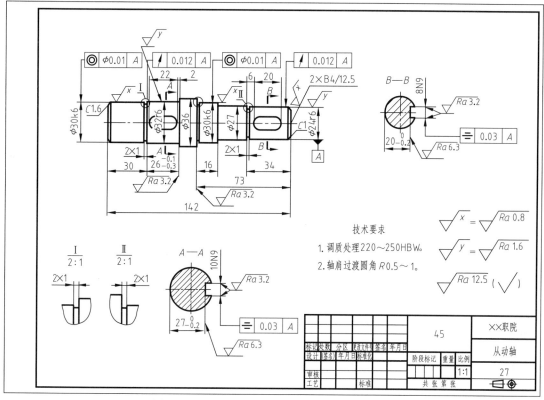

图 4-1-1　一级圆柱斜齿轮减速器从动轴零件图

课前检测 ▶▶

选择题（选择正确的答案并将相应的字母填入题内的括号中）。

任务 1 参考答案

1. 下列关于公差的叙述中正确的是（　　）。

A. 公差＝最大极限尺寸－公称尺寸　　　　B. 公差＝上极限偏差－下极限偏差

C. 公差＝最小极限尺寸－公称尺寸　　　　D. 公差＝最大极限尺寸－上偏差

2. 在几何公差标注中，当被测要素为轮廓要素时，指引线箭头应指在可见轮廓线或其延长线上，其位置应与尺寸线（　　）。

A. 明显错开　　　　B. 对齐　　　　C. 对齐或错开　　　　D. 保持两倍字高距离

3. （　　）断面图的轮廓线用粗实线绘制。

A. 剖开　　　　B. 剖切　　　　C. 移出　　　　D. 重合

4. 常用的公差标注形式有（　　）。

A. 1 种　　　　B. 2 种　　　　C. 4 种　　　　D. 3 种

任务实施 ▶▶

一、识读标题栏

从标题栏中可以了解到零件的名称、材料、绘图比例等简单信息，明确这个零件属于哪一类零件，在机器中大致起什么作用，结合对全图的浏览，可对零件有个初步的了解。

从标题栏可知，零件名称是_____，属于_____类零件，比例为_____，材料是_____，在机器中大致起_____作用。

二、识读图形

识读图形就是识读零件的表达方法并想象零件的结构形状。读图时，首先分析表达方案，弄清各图形之间的关系，其次分析零件的结构组成，按"先主后次，先大后小，先外后内，先粗后细"的顺序，有条不紊地进行识读。在分析零件各部分的结构形状时，应根据基本体的投影特性，利用形体分析法将零件假想分解成若干组成部分，然后从主视图入手，根据投影规律，将各个视图联系起来，结合尺寸想象出每个组成部分的结构形状，最后根据零件图上所表示的各部分的位置关系，想象出零件的整体结构。

轴套类零件多在车床和磨床上加工。为了加工时看图方便，轴套类零件的主视图按其加工位置选择，一般将轴线水平放置，用一个主视图，结合尺寸标注（直径 ϕ），就能清楚地反映出轴的各段形状、相对位置以及轴上各种局部结构的轴向位置。轴上的局部结构，一般采用局部放大图和断面图、局部剖视图、局部视图来表达。

本任务采用_____个图形来表达从动轴的结构形状。这些图形包括按_____位置将轴线_____安放的1个表达从动轴整体结构形状的_____图，_____个表达键槽结构形状的_____图，_____个表达退刀槽结构形状的_____图。从动轴的结构特点是各组成部分都是同轴线的_____，轴上带有_____、_____、_____、_____等工艺结构。

三、识读尺寸

识读尺寸就是分析图形中各部分的定形尺寸、各方向的尺寸基准及定位尺寸和总体尺寸。读尺寸时，应首先找出三个方向的尺寸基准，然后，从基准出发，按形体分析法，找出组成各部分的定形尺寸、定位尺寸和总体尺寸。

轴套类零件有径向尺寸和轴向尺寸。径向尺寸的主要基准为回转轴线，轴向尺寸的主要基准一般选取重要的定位面（即轴肩）或端面，三类尺寸一般按标注尺寸的八字要求标注。对于轴上的退刀槽和砂轮越程槽、倒角和倒圆、键槽和中心孔等工艺结构，国家标准有规定的标注方法。

1. 退刀槽和砂轮越程槽

切削时（主要是车削和磨削），为了便于退出刀具或砂轮，常在待加工面的轴肩处预先车出退刀槽和砂轮越程槽。这样既能保证加工表面满足加工技术要求，又便于装配时相关零件间靠紧。螺纹退刀槽和砂轮越程槽的结构尺寸可分别查阅 GB/T 3—1997 和 GB/T 6403.5—2008。在图样中一般按"槽宽×直径"或"槽宽×槽深"的形式标注，其简化画法及尺寸标注如图4-1-2所示。

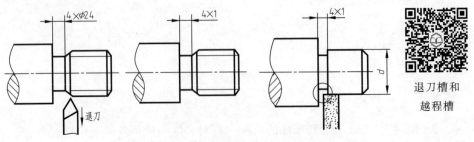

图 4-1-2　退刀槽和砂轮越程槽的简化画法及尺寸标注

2. 倒角和圆角

为了去除切削时产生的毛刺和锐边，便于操作安全和保护装配面，一般在孔或轴的端部加工出倒角。倒角有 45°和非 45°两种形式。当倒角角度为 45°时用代号 "*C*" 表示，*C* 后面的数字表示倒角的轴向长度，非 45°形式的倒角则需要注出角度，如图 4-1-3 所示。

为了避免因应力集中而产生裂纹，一般应在孔肩或轴肩处加工圆角进行过渡，如图 4-1-4 所示。

倒角的轴向长度和圆角半径 *R* 按轴（孔）径查阅标准 GB/T 6403.4—2008 确定。当 45°倒角和圆角尺寸较小时，在图样中可不画出，但必须注明尺寸，如图 4-1-5 所示。或在技术要求中加以说明，如 "未注倒角 *C*2" "锐边倒钝" "全部倒角 *C*1" "未注圆角 *R*2" 等。

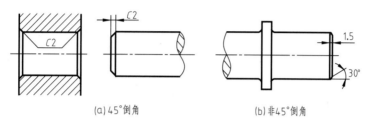

(a) 45°倒角　　　　　　　　　　(b) 非 45°倒角

图 4-1-3　倒角结构及其标注

图 4-1-4　圆角结构及其标注

3. 键槽

为了使轴和轮连接在一起转动，常在轴和轮上开有键槽，将键嵌入键槽内进行连接，便于轴和轮周向固定并传递运动和动力，如图 4-1-6 所示。键槽的尺寸查阅标准 GB/T 1096—2003 确定，其画法和尺寸标注如图 4-1-7 所示。

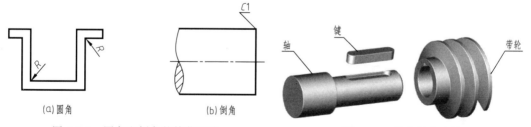

(a) 圆角　　　　　　　　(b) 倒角

图 4-1-5　圆角和倒角的简化画法　　　　　　图 4-1-6　轮和轴的连接

4. 中心孔

中心孔是轴类工件加工时使用顶尖安装的定位基面，通常作为工艺基准。零件加工中相关工序全部用中心孔定位安装，以达到基准统一，保证各个加工面之间的位置精度。中心孔有 A、B、C、R 四种类型（GB/T 145—2001），如图 4-1-8 所示，对于标准中心孔，在图样中可不绘制其详细结构。常用的有 A、B 两种。中心孔的表示法有规定表示法与简化表示法，A、B 型的规定表示法如表 4-1-1 所示，在不引起误解时可用简化表示法，省略标注中的标准编号。

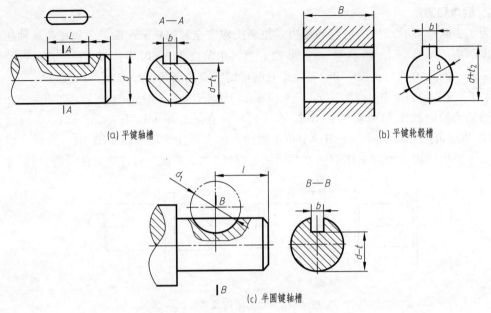

图 4-1-7　键槽的画法和尺寸标注

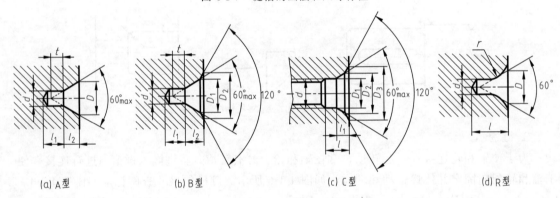

图 4-1-8　中心孔类型

表 4-1-1　中心孔的规定表示法（GB/T 4459.5—1999）

要求	表示法示例	说明
在完工的零件上要求保留中心孔	GB/T 4459.5—B2.5/8	采用 B 型中心孔 $d=2.5\text{mm}$，$D_2=8\text{mm}$
在完工的零件上可以保留中心孔	GB/T 4459.5—A4/8.5	采用 A 型中心孔 $d=4\text{mm}$，$D=8.5\text{mm}$
在完工的零件上不允许保留中心孔	GB/T 4459.5—A1.6/3.35	采用 A 型中心孔 $d=1.6\text{mm}$，$D=3.35\text{mm}$

注：1. 对于标准中心孔，在图样中可不绘制其详细结构。

2. 在不致引起误解时，可省略标准编号。

　　本任务的零件图中，径向尺寸的主要基准为＿＿＿＿＿＿＿＿＿＿＿＿＿，轴向尺寸主要基准为＿＿＿＿＿，轴的左右两端面为＿＿＿＿基准；从径向尺寸的主要基准从左向右依次注出了

_____、_____、_____、_____、_____、_____等定形尺寸，从轴向尺寸
的主要基准注出的定形尺寸有_____和_____，与辅助基准的直接联系尺寸是
_____；总体尺寸有_____、_____；"C1.6"的含义是倒角规定为_____且轴向
距离为_____；"2×1"的含义是_____；"2×B4/12.5"规定轴两端的中心孔加工完后
保留的_____型中心孔，锥台最大直径为_____，内孔直径为_____。

四、识读技术要求

识读技术要求就是分析零件图的表面结构、尺寸公差、几何公差及与加工、检验有关的
文字说明等，以便全面掌握零件的质量指标。

1. 表面结构要求

本任务的零件图中，$\phi30k6$ 的两轴段是安装轴承的轴段，表面结构要求最高，标注的代
号是_____，采用_____注法，它等同代号是_____，其含义是_____；
代号"_____"表示图中除已标注表面结构要求的表面外，其余表面的表面结构要求是
Ra 的上限值为 $12.5\mu m$。

2. 尺寸公差要求

尺寸公差在零件图中有三种标注形式，一是只标注上下极限偏差数值，如图 4-1-9（a）所
示；二是只标注公差带代号，如图 4-1-9（b）所示；三是同时标注公差带代号和上下极限偏
差数值，如图 4-1-9（c）所示。第一种形式在项目 2 中已做了详细介绍，这里介绍其他两种。

① 只标注公差带代号。公差带代号由基本偏差代号及标准公差等级代号组成（详见本
任务的知识拓展），注在公称尺寸的右边，代号字体与尺寸数字字体的高度相同。这种注法
一般用于大批量生产，由专用量具检验零件的尺寸。

② 同时标注公差带代号和上下极限偏差数值。极限偏差值注在尺寸公差带代号之后，
并加圆括号。这种注法在设计过程中因便于审图，故使用较多。

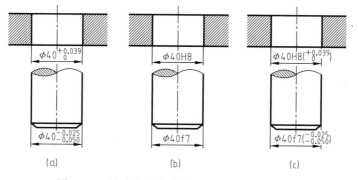

图 4-1-9　尺寸公差在零件图上的三种标注形式

本任务的零件图中，有_____种尺寸公差的标注形式，有键槽的轴段直径采用
_____的标注形式，公差带代号是_____，基本偏差代号是_____，标
准公差等级代号是_____，公差带代号注在公称尺寸的_____边，代号字体与尺寸数字
字体的_____相同；键槽深度采用_____的标注形式。

3. 几何公差要求

几何公差代号的识读步骤一般为，看指引线上的箭头所指位置，确定被测要素；看公差
框格中的几何特征符号，确定公差项目；看公差框格中是否有基准字母，若有，则找出对应

的基准代号，以确定基准要素；看公差框格中的公差值，确定公差大小（若数字前有"φ"符号，表示公差带为圆柱）。

解释本任务零件图中几何公差代号的含义。

① 几何公差代号"$\boxed{\!/\;\boxed{0.012}\;\boxed{A}}$"标注的被测要素是_____、基准要素是_____、几何公差特征是_____、基准代号字母是_____、公差值是_____，它们结合起来的表述是_____。

② 几何公差代号"$\boxed{\!◎\;\boxed{φ0.01}\;\boxed{A}}$"标注的被测要素是_____、基准要素是_____、几何公差特征是_____、基准代号字母是_____、公差值是_____，它们结合起来的表述是_____。

③ 几何公差代号"$\boxed{\!≡\;\boxed{0.03}\;\boxed{A}}$"标注的被测要素是_____、基准要素是_____、几何公差特征是_____、基准代号字母是_____、公差值是_____，它们结合起来的表述是_____。

4. 其他技术要求

本任务的零件图中列出的技术要求："调质处理 $220\sim250$HBW"是对轴的热处理提出调质处理要求；"轴肩过渡圆角 $R0.5\sim1$"规定未注轴肩台阶处都有圆角且半径为 $R0.5\sim1$。

任务检测 ▶▶

识读图 4-1-10 所示的一级圆柱斜齿齿轮减速器齿轮轴的零件图，并通过填空的形式回答问题。

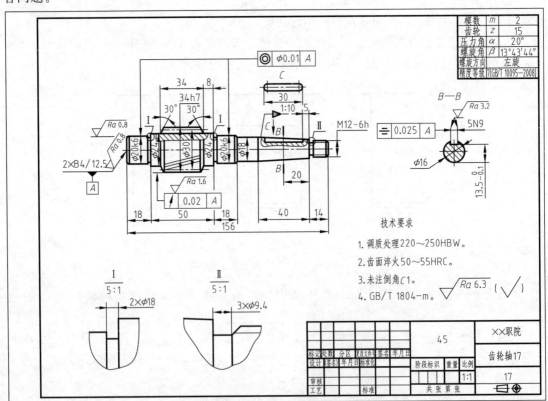

图 4-1-10 减速器齿轮轴零件图

该零件的名称是_____，属于_____类零件；零件图采用_____图形来表达零件的结构形状。这些图形包括按_____位置将轴线_____安放的_____个表达零件整体结构形状的_____图、表达键槽结构形状的1个_____图与1个_____图和表达退刀槽的2个_____图。零件上带有_____、_____、_____等工艺结构，还有_____、_____、_____及与轴制成一体的_____等结构；轮齿的径向尺寸为_____和_____，轴向尺寸定位尺寸为_____，轴向定形尺寸为_____；键槽的长、宽、深三个定形尺寸分别是_____、_____、_____；"$2 \times \phi 18$"的含义是_____；中心孔的类型为_____型；零件图中表面结构要求最低的代号是_____，其含义是_____；有键槽轴段的锥度是_____，键槽宽度的公差带代号是_____基本偏差代号是_____，标准公差等级代号是_____；键槽深度按图上的方法标注时，其极限偏差取键槽深度极限偏差的_____；键槽深度与宽度采用_____的标注形式；几何公差代号"$\boxed{\equiv}\ \boxed{0.03}\ \boxed{A}$"标注的被测要素是_____、基准要素是_____、几何公差特征是_____、基准代号字母是_____、公差值是_____，它们结合起来的表述是_____。

知识拓展 ▶▶

一、标准公差、基本偏差和公差带代号

决定公差带的因素有两个，一个是公差带的大小（即矩形的高度），二是公差带距零线的位置。国家标准规定用标准公差和基本偏差来表达公差带。

1. 标准公差

标准公差是国家标准所列的用以确定公差带大小的任一公差，用IT表示。标准公差分20个等级，即IT01、IT0、IT1～IT18。IT表示标准公差，数字表示公差等级。IT01公差值最小而精度最高，向后依次降低，IT18公差值最大而精度最低。

标准公差等级是确定尺寸精确程度的等级。对于一定的公称尺寸，标准公差等级愈高，标准公差值愈小，尺寸的精确程度愈高。国家标准将500mm以内的公称尺寸范围分成13段，按不同的标准公差等级列出了各段公称尺寸的标准公差值，见表4-1-2。根据公称尺寸和公差等级，可从表中查出公差值。

2. 基本偏差

用以确定公差带相对于零线位置的上极限偏差或下极限偏差，称基本偏差。一般是指靠近零线的那个偏差，即当公差带位于零线上方时，其基本偏差为下极限偏差；当公差带位于零线下方时，其基本偏差为上极限偏差。

国家标准分别对孔和轴各规定了28个不同的基本偏差，代号用拉丁字母表示，即从26个拉丁字母中去掉易混淆的I、L、O、Q、W（i、l、o、q、w）5个字母后，用一个字母表示的有21个，用两个字母表示的有7个。大写字母表示孔的基本偏差代号，小写字母表示轴的基本偏差代号。如图4-1-11所示。

国家标准规定，孔的上、下极限偏差代号分别用大写字母ES、EI表示；轴的上、下极限偏差代号分别用小写字母es、ei表示。H是下极限偏差，EI＝0；h是上极限偏差，es＝0。

表 4-1-2　标准公差数值（GB/T 1800.1—2009）

公称尺寸/mm	公差等级																		
	μm												mm						
	IT01	IT0	IT1	IT2	IT3	IT4	IT5	IT6	IT7	IT8	IT9	IT10	IT11	IT12	IT13	IT14	IT15	IT16	IT17	IT18
≤3	0.3	0.5	0.8	1.2	2	3	4	6	10	14	25	40	60	0.10	0.14	0.25	0.40	0.60	1.0	1.4
3～6	0.4	0.6	1	1.5	2.5	4	5	8	12	18	30	48	75	0.12	0.18	0.30	0.48	0.75	1.2	1.8
6～10	0.4	0.6	1	1.5	2.5	4	6	9	15	22	30	58	90	0.15	0.22	0.36	0.58	0.90	1.5	2.2
10～18	0.5	0.8	1.2	2	3	5	8	11	18	27	43	70	110	0.18	0.27	0.43	0.70	1.10	1.8	2.7
18～30	0.6	1	1.5	2.5	4	6	9	13	21	33	52	84	130	0.21	0.33	0.52	0.84	1.30	2.1	3.3
30～50	0.6	1	1.5	2.5	4	7	11	16	25	39	62	100	160	0.25	0.39	0.62	1.00	1.60	2.5	3.9
50～80	0.8	1.2	2	3	5	8	13	19	30	46	74	120	190	0.30	0.46	0.74	1.20	1.90	3.0	4.6
80～120	1	1.5	2.5	4	6	10	15	22	35	54	87	140	220	0.35	0.54	0.87	1.40	2.20	3.5	5.4
120～180	1.2	2	3.5	5	8	12	18	25	40	63	100	160	250	0.40	0.63	1.00	1.60	2.50	4.0	6.3
180～250	2	3	4.5	7	10	14	20	29	46	72	115	185	290	0.46	0.72	1.15	1.85	2.90	4.6	7.2
250～315	2.5	4	6	8	12	16	23	32	52	81	130	210	320	0.52	0.81	1.30	2.10	3.20	5.2	8.1
315～400	3	5	7	9	13	18	25	36	57	89	140	230	360	0.57	0.89	1.40	2.30	3.60	5.7	8.9
400～500	4	6	8	10	15	20	27	40	63	97	155	250	400	0.63	0.97	1.55	2.50	4.00	6.3	9.7

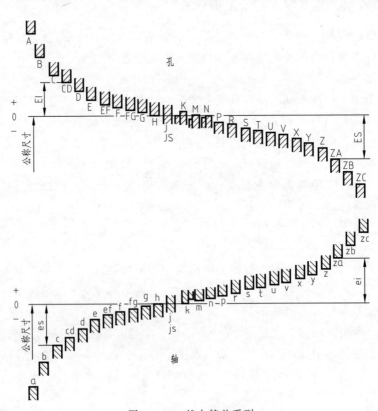

图 4-1-11　基本偏差系列

3. 公差带代号

公差带代号由基本偏差代号和公差等级组成，孔、轴的具体上、下偏差值可查附录《优先选用的轴的公差带》（GB/T 1800.2—2009）和《优先选用的孔的公差带》（GB/T 1800.2—2009）。例如 $\phi60H7$ 中，$\phi60$ 是公称尺寸，H 是基本偏差代号，大写表示孔，7 表示公差等级为 7 级，由附录可知其上极限偏差为 +0.030mm，下极限偏差为 0。

二、全跳动公差带定义、标注和解释

1. 径向全跳动公差带

定义：公差带为半径等于公差 t 且与基准轴线同轴的两圆柱面所限定的区域，如图 4-1-12（a）所示。

标注和解释：被测要素应限定在半径差等于 0.1，与公共基准轴线 $A—B$ 同轴的两圆柱面之间，如图 4-1-12（b）所示。

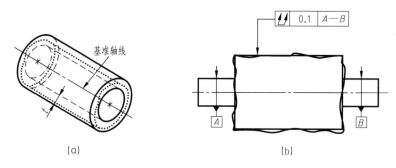

图 4-1-12 径向全跳动公差带定义、标注和解释

2. 轴向全跳动公差带

定义：公差带为间距等于公差值 t 且垂直于基准轴线的两平行平面所限定的区域，如图 4-1-13（a）所示。

标注和解释：被测要素应限定在间距等于 0.1，垂直于基准轴线 D 的两平行平面之间，如图 4-1-13（b）所示。

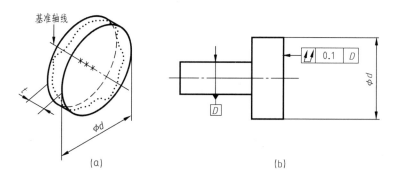

图 4-1-13 轴向全跳动公差带定义、标注和解释

三、垂直度公差带定义、标注和解释

定义：公差带为直径等于公差值 ϕt、轴线垂直于基准平面 A 的圆柱面所限定的区域，如图 4-1-14（a）所示。或者公差带为间距等于公差值 t、垂直于基准轴线的两平行平面所限定的区域，如图 4-1-14（c）所示。

标注和解释：被测要素应限定在直径等于 $\phi0.01$，轴线垂直于基准平面 A 的圆柱面内，如图 4-1-14（c）所示。或者被测要素应限定在间距等于 0.01，垂直于基准轴线 D 的两平行平面之间，如图 4-1-14（d）所示。

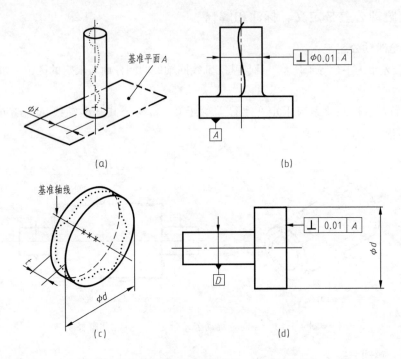

图 4-1-14　垂直度公差带定义、标注和解释

任务 2　　减速器齿轮轴零件图的绘制

任务要求 ▶▶

参照如图 4-2-1 所示一级圆柱斜齿齿轮减速器齿轮轴的尺寸和表 4-2-1 所示的技术要求，选择合适的比例、图幅和图框与图纸形式绘制其零件图。要求零件结构的表达方法正确、完整、清晰、简练，绘图方法与步骤正确，图形符合国家标准，尺寸标注正确、完整、清晰、合理，公差、表面粗糙度、几何公差等技术要求的选用合理、标注正确。

任务目标 ▶▶

通过绘制如图 4-2-1 所示的一级圆柱斜齿齿轮减速器齿轮轴的零件图，让学习者掌握轴类零件的结构特点及表达方案，尺寸分析及标注方法，断面图的画法和标注方法，局部放大图的画法及标注方法，有关的规定画法和简化画法及标注方法，局部剖视图的画法及标注方法，齿轮的画法及标注方法，外螺纹的画法及标注方法，正确、规范地标注尺寸公差、几何公差、表面粗糙度等技术要求的方法，轴类零件图的绘制方法及步骤，按时完成率 90% 以上，正确率达到 80% 以上。

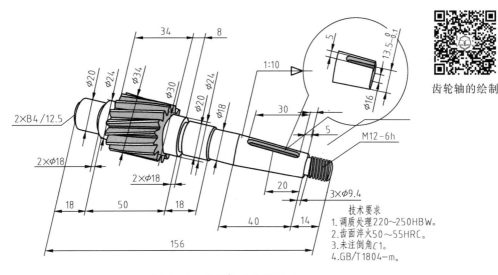

齿轮轴的绘制

图 4-2-1 齿轮轴的参照尺寸

表 4-2-1 齿轮轴的技术要求

技术要求	中心孔	$\phi20$ 圆柱	$\phi34$ 齿顶圆柱面	键槽两侧面	其他面
表面结构 $Ra/\mu m$	0.8	圆柱面 0.8	1.6	3.2	6.3
尺寸公差	无	$\phi20k6$	$\phi34h7$	N9	图 4-2-1
几何公差	轴线为基准 A	轴线相对 A 的同轴度 公差为 $\phi0.01$	相对 A 的圆跳动 公差为 0.01	相对 A 的对称度 公差为 0.01	无
文字说明	详见图 4-2-1				

 课前检测 ▶▶

选择题（选择正确的答案并将相应的字母填入题内的括号中）。

任务 2 参考答案

1. 在齿轮投影的视图上，齿根圆和齿根线的线型是（   ）。
A. 细实线或省略不画   B. 细点画线   C. 粗实线   D. 虚线

2. 在齿轮投影的剖视图上，齿根线的线型是（   ）。
A. 细实线或省略不画   B. 细点画线   C. 粗实线   D. 虚线

3. 在断面图上标注平键键槽的深度尺寸时，应标注（   ）。
A. 键槽深度 t B. 轴的直径与键槽深度 t 之和
C. 都可以   D. 轴的直径与键槽深度 t 之差

4. 粗牙普通螺纹的代号用"M"表示，它的公称直径是指（   ）。
A. 顶径   B. 底径   C. 大径   D. 小径

5. 在外螺纹的规定画法中，用细实线表示的是（   ）。
A. 螺纹终止线   B. 顶径   C. 大径   D. 小径

任务实施 ▶▶

一、分析齿轮轴的结构特点

齿轮轴的各组成部分都是同轴线的回转体，且轴向尺寸大于径向尺寸，根据安装与加工的要求，轴上有螺纹退刀槽和退刀槽、倒角和倒圆以及中心孔等工艺结构，还有键槽、与轴制成一体齿轮、锥度和螺纹等结构，如图 4-2-1 所示。工艺结构与键槽已经在任务 1 中作了介绍，这里介绍齿轮、锥度和螺纹等结构。

1. 齿轮

齿轮是常用件，其轮齿部分的结构和尺寸已标准化，设计或画图时可根据相关标准选取。齿轮传动在机器中应用相当广泛，它能将一根轴上的动力传递给另一根轴，并能根据要求改变另一轴的转速和旋转方向，常见的齿轮种类有圆柱齿轮、圆锥齿轮和蜗轮蜗杆，如图 4-2-2 （a）～（c）所示。圆柱齿轮用于两平行轴之间的传动，圆锥齿轮用于两相交轴之间的传动，蜗杆蜗轮用于两交叉轴之间的传动。齿轮传动的另一种形式为齿轮齿条传动，如图 4-2-2 （d）所示，可用于转动和移动之间的运动转换。

(a)圆柱齿轮传动　　　(b)圆锥齿轮传动　　　(c)蜗轮蜗杆传动　　　(d)齿轮齿条传动

图 4-2-2　齿轮传动类型

圆柱齿轮按轮齿方向不同，可分为直齿圆柱齿轮、斜齿圆柱齿轮和人字齿圆柱齿轮等三种，如图 4-2-3 所示。其中，最常用的是直齿圆柱齿轮，齿轮各部分的名称及代号如图 4-2-4 所示。而本任务采用的轮齿是斜齿圆柱齿轮，齿轮各部分的名称、代号及参数与直齿圆柱齿轮相同。

(a)直齿　　　　(b)斜齿　　　　(c)人字齿

图 4-2-3　圆柱齿轮　　　　　　图 4-2-4　直齿圆柱齿轮各部分名称及代号

① 齿数（z）：齿轮上轮齿的个数。

② 齿顶圆直径（d_a）：通过齿轮各齿顶的圆柱面直径。

③ 齿根圆直径（d_f）：通过齿轮各齿根的圆柱面直径。

④ 分度圆直径（d）：用一个假想圆柱面在垂直于齿向的截面内切割轮齿，使得齿槽宽（e）和齿厚（s）相等，这个假想的圆柱面称为分度圆，其直径称为分度圆直径。

⑤ 齿高（h）：齿顶圆和齿根圆之间的径向距离。分度圆将轮齿分成两部分，自分度圆

到齿顶圆的距离称为齿顶高，用 h_a 表示；分度圆到齿根圆的距离称为齿根高，用 h_f 表示。齿高为齿顶高和齿根高之和，即 $h = h_a + h_f$。

⑥ 齿距（p）：分度圆上相邻两齿廓对应点之间的弧长。齿距＝齿厚＋齿槽宽，即 $p = s + e$。

⑦ 中心距（a）：两齿轮轴线之间的距离。

⑧ 模数（m）：由于分度圆周长 $pz = \pi d$，则 $d = (p/\pi)z$。为计算方便，定义 p/π 为模数，即 $m = p/\pi$，单位为毫米，根据 $d = mz$ 可知，当齿数一定时，模数越大，分度圆直径越大，承载能力越大。模数是设计制造齿轮的重要参数，为便于设计制造，其数值已标准化，如表 4-2-2 所示。

⑨ 压力角（α）：分度圆上齿轮轮廓曲线的法线（接触点作用力方向）与分度圆切线所夹的锐角 α。我国规定的标准齿轮的压力角为 $20°$。

表 4-2-2　渐开线齿轮模数标准（GB/T 1357—2008）　　　　mm

第一系列	1　1.25　1.5　2　2.5　3　4　5　6　8　10　12　16　20　25　32　40　50
第二系列	1.125　1.375　1.75　2.25　2.75　3.5　4.5　5.5　(6.5)　7　9　11　14

注：1. 对斜齿圆柱齿轮是指法向模数。

2. 优先选用第一系列，其次是第二系列，括号内的数值尽量不用。

齿轮的齿数 z 和模数 m 确定后，就可按表 4-2-3 所示的公式计算出齿轮各部分的尺寸。

表 4-2-3　标准直齿圆柱齿轮各公称尺寸计算公式

名称	计算公式	名称	计算公式
分度圆直径 d	$d = mz$	齿距 p	$p = \pi m$
齿顶圆直径 d_a	$d_a = m(z+2)$	齿顶高 h_a	$h_a = m$
齿根圆直径 d_f	$d_f = m(z-2.5)$	齿根高 h_f	$h_f = 1.25m$
中心距 a	$a = m(z_1 + z_2)/2$	齿高 h	$h = 2.25m$

2. 锥度

（1）锥度的定义

锥度是指正圆锥体的底圆直径与其高度之比，即 D/L ［对于圆台，则为底圆与顶圆直径差与其高度之比，即 $(D-d)/l$］，并将此值化为 $1:n$ 的形式，如图 4-2-5 所示。

（2）锥度的标注

标注锥度时，需在 $1:n$ 前加注锥度符号，锥度符号对称配置在与圆锥轴线平行的基线上，方向与图形中大、小端方向一致，基线通过指引线与圆锥轮廓线相连，如图 4-2-6 所示。

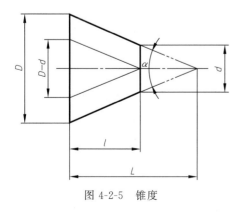

图 4-2-5　锥度

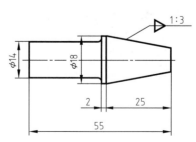
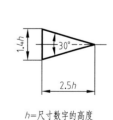

h＝尺寸数字的高度

图 4-2-6　锥度的标注

3. 螺纹

螺纹是用一定的加工方式，在圆柱体（或圆锥体）内、外表面形成的，具有相同断面的连续凸起和沟槽的立体结构。螺纹分外螺纹和内螺纹两种。在圆柱体（或圆锥体）外表面形成的螺纹叫外螺纹，内表面形成的螺纹叫内螺纹，如图 4-2-7 所示。本任务是外螺纹。

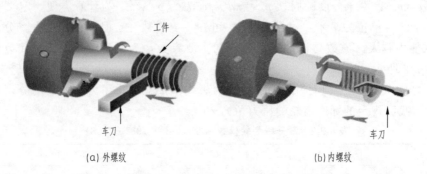

(a) 外螺纹　　　　(b) 内螺纹

图 4-2-7　车削螺纹

螺纹的结构和尺寸是由牙型、直径、线数、螺距（或导程）、旋向等五要素确定的。内、外螺纹总是成对配合使用的，它们的五要素必须相同，才能正常旋合。

（1）螺纹牙型

在通过螺纹轴线的断面上，螺纹的轮廓形状称为螺纹牙型，如图 4-2-8（a）所示。它由牙顶、牙底和两牙侧组成，相邻两牙侧面间的夹角称为牙型角。常见的螺纹牙型有三角形、梯形和锯齿形三种，如图 4-2-8（b）～（d）所示。不同的螺纹牙型，有不同的用途。

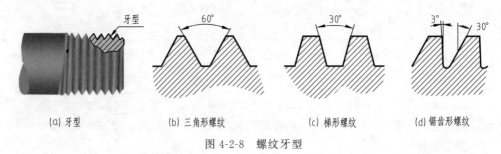

(a) 牙型　　　(b) 三角形螺纹　　　(c) 梯形螺纹　　　(d) 锯齿形螺纹

图 4-2-8　螺纹牙型

（2）螺纹直径

螺纹直径有大径、小径、中径三种，如图 4-2-9 所示。

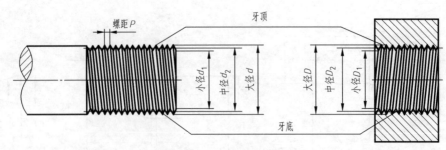

图 4-2-9　内、外螺纹直径

大径（公称直径）是指与外螺纹牙顶或内螺纹牙底相切的假想圆柱（或圆锥）的直径。

内、外螺纹的大径分别用 D 和 d 表示。

小径是指与外螺纹牙底或内螺纹牙顶相切的假想圆柱（或圆锥）的直径。内、外螺纹的小径分别用 D_1 和 d_1 表示。

中径是指圆柱（或圆锥）的母线通过圆柱（或圆锥）螺纹上沟槽和凸起处宽度相等的假想圆柱或圆锥的直径。内、外螺纹的中径分别用 D_2 和 d_2 表示。

（3）螺纹线数（又称头数）

螺纹线数是指形成螺纹的螺旋线的条数，用 n 表示。沿一条螺旋线所形成的螺纹称为单线螺纹，沿两条或两条以上螺旋线所形成的螺纹称为多线螺纹，如图 4-2-10 所示。

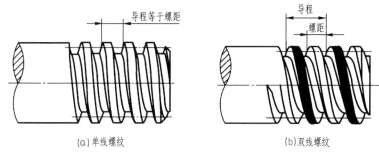

图 4-2-10　螺纹线数与螺距、导程

（4）螺距（P）和导程（P_h）

螺距是指螺纹相邻两牙在中径线上对应两点之间的轴向距离，用 P 表示；导程是指同一条螺旋线上相邻两牙在中径线上对应两点间的轴向距离，用 P_h 表示。螺距 P、导程 P_h 和线数 n 的关系如图 4-2-10 所示，用公式表示如下：单线螺纹，$P = P_h$；多线螺纹，$P_h = nP$。

（5）旋向

螺纹分右旋和左旋两种，如图 4-2-11 所示。顺时针旋进的螺纹为右旋螺纹，其螺纹线的特征是左低右高，记为 RH；逆时针旋进的螺纹为左旋螺纹，其螺纹线的特征是左高右低，记为 LH。工程上常用右旋螺纹。

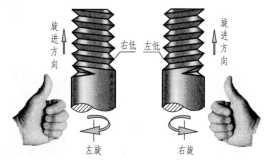

图 4-2-11　螺纹旋向

二、确定表达方案

1. 主视图的选择

由于轴类零件的主要结构形状是同轴回转体，加工工序主要在车床或磨床上加工，为了加工时看图方便，主视图一般按加工位置将轴线水平放置，键槽特征面向前或向上作为投射方向（本任务选择向上），这样既符合加工位置原则，同时又反映了轴类零件的主要结构特征和各组成部分的相对位置。主视图上两处采用局部剖视图分别表达轮齿结构和键槽位置。

2. 其他视图的选择

其他视图是用来补充表达主视图未能表达清楚的形状和结构的，因此在选择其他视图时应注意以下几点。

① 视图数量要恰当。在表达完整、清晰的前提下，应使图形数量尽可能少，方便画图

和读图。

② 表达目的要明确。各个视图的表达要有侧重，互相补充，表达内容尽量不重复。

③ 表达方法灵活多样。根据结构特点和表达需要合理选择视图、剖视图、局部放大图、断面图和局部剖视图，并尽可能采用省略、简化画法等。

在本任务中，由于在主视图上注出相应的直径符号"ϕ"，即可清楚地表示出形体特征和各组成部分的相对位置，所以对主视图上未能表达清楚的键槽结构可用移出断面图和局部视图表达，对退刀槽结构可用局部放大图表达，对中心孔可用标注的方法表达，这样既清晰又便于标注尺寸。

三、确定比例和图幅并绘制图框与作图基准线或中心线

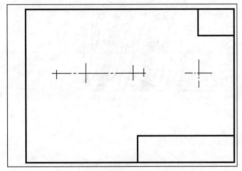

图 4-2-12　图幅图框与作图基准线或中心线

根据图形大小、尺寸标注、标题栏及技术要求所需要的位置，首先确定采用 1∶1 的比例和留装订边的 A3 横放图幅，其次画出图框与标题栏外框和参数表外框，再次选择齿轮轴的轴线为径向主要基准，轮齿所在圆柱的右端面为轴向主要基准，齿轮轴最左、最右端面及有键槽轴段的右端面为辅助基准，绘制作图基准线或中心线，结果如图 4-2-12 所示。

四、运用形体分析法和投影关系绘制图形

将齿轮轴分解为如图 4-2-13 所示的 10 个形体，每个形体的画法如下。

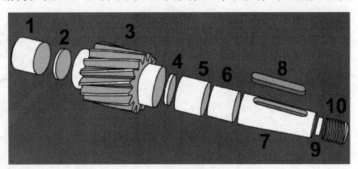

图 4-2-13　齿轮轴的形体分析

1. 形体 3 的绘制方法及步骤

形体 3 是一段与轴制成一体的圆柱斜齿轮，机械制图国家标准（GB/T 4459.2—2003）对圆柱齿轮的表示法作了详细的规定。在绘图时，轮齿的形状结构不需要按真实投影画出，对单个圆柱齿轮的画法如图 4-2-14 所示。

① 齿顶圆和齿顶线用粗实线绘制，分度圆和分度线用细点画线绘制（分度线应超出轮齿两端面 2~3mm），齿根圆和齿根线用细实线绘制或省略不画，如图 4-2-14（a）所示。

② 当剖切平面通过齿轮轴线时，剖视图上的轮齿部分不剖（即轮齿部分不画剖面线），齿根线用粗实线绘制，如图 4-2-14（b）所示。

③ 若是斜齿或人字齿，可在非圆视图上用三条与齿线方向一致的细实线表示齿线形状，

如图 4-2-14（c）所示。

④ 齿轮除了轮齿部分外，其余部分均按真实投影绘制。

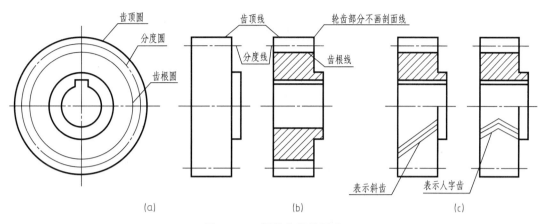

图 4-2-14 圆柱齿轮的画法

本任务中形体 3 的绘制方法及步骤如图 4-2-15 所示，对局部剖视图的绘制方法详见下面形体 8 中键槽的绘制。

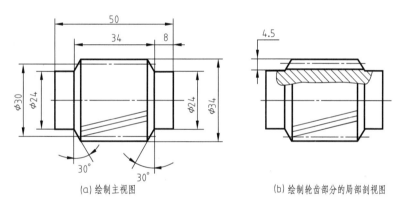

（a）绘制主视图   （b）绘制轮齿部分的局部剖视图

图 4-2-15 形体 3 的绘制方法及步骤

2. 形体 7 的绘制方法及步骤

形体 7 是一段锥度为 1∶10 的圆台，长度为 40，左端直径为 ϕ18，作图方法与步骤有两种：一种如图 4-2-16（a）所示，首先作 AB=40，CD=4 且 AC=AD=2；其次连接 C、B 和 D、B，即为 1∶10 的锥度线；再次过点 E、F 作 EG∥CB、FH∥DB，即为所求。另一种如图 4-2-16（b）所示，首先根据锥度的定义求出 GH=ϕ14，其次连接 EG 和 FH 即可。

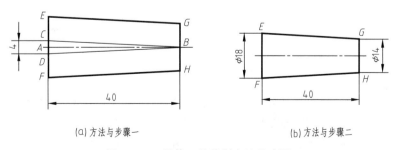

（a）方法与步骤一   （b）方法与步骤二

图 4-2-16 形体 7 的绘制方法及步骤

3. 形体 8 的绘制方法及步骤

形体 8 是键槽，其结构常用移出断面图、局部剖视图、局部视图和有关简化画法表达，机械制图国家标准（GB/T 17452—1998、GB/T 4458.6—2002、GB/T 4458.1—2002、GB/T 16675.1—2012）分别对它们作了详细的规定。

（1）移出断面图

① 移出断面图的概念与作用　用剖切平面假想地将机件的某处断开，仅画出机件与剖切平面接触部分（即断面）的图形，称为断面图。断面图根据所画位置的不同，可分为移出断面图和重合断面图两种。画在视图之外的断面图，称为移出断面图，如图 4-2-17（b）所示。剖视图与断面图的区别是除需要画出断面的形状外，还要画出断面之后所有可见部分的投影。断面图主要用于表达机件某一部位的断面形状，如机件上的键槽、肋板、轮辐及型材的断面等。

② 移出断面图的画法及配置

a. 移出断面图的轮廓线用粗实线绘制，并在断面上画上剖面符号。

b. 移出断面图一般配置在剖切符号的延长线上，如图 4-2-17（b）所示。也可按投影关系配置，如图 4-2-17（c）所示。必要时也可画在其他适当位置，如图 4-2-18（a）中的"A—A"和"B—B"图所示。当移出断面图对称时，也可画在视图的中断处，如图 4-2-18（b）所示。

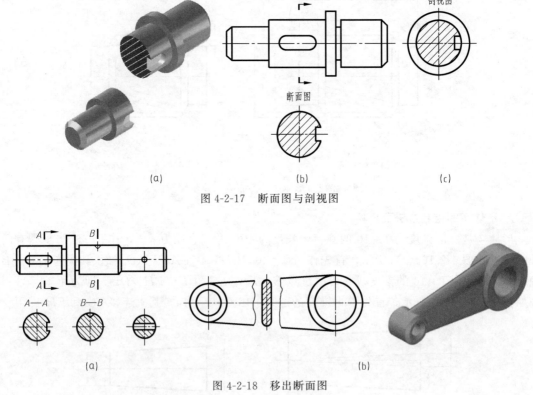

图 4-2-17　断面图与剖视图

图 4-2-18　移出断面图

c. 当剖切平面通过由回转面组成的孔或凹坑的轴线时，则这些结构按剖视图绘制，如图 4-2-19（a）、（c）所示。当剖切平面通过非回转面，但会导致出现分离的两个断面时，则这样的结构也应按剖视图绘制。这里的"按剖视图绘制"是指被剖切到的结构的绘制，并不包括剖切平面后的其他结构，如图 4-2-20 所示。

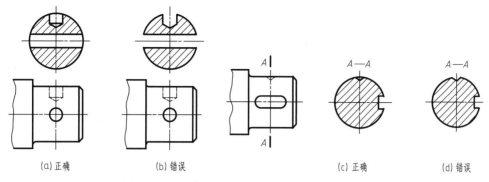

(a) 正确   (b) 错误   (c) 正确   (d) 错误

图 4-2-19 按剖视图绘制回转结构断面图的画法

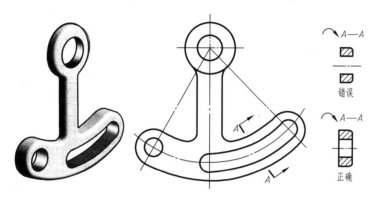

图 4-2-20 按剖视图绘制非回转结构断面图的画法

d. 剖切平面应与被剖切部位的主要轮廓线垂直，如图 4-2-21（b）所示。若用一个剖切平面不能满足垂直时，可用相交的两个或多个剖切平面分别垂直于机件轮廓线剖切，这时所画的断面图，中间应用波浪线断开，如图 4-2-21（a）所示。

③ 移出断面图的标注 移出断面的标注与剖视图的标注方法基本相同，

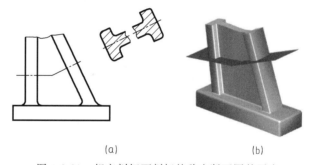

(a)   (b)

图 4-2-21 相交剖切面剖切的移出断面图的画法

一般也用粗短线表示剖切符号，箭头表示剖切后的投射方向，在剖切符号外侧注上大写拉丁字母，并在相应的断面上方正中位置用同样字母标注出断面图名称"X—X"。具体标注方法及其省略标注的情形如下。

a. 完全标注：未配置在剖切符号延长线上的移出断面图，断面图不对称时，必须按上述标注方法完全标注，如图 4-2-18（a）中断面"A—A"图所示。

b. 省略字母：配置在剖切符号的延长线上的移出断面图，断面图不对称可省略字母，如图 4-2-17（b）所示。

c. 省略箭头：不论怎样配置的对称移出断面图和按投影关系配置的断面图对称与否，可省略表示投射方向的箭头，如图 4-2-18（a）中的断面图"B—B"、图 4-2-19（c）所示。

d. 不必标注：配置在剖切符号延长线上的对称移出断面图和配置在视图中断处的对称

移出断面图，不必标注，如图 4-2-19（a）、图 4-2-18（b）所示。

（2）局部剖视图的画法

① 局部剖视图的概念与应用范围　用剖切平面局部地剖开机件后向相应投影面投射，根据需要仅局部画成剖视图，其他部分仍画成视图，这样组合的图形，称为局部剖视图，可简称为局部剖视，如图 4-2-22 所示。它的应用范围比较广泛，常用在以下几个方面。

a. 只需要表达机件上局部结构的内部形状，不必采用全剖视图的机件，如图 4-2-22 所示俯视图。

b. 表达实心杆上的孔、槽等结构，如图 4-2-23 所示。

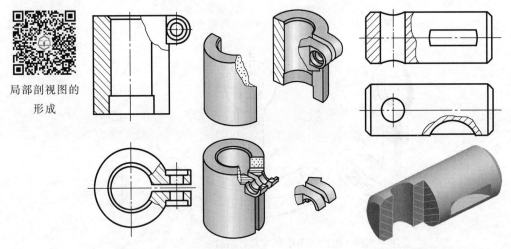

局部剖视图的
形成

图 4-2-22　局部剖视图的应用示例（一）　图 4-2-23　局部剖视图的应用示例（二）

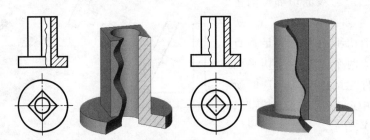

图 4-2-24　局部剖视图的应用示例（三）

c. 图形的对称中心线正好与轮廓线重合而不宜采用半剖视图的对称机件，如图 4-2-24 所示。

d. 内外形状都需要表达，不宜采用全剖视图的不对称的机件，如 4-2-25（b）所示。

② 画局部剖视图应注意的事项　在局部剖视图中，剖视图部分与视图部分之间的分界线用波浪线表示，此时的波浪线可认为是机件断裂边的投影，各部分的可见轮廓线应画到波浪线处。画剖视图时应注意以下几点。

a. 波浪线既不能超出图形轮廓线，如图 4-2-26（a）所示，也不能穿空而过，如遇到孔、槽等结构时，波浪线必须断开，如图 4-2-26（b）、（c）所示，还不能与图形中其他图线重合，也不要画在其他图线的延长线上，如图 4-2-26（d）、（e）所示。

b. 在一个视图中，局部剖切的次数不宜过多，否则视图就会显得破碎，影响看图。

③ 局部剖视图的标注　局部剖视图的标注及省略标注，符合剖视图的标注规定。单一剖切平面的剖切位置明显时，局部剖视图可省略标注，如图 4-2-22～图 4-2-24 所示。但当剖切位

置不明显或局部剖视图未按投影关系配置时，则必须加以标注，如图 4-2-25（b）所示。

（3）交线的简化画法

机件上较小结构所产生的交线（相贯线、截交线、过渡线）如在一个视图中已表示清楚时，则在其他视图中该线允许简化，用圆弧或直线代替非圆曲线，如图 4-2-27 所示。

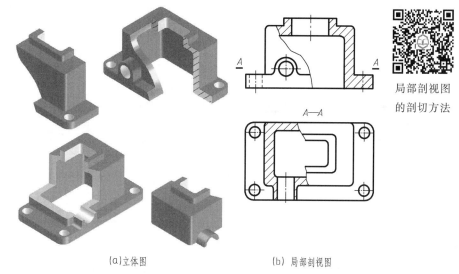

局部剖视图
的剖切方法

(a) 立体图　　　　　　　　　(b) 局部剖视图

图 4-2-25　局部剖视图的应用示例（四）

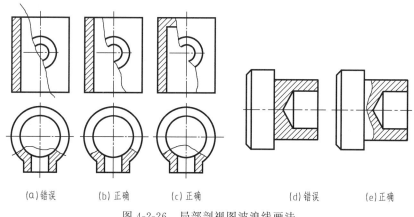

(a) 错误　　(b) 正确　　(c) 正确　　(d) 错误　　(e) 正确

图 4-2-26　局部剖视图波浪线画法

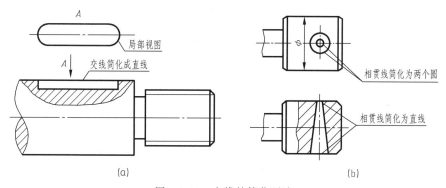

局部视图

交线简化成直线

相贯线简化为两个圆

相贯线简化为直线

(a)　　　　　　　　　　(b)

图 4-2-27　交线的简化画法

（4）本任务中形体 8 的绘制方法及步骤

首先根据定位尺寸 20 与 5，键槽深度与长度尺寸，相贯线的简化画法及局部剖视图的画法绘制局部剖视图，如图 4-2-28（a）所示，然后根据键槽宽度与长度尺寸绘制局部视图（在项目 5 中详细介绍），如图 4-2-28（b）所示，最后根据定位尺寸 20 和键槽尺寸绘制断面图 *B—B*，如图 4-2-28（c）所示。

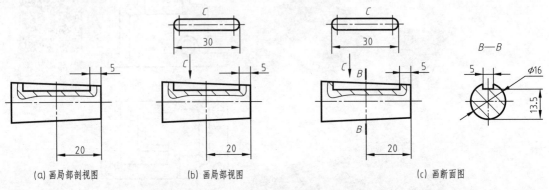

(a) 画局部剖视图　　　　　(b) 画局部视图　　　　　(c) 画断面图

图 4-2-28　形体 8 的绘制方法及步骤

4. 形体 10 的绘制方法及步骤

形体 10 是一段加工有普通外螺纹的圆柱，机械制图国家标准（GB/T 4459.1—1995）对螺纹的画法作了详细的规定：在外螺纹投影的非圆视图中，螺纹牙顶（大径）及螺纹终止线用粗实线表示，牙底（小径）按大径的 0.85 倍用细实线表示，并画进螺杆头部的倒角内（螺杆的倒角部分也应画出）。在外螺纹投影为圆的视图中，表示牙顶（大径）的粗实线圆仍画出，表示牙底（小径）的细实线圆只画约 3/4 圈（空出的 1/4 圈的位置不作规定），螺杆头部的倒角圆省略不画，如图 4-2-29（a）所示。螺尾部分一般不必画出。当需要表示螺尾时，画成 30° 的细实线，如图 4-2-29（b）所示。画剖视图或断面图时，螺纹终止线只画一小段粗实线到小径处，剖面线必须画到粗实线（大径处），如图 4-2-29（c）所示。

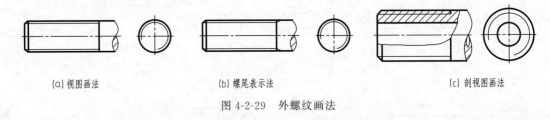

(a) 视图画法　　　　　(b) 螺尾表示法　　　　　(c) 剖视图画法

图 4-2-29　外螺纹画法

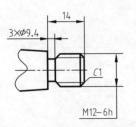

图 4-2-30　形体 10 的绘制

本任务中，根据外螺纹和螺纹退刀槽及倒角的画法与螺纹的标注，即 M 指普遍螺纹，12 指螺纹大径，形体 10 的绘制结果如图 4-2-30 所示。

5. 其他形体的绘制方法及步骤

其他形体都是圆柱或带倒角的圆柱，画法简单，对形体 2、4、9 三个退刀槽，可用局部放大图绘制，这在前两个项目中作了详细介绍，这里都不再赘述。根据以上各形体的绘制方法绘制的齿轮轴零件的图形如图 4-2-31 所示。

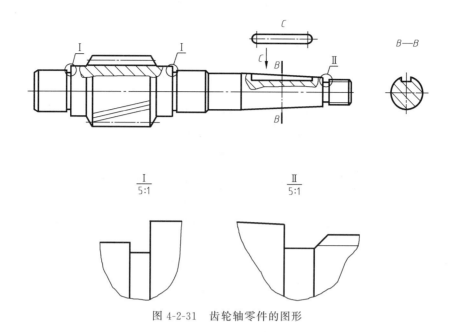

图 4-2-31 齿轮轴零件的图形

五、标注尺寸

根据尺寸标注应遵循"正确、完整、清晰、合理"的基本要求和形体分析的方法,齿轮轴零件图的尺寸标注按以下步骤进行。

(1)形体分析

齿轮轴的形体分析如图 4-2-13 所示。

(2)选择尺寸基准

尺寸基准的选择如图 4-2-12 所示。

(3)标注定位尺寸

根据所选的尺寸基准及标注定位尺寸可以省略的情况,需要标注的定位尺寸有形体 3 上轮齿的轴向尺寸 8 和形体 8 的轴向尺寸 5 与 20,其他形体均不标注定位尺寸,如图 4-2-15(a)和图 4-2-28 所示。

(4)按形体分析法标注定形尺寸

除了三个退刀槽的定形尺寸标注在局部放大图上,键槽的深度和宽度标注在断面图上外,其他各形体的径向尺寸直径标注在主视图的空白处,注意将通过尺寸数字的点画线打断;标注轴向尺寸时,对不同加工方法的键槽和轮齿尺寸标注在主视图上方,其他尺寸标注在主视图下方;对功能尺寸 18、50、40、14 要直接注出,并且为了清晰,同一方向的尺寸线尽可能画在一条线上,还要注意不能注成封闭的尺寸链,标注结果如图 4-1-10 所示。中心孔和锥度的标注方法本项目已作阐述。对螺纹的标注,国家标准(GB/T 4459.1—1995)规定,对标准螺纹应在表示公称直径的尺寸线或其引出线上注出相应的螺纹标记。下面介绍普通螺纹的螺纹标记。

完整的普通螺纹标记(GB/T 197—2003)由螺纹特征代号、尺寸代号、公差带代号、旋合长度代号和旋向代号等五部分组成,尺寸代号、公差带代号、旋合长度代号、左旋代号之间用横线"-"隔开，格式如下：

| 特征代号 | 公称直径×螺距 | - | 中径公差带代号 | 顶径公差带代号 | - | 旋合长度代号 | - | 旋向 |

① 特征代号：用字母"M"表示。

② 尺寸代号：单线螺纹用"公称直径×螺距"表示，多线螺纹用"公称直径×P_h 导程（P 螺距）"表示。粗牙螺纹的螺距只有一个，故不标注。

③ 公差带代号：普通螺纹公差带代号包括中径公差带代号和顶径公差带代号。当两者相同时，合注为一个公差带代号；当公称直径大于等于 1.6 的中等公差精度 6H 和 6g 的螺纹不标注公差带代号。代号中的字母，外螺纹用小写，内螺纹用大写。表示内外螺纹旋合时，内螺纹公差带在前，外螺纹公差带在后，中间用斜线"/"分开。

④ 旋合长度：旋合长度是指内外螺纹旋合在一起的有效长度，分为短、中、长三种，分别用 S、L、N 表示。对短旋合长度和长旋合长度的螺纹，在公差带代号后分别标注"S"和"L"代号，中等旋合长度的螺纹不标注旋合长度代号"N"。

⑤ 旋向：对左旋螺纹，在旋合长度代号之后标注"LH"代号，右旋螺纹则不标注旋向代号。

标记 M20×1.6-5g6g-S-LH 的含义是普通螺纹，公称直径为 20，细牙螺距为 1.6；中径、顶径公差带代号分别为 5g、6g；短旋合长度；左旋；外螺纹。

本任务给出的螺纹标记"M12-6h"为公称直径为 12 的粗牙普通外螺纹，中径和顶径公差带代号均为 6h。因为是中等旋合长度的右旋粗牙普通外螺纹，所以螺距与旋合长度及旋向代号都可省略，只将螺纹标记"M12-6h"标注在表示公称直径的尺寸线或其引出线上，如图 4-1-10 所示。

（5）标注总体尺寸

齿轮轴的总长（即轴向）尺寸为 156，总宽和总高（即径向）尺寸与形体 3 的 φ34 相同，不用另外标注，如图 4-1-10 所示。

（6）依次检查三类尺寸，保证正确、完整、清晰、合理

结果如图 4-1-10 所示。

六、标注技术要求

齿轮轴零件图技术要求的参考标注结果如图 4-1-10 所示。

七、检查与描深，完成零件图的绘制

参考结果如图 4-1-10 所示。

任务检测 ▶▶

参照图 4-2-32 所示从动轴立体图上的尺寸和表 4-2-4 所示的技术要求绘制其零件图。要求零件结构的表达方法正确、完整、清晰、简练，绘图步骤与方法正确，视图符合国家标准，尺寸标注正确、完整、清晰、合理，公差、表面粗糙度、几何公差等技术要求的选用合理、标注正确。

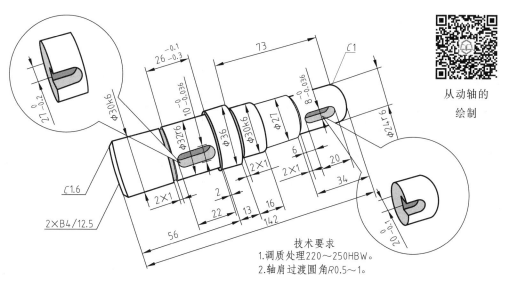

从动轴的
绘制

图 4-2-32　从动轴的参照尺寸

技术要求
1.调质处理220～250HBW。
2.轴肩过渡圆角R0.5～1。

表 4-2-4　从动轴的技术要求

技术要求	$\phi24r6$ 的轴线	$\phi30k6$ 圆柱面	带键槽的圆柱面	键槽两侧面	键槽底面	其他面
表面结构 $Ra/\mu m$	无	圆柱面 0.8	圆柱面 1.6	3.2	6.3	12.5
尺寸公差	无	$\phi30k6$	$\phi24r6$ 和 $\phi32r6$	10N9 和 8N9	图 4-2-32	图 4-2-32
几何公差	基准 A	轴线相对 A 的同轴度公差为 $\phi0.01$	相对 A 的径向圆跳动公差为 0.012	中心面相对 A 的对称度公差为 0.03	无	无
文字说明	详见图 4-2-32					

 知识拓展 ▶▶

一、直齿圆锥齿轮

1. 直齿圆锥齿轮各部分名称和尺寸计算

直齿圆锥齿轮通常用于垂直相交两轴之间的传动。图 4-2-33 为锥齿轮轮坯，其主体结构由顶锥、前锥、背锥等组成，各部分参数如图 4-2-34 所示。

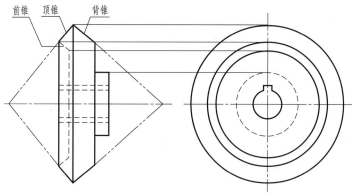

图 4-2-33　锥齿轮轮坯

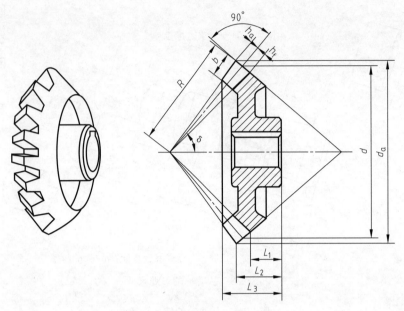

图 4-2-34　直齿圆锥齿轮各部分参数

由于锥齿轮的轮齿分布在圆锥面上，其齿形从大端到小端是逐渐收缩的，齿厚和齿高均沿着圆锥素线方向逐渐变化，故模数和直径也随之变化。为便于设计和制造，规定大端模数为标准值，法向齿形为标准齿形。在剖视图中，大端背锥素线与分度圆锥素线垂直。圆锥齿轮轴线与分度圆锥素线间夹角 δ，称为分度圆锥角，它是圆锥齿轮的又一基本参数。标准直齿圆锥齿轮各基本尺寸计算公式见表 4-2-5。

表 4-2-5　标准直齿圆锥齿轮各基本尺寸计算公式

基本参数：模数 m　齿数 z　压力角 α　分度圆锥角 δ			
名称	计算公式	名称	计算公式
分度圆直径 d	$d=mz$	齿顶高 h_a	$h_a=m$
齿顶圆直径 d_a	$d_a=m(z+2\cos\delta)$	齿根高 h_f	$h_f=1.2m$
齿根圆直径 d_f	$d_f=m(z-2.4\cos\delta)$	齿高 h	$h=2.2m$
分度圆锥角 δ	当 $\delta_1+\delta_2=90°$时，$\tan\delta_1=z_1/z_2$	锥距 R	$R=mz/2\sin\delta$

2. 单个圆锥齿轮的画法

① 在投影为非圆的视图中，画法与圆柱齿轮类似，常采用剖视，其轮齿按不剖处理，用粗实线画出齿顶线和齿根线，用细点画线画出分度线。

② 在投影为圆的视图中，轮齿部分只需用粗实线画出大端和小端的齿顶圆；用细点画线画出大端的分度圆；齿根圆不画。

直齿圆锥齿轮的画图步骤如图 4-2-35 所示。

二、蜗杆和蜗轮及其传动

蜗杆蜗轮用于两交叉轴（交叉角一般为直角）间的传动。通常蜗杆主动，蜗轮从动，用于减速，可获得较大的传动比，其结构紧凑，传动平稳，但效率低。

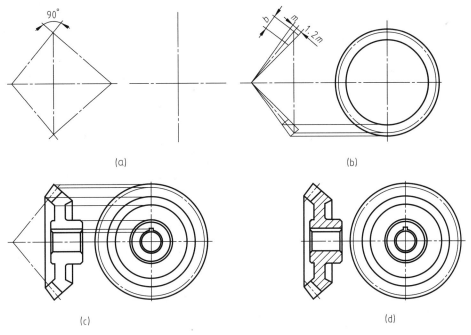

图 4-2-35　直齿圆锥齿轮的画图步骤

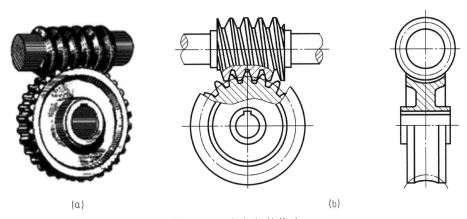

图 4-2-36　蜗杆蜗轮传动

　　蜗杆蜗轮传动中，最常用的蜗杆为圆柱形阿基米德蜗杆，如图 4-2-36 所示，其轴向齿廓是直线，轴向断面呈等腰梯形，与梯形螺纹相似。蜗杆的齿数称为头数，有单头、多头之分，常用单头或双头蜗杆。

　　蜗轮相当于斜齿圆柱齿轮，其轮齿分布在凹形圆环面上，从而增加了与蜗杆的接触面积。

1. 蜗杆的规定画法

　　蜗杆一般选用一个视图，其齿顶线、齿根线和分度线的画法与圆柱齿轮相同，如图 4-2-37 所示。图中以细线表示的齿根线也可省略。齿形是顶角为 40°的等腰梯形，可用局部剖视图或局部放大图表示。

2. 蜗轮的规定画法

　　蜗轮的画法与圆柱齿轮相似，如图 4-2-38 所示。

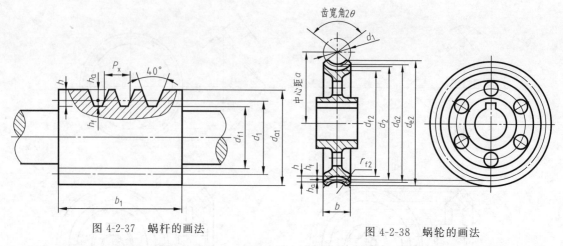

图 4-2-37　蜗杆的画法　　　　　　　　图 4-2-38　蜗轮的画法

① 在投影为非圆的视图中常用全剖或半剖视图表示，并在其相啮合的蜗杆轴线位置画出细点画线圆（蜗杆分度圆）和对称中心线。

② 在投影为圆的视图中，只画出最大顶圆和分度圆，喉圆和齿根圆省略不画，投影为圆的视图也可用表达轴孔键槽的局部视图取代。

三、有关轴的简化画法

1. 较长机件的断开画法

较长机件（如轴、杆、型材等）沿长度方向的形状一致或按一定规律变化时，可断开后缩短绘制，断开处用波浪线或细双点画线绘制，但其长度尺寸必须按实际尺寸标出，如图 4-2-39 所示。

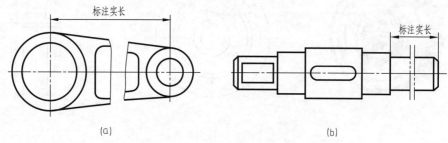

(a)　　　　　　　　　　　　　　　(b)

图 4-2-39　较长机件的断开画法

2. 平面表示法

当回转体零件上的平面在视图中不能充分表达时，可在图形上用相交的两条细实线表示平面，如图 4-2-40 所示。

3. 断面图上剖面符号的简化画法

零件图中的移出断面图，允许省略剖面符号，但必须按断面图的规定进行标注，如图 4-2-41 所示。

4. 位于剖切平面前的结构的简化画法

在需要表示位于剖切平面前的机件结构时，这些结构按假想投影的轮廓线即双点画线

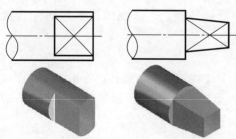

图 4-2-40　平面表示法

画出，如图 4-2-42 所示的键槽。

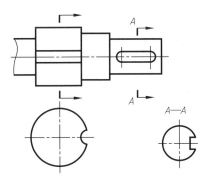

图 4-2-41　移出断面图的简化画法

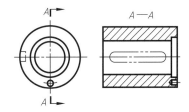

图 4-2-42　用双点画线表示被切去的机件结构

四、常用螺纹的种类和标注

1. 螺纹的分类

① 按螺纹参数的标准化程度分为标准螺纹、特殊螺纹和非标准螺纹。其中，牙型、公称直径和螺距三个要素（称为螺纹三要素）均符合国家标准的螺纹称为标准螺纹；只有牙型符合国家标准的螺纹称特殊螺纹；凡牙型不符合国家标准的螺纹均称非标准螺纹。

② 按螺纹用途不同可分为连接螺纹和传动螺纹两种。连接螺纹是起连接作用的螺纹，常见的有粗牙普通螺纹、细牙普通螺纹、管螺纹和锥螺纹四种。管螺纹又分为非螺纹密封的管螺纹和用螺纹密封的管螺纹。传动螺纹主要用于传递动力和运动，常用的有梯形螺纹和锯齿形螺纹。

2. 管螺纹的标注

在图样上，管螺纹标记一律标注在自大径引出的引出线上，如表 4-2-6 所示。

表 4-2-6　常用螺纹的种类和标注示例

螺纹种类		特征代号	标记示例	说明
连接螺纹	普通螺纹	M	粗牙	粗牙普通螺纹,公称直径为 20mm,右旋;螺纹中、大径公差带代号均为 6g;中等旋合长度
			细牙	细牙普通螺纹,公称直径为 16mm,螺距为 1.5mm,右旋;螺纹中、大径公差带代号均为 6H;长旋合长度
	管螺纹	G	55°非密封管螺纹	55°非密封圆柱内螺纹,尺寸代号为 1,右旋

续表

螺纹种类		特征代号	标记示例	说明
连接螺纹	管螺纹 R_p R_c R_1 R_2	55°密封管螺纹	 $R_c1/2$	55°密封圆锥内螺纹，尺寸代号为1/2，右旋。注意：圆柱内螺纹代号为 R_p，圆锥内螺纹代号为 R_c，R_1 和 R_2 分别表示与圆柱和圆锥配合的圆锥外螺纹代号
传动螺纹	梯形螺纹	Tr	 Tr40×14(P7)LH-8e-L	梯形螺纹，公称直径为 40mm，导程为 14mm，螺距为 7mm，中径公差带代号为 8e，长旋合长度的双线左旋梯形外螺纹
	锯齿形螺纹	B	 B32×6-7e	锯齿形螺纹，公称直径为 32mm，单线螺纹，螺距为 6mm，右旋；中径公差带代号为 7e，中等旋合长度

（1）非螺纹密封的管螺纹的标注

非螺纹密封的管螺纹的标记由螺纹特征代号、尺寸代号、公差等级代号和旋向代号等四部分组成，其格式如下：

特征代号　尺寸代号 - 公差等级代号 - 旋向代号

螺纹特征代号为 G；尺寸代号不是管子的外径，也不是螺纹的大径，其大、小径等参数可从《55°非密封管螺纹》（GB/T 7307—2001）标准中查取；公差等级代号对外螺纹分 A、B 两级标注，内螺纹不标记；右旋螺纹的旋向不标注，左旋螺纹标注"LH"。

（2）用螺纹密封的管螺纹的标注

用螺纹密封的管螺纹的标记（GB/T 7306—2000）由螺纹特征代号、尺寸代号和旋向代号等三部分组成，其格式如下：

特征代号　尺寸代号 - 旋向代号

因为用螺纹密封的管螺纹有圆锥外螺纹、圆锥内螺纹、圆柱内螺纹三种，所以螺纹特征代号分别是 R_1 与 R_2、R_c、R_p。其中 R_1 是与圆柱内螺纹相配合的圆锥外螺纹，R_2 是与圆锥内螺纹相配合的圆锥外螺纹，R_c 是圆锥内螺纹，R_p 是圆柱内螺纹；尺寸代号不是管子的外径，也不是螺纹的大径，其大、小径等参数可从《55°密封管螺纹》（GB/T 7306.1—2000 和 GB/T 7306.2—2000）标准中查取；右旋螺纹的旋向不标注，左旋螺纹标注"LH"。

3. 传动螺纹的标注

梯形螺纹用于传递双向动力，锯齿形螺纹用于传递单向动力。在图样上，它们的标记标注在表示公称直径的尺寸线或其引出线上，如表 4-2-6 所示。

　　梯形螺纹的标记（参见 GB/T 5796.2—2005、GB/T 5796.4—2005）和锯齿形螺纹的标记由螺纹代号、尺寸代号、旋向代号、中径公差带代号、旋合长度代号等五部分组成，其格式如下：

$\boxed{\text{特征代号}}\ \boxed{\text{公称直径}}\times\boxed{\text{导程（螺距）}}\ \boxed{\text{旋向代号}}\ \text{-}\ \boxed{\text{中径公差带代号}}\ \text{-}\ \boxed{\text{旋合长度代号}}$

　　① 螺纹特征代号：梯形螺纹为 Tr，锯齿形螺纹为 B。

　　② 尺寸代号：单线螺纹的导程和螺距相等，用"公称直径×螺距"表示，多线螺纹用"公称直径×导程（P 螺距）"表示。

　　③ 旋向：右旋螺纹不标注旋向；左旋标注"LH"。

　　④ 公差带代号：只标注中径公差带代号，不标注顶径公差带代号。

　　⑤ 旋合长度代号：只有长、中两种旋合长度，中旋合长度省略不注，长旋合长度标注"L"。

项目5 箱体类零件图的识读与绘制 ——》

项目简介 ▶▶

　　箱体类零件在机器中主要起容纳、支承、定位、润滑和密封等作用。它的结构复杂，一般带有起模斜度、铸造圆角、表面过渡线、铸造壁厚等铸造工艺结构和孔、凸台、凹坑等机械加工工艺结构及空腔、肋板、螺孔等结构，如图5-0-1所示。本项目以减速器箱盖零件图的识读和箱体零件图的绘制为例，介绍识读和绘制箱体类零件图的方法与步骤。

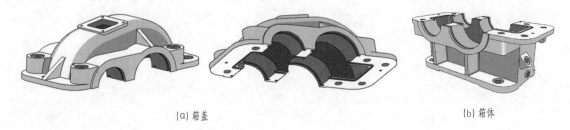

(a) 箱盖　　　　　　　　　　　　　　　　　　　(b) 箱体

图 5-0-1　箱盖箱体立体图

任务 1　减速器箱盖零件图的识读

任务要求 ▶▶

　　识读如图5-1-1所示的一级圆柱斜齿齿轮减速器的箱盖零件图，并通过填空的形式准确回答箱盖零件图上涉及的所有问题，以便详细掌握零件图的内容及其识读方法和步骤。

任务目标 ▶▶

　　通过识读如图5-1-1所示的一级圆柱斜齿齿轮减速器的箱盖零件图，让学习者熟练掌握正确识读零件图的方法与步骤，能正确分析箱体类零件的结构特点及表达方案，能正确理解基本视图、向视图、斜视图、局部放大图的画法及标注方法，能正确分析尺寸类型及公差、表面粗糙度、几何公差等技术要求的含义，能正确分析视图并构思箱体类零件的结构形状，能读懂常见箱体类零件的零件图，按时完成率达到80%以上，正确率达到80%以上。

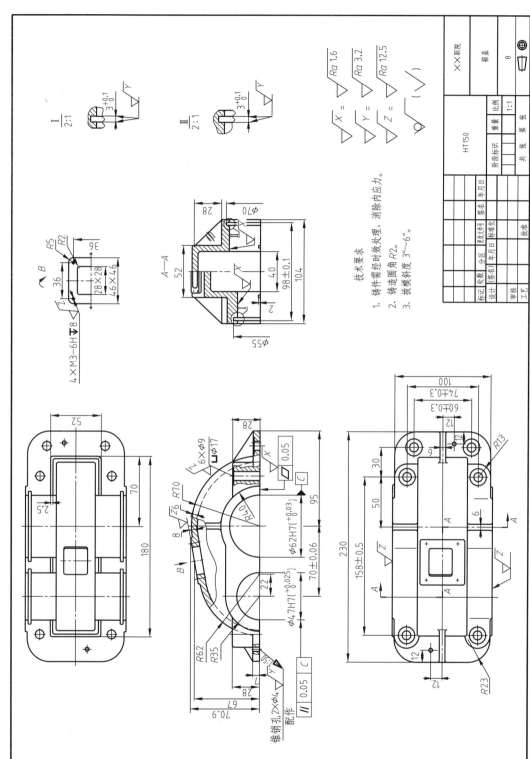

图 5-1-1　箱盖零件图

课前检测 ▶▶

任务 1
参考答案

选择题（选择正确的答案并将相应的字母填入题内的括号中）。

1. 六个基本视图的配置中（　　）在主视图的左方且高平齐。

A. 仰视图　　　　　B. 右视图　　　　　C. 左视图　　　　　D. 后视图

2. 高度相等的基本视图有（　　）。

A. 右视图 左视图 仰视图 俯视图　　　B. 主视图 仰视图 右视图 后视图

C. 后视图 主视图 左视图 右视图　　　D. 主视图 左视图 仰视图 俯视图

3. 向视图与基本视图的区别是（　　）。

A. 不向基本投影面投影　　　　　　　B. 按投影关系配置且注出视图名称

C. 不按投影关系配置　　　　　　　　D. 仅将机件的一部分投影

4. 机件向不平行于任何基本投影面的平面投影所得的视图称为（　　）。

A. 局部视图　　　　B. 向视图　　　　C. 基本视图　　　　D. 斜视图

5. 局部视图与斜视图的实质区别是（　　）。

A. 投影部位不同　　　　　　　　　　B. 投影面不同

C. 投影方法不同　　　　　　　　　　D. 画法不同

任务实施 ▶▶

一、识读标题栏

从标题栏可知，该零件名称是_____，属于_____类零件，绘图比例为_____，材料为_____，说明毛坯是铸造而成，有铸造圆角、起模斜度等结构，在机器中大致起_____作用。

二、识读图形并分析箱盖的表达方法

国家标准《技术制图》与《机械制图》规定了机件（包括机器、部件、零件）的基本表示法，包括视图、剖视图、断面图、局部放大图、简化画法等。画图时应根据零件的实际结构形状特点，选用恰当的表达方法。

1. 视图（GB/T 17451—1998、 GB/T 4458—2002）

视图主要用于表达机件的外部结构，具体包括基本视图、向视图、局部视图、斜视图。

（1）基本视图

① 基本视图的形成　对于外形复杂的零件，三视图往往不能完整、清晰地表达出来。为此，根据国标规定，在原有三面投影的基础上，再增加三个投影面，组成一个正六面体，称这六面体的六个内表面为基本投影面。将零件向基本投影面正投影所得到的六个视图，称基本视图。《技术制图　投影法》（GB/T 14692—2008）中规定了六个基本视图的投射方向和名称：主视图是自前方投射（方向代号为 a）得到的视图；俯视图是自上方投射（方向代号为 b）得到的视图；左视图是自左方投射（方向代号为 c）得到的视图；右视图是自右方投射（方向代号为 d）得到的视图；仰视图是自下方投射（方向代号为 e）得到的视图；后视图是自后方投射（方向代号为 f）得到的视图。与三视图类似，使正面投影面保持不动，其余五个基本投影面按照图示方法展开在一平面上，即得到基本视图，如图 5-1-2 所示。六

个基本视图在图纸上的配置位置不变，所以不标注视图的名称。

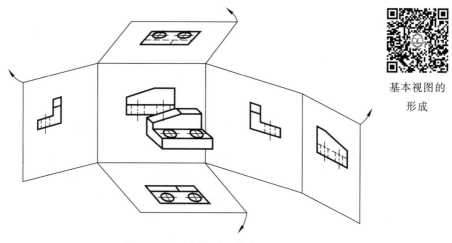

图 5-1-2　基本视图的形成

② 基本视图之间的投影规律及对应关系

三等关系：六个基本视图之间仍然符合"长对正、高平齐、宽相等"的投影规律。即主、俯、仰、后视图长对正，俯、左、仰、右视图宽相等，主、俯、仰、后视图高平齐，如图 5-1-3 所示。

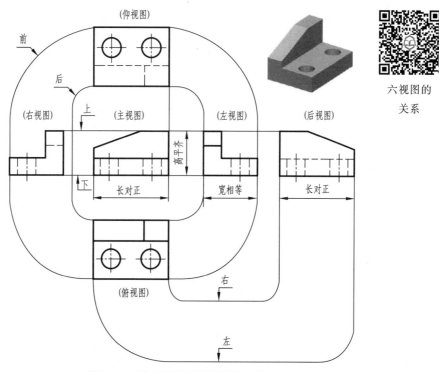

图 5-1-3　基本视图的配置及相互关系

方位关系：六个基本视图的每个视图都反映四个不同的方位关系，即主、左、右、后视图都反映物体的上、下关系；主、俯、仰、后视图都反映物体的左、右关系，但后视图的左侧对应物体的右方，而右侧对应物体的左方；俯、左、仰、右视图反映物体的前、后关系，但远离主视图的一侧均表示物体的前面，靠近主视图的一侧均表示物体的后面，如图 5-1-3 所示。

国标规定了六个基本视图后，给表达机件带来了方便，增加了灵活性，但不等于任何机件都要用六个基本视图来表达，而是在将机件结构、形状表示清楚并考虑读图方便的前提下，视图数量应尽可能少，以便作图。视图一般只画机件的可见部分，必要时才画出其不可见部分。

（2）向视图

向视图是基本视图的位置可以自由平移配置的视图，是基本视图的一种表示形式。在实际制图时，为了合理利用图纸幅面或各视图不画在同一绘图纸上时，可不按基本视图的位置配置，而把其中的一个或几个视图放在适合布图的位置，用向视图表示。

按向视图配置，必须加以标注。即在向视图的上方正中位置标注 "X"（"X" 为大写拉丁字母 A、B、C 等）表示视图名称，在相应视图附近用箭头指明投射方向，并标注相同的字母 "X"，如图 5-1-4 所示的 A 向、B 向和 C 向视图。为了看图方便，一般主视图、左视图、俯视图仍按原有位置配置，只改变右视图、仰视图、后视图的放置位置，并且表示投射方向的箭头一般指在主视图上，只有后视图在其他视图上指明投射方向。

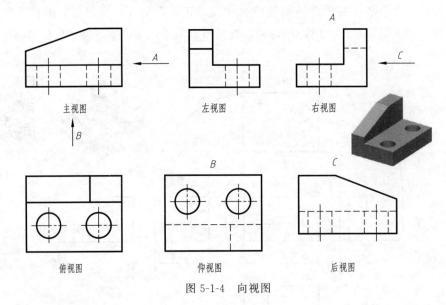

图 5-1-4　向视图

（3）局部视图

① 局部视图及适用范围　将机件的某一部分向基本投影面投射所得到的视图称为局部视图。如图 5-1-5 所示，选用主视图和俯视图后，只有 A、B 两个方向凸起部分的结构尚未表达清楚。为此，采用 A、B 两个局部视图加以补充表达，这样既简化了作图，又使表达简单明了。

② 局部视图的配置与标注及画法　当局部视图按基本视图配置，且基本视图与局部视图之间无其他图形隔开时，可省略标注，如图 5-1-5 中的 "A" 向局部视图的箭头，字母均可省略（为了方便叙述，图中未省略）。当局部视图按向视图配置时，需要按向视图的标注方法进行标注，如图 5-1-5 中的 "B" 向局部视图。

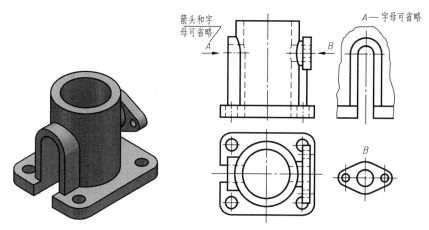

图 5-1-5　局部视图的配置与标注及画法

　　局部视图的断裂边界线用波浪线表示，波浪线应画在机件的实体范围内，不可超出轮廓线或中空处，如图 5-1-5 中的"A"向局部视图。当所表达的局部结构是完整的，且外形轮廓线自行封闭时，波浪线可省略不画，如图 5-1-5 中的"B"向局部视图。

　　（4）斜视图

　　① 斜视图及适用范围　机件向不平行于任何基本投影面的平面投射所得的视图，称为斜视图。即增加一个与倾斜部分平行且又与一个基本投影面垂直的新投影面，将机件的倾斜部分向这个新投影面进行投射，只画出机件上倾斜部分的实形，其余部分无需全部画出，用波浪线将其断开，然后旋转至与它所垂直的基本投影面重合，可即得到斜视图，如图 5-1-6 所示。画斜视图的目的是为了表示机件上倾斜部分的实形，所以斜视图通常只画倾斜结构的投影。

　　② 斜视图的配置与标注及画法　斜视图通常按投影关系配置，用带大写字母的箭头表示投射方向，并在斜视图上方标注对应字母作为视图名称，如图 5-1-6 所示；必要时斜视图也可按向视图形式，配置在其他适当位置，如图 5-1-7（a）所示；必要时也可将图形旋转配置，既可顺时针旋转，也可逆时针旋转，并放置在适当的位置上，但标注时应画出旋转符号，其方向要与实际旋转方向一致，表示该视图名称的拉丁字母应靠近旋转符号的箭头端，如图 5-1-7（b）所示。当要注明图形的旋转角度时，应将其标注在字母之后。旋转符号的画法如图 5-1-7（c）所示。

　　斜视图断裂边界的画法与局部视图相同。

　　2. 重合断面图

　　画在视图之内的断面图，称为重合断面图，其轮廓线用细实线绘制，如图 5-1-8 所示。重合断面图和移出断面图的画法基本相同，其区别仅是画在图中的位置不同及采用的线型不同。当视图中的轮廓线与重合断面图的图线重叠时，视图中的轮廓线仍连续画出，不可间断，如图 5-1-8（b）、（c）所示。对称的重合断面图，可完全省略标注，如图 5-1-8（a）所示；不对称时，须标注剖切符号和投射方向的箭头，如图 5-1-8（b）所示。配置在剖切符号处，在不致引起误解的情况下，可省略标注，如图 5-1-8（c）所示。

　　3. 识读箱盖表达方法

　　选择下列合适的参考答案填写在对应的横线上：斜视，仰视图，2∶1，重合，基本视图，形状特征，上下左右，两个平行，直，全剖视，6，局部剖视，2，深（高），重合，工作位置，斜视图，8，局部放大。

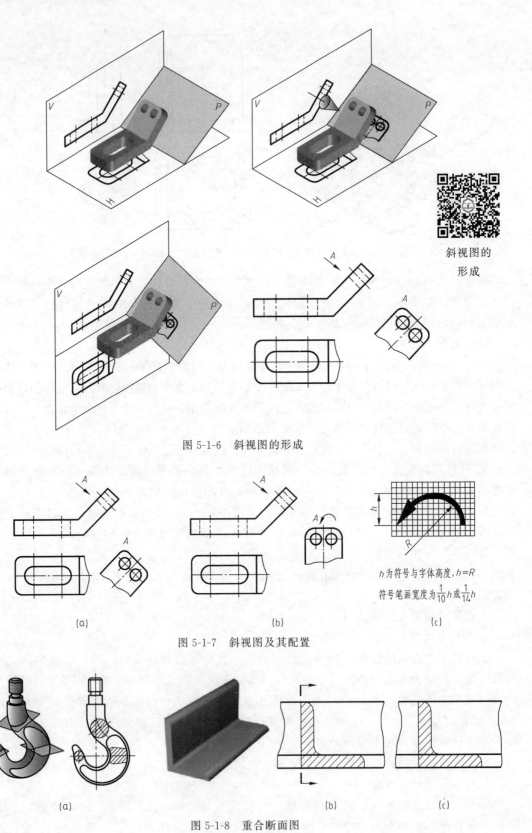

图 5-1-6 斜视图的形成

h为符号与字体高度，$h=R$

符号笔画宽度为$\frac{1}{10}h$或$\frac{1}{14}h$

(a)　　　　　　　　(b)　　　　　　　　(c)

图 5-1-7 斜视图及其配置

斜视图的

形成

(a)　　　　　　　　　　　(b)　　　(c)

图 5-1-8 重合断面图

选择箱盖零件的主视图时，放置位置符合＿＿＿＿＿＿原则，投射方向符合＿＿＿＿＿＿原则，共用＿＿＿＿＿个图形进行表达，包括 4 个＿＿＿＿＿＿（即主视图、俯视图、左视图、仰视图）和 1 个 *B* 向＿＿＿＿＿图、1 个＿＿＿＿＿＿断面图和 2 个＿＿＿＿＿图。主视图主要表达箱盖上轴承座孔、啮合腔体和连接板上肋板的结构形状及箱盖各组成部分＿＿＿＿＿＿的位置关系，主视图 4 处用＿＿＿＿＿＿图来分别表达销孔、两类螺栓连接孔、透视孔与螺纹孔；俯视图反映了箱盖上连接板的结构形状和＿＿＿＿＿个螺栓连接孔与＿＿＿＿＿个锥销孔的位置与形状，啮合腔体的外形宽度及肋板长宽尺寸及位置；左视图采用＿＿＿＿＿＿平面剖切后绘制的＿＿＿＿＿＿＿＿图，表达啮合腔体的内腔宽度，轴承座孔中端盖槽和透盖槽的＿＿＿＿＿＿径及前后位置，润滑油槽的＿＿＿＿＿＿及前后位置，轴承座孔上肋板的外部形状，肋板细节通过＿＿＿＿＿＿断面图表达；＿＿＿＿＿＿图重点表达了润滑油槽的形状、长度、宽度及左右前后位置，轴承座孔中端盖槽和透盖槽的直径与宽度及前后左右的位置，轴承座孔与啮合腔体的内腔、润滑油槽、端盖槽和透盖槽之间前后左右的位置关系，进一步反映了啮合腔体内部的最大长度与宽度和六个螺栓连接孔与两个锥销孔的位置与形状；*B* 向＿＿＿＿＿＿表达透视孔的形状与大小；2 个局部放大图用＿＿＿＿＿＿比例反映了轴承座孔中端盖槽和透盖槽的宽度。

三、识读图形并想象箱盖的结构形状

选择下列合适的参考答案填写在对应的横线上：基本体的投影特点，主视，斜视，俯视，形状特征和位置特征，特征视图，2，形体分析法，几个视图联系，6，每个组成部分，基本方法，空心半圆柱，左视。

形体分析法既是画图和标注尺寸的基本方法，也是读图的＿＿＿＿＿＿。所谓＿＿＿＿＿＿读图，就是把零件的图形分解为几个部分，找出各部分的投影，分别分析它们的形状和位置，然后综合起来想象出零件整体形状的一种方法。读图的基本要领是：一要根据＿＿＿＿＿＿看，二要用投影关系将＿＿＿＿＿＿起来看，三要抓住＿＿＿＿＿＿的视图看，四要按照视图中线框和图线的含义看。下面根据读图的基本要领按形体分析法的读图步骤分析箱盖的结构形状。

1. 对照投影分部分

对照投影分部分就是分析图形的投影关系，将图形分解为几个部分。如图 5-1-9 所示，将表达箱盖图形分成 6 个部分。

2. 抓住特征想形状

抓住特征想形状就是抓住每部分的＿＿＿＿＿＿，按投影关系想象出＿＿＿＿＿＿的形状。如图 5-1-9 所示，从形体 1 的特征视图仰视图着手，结合俯视图和主视图可想象出形体 1 是带 4 个圆角、＿＿＿＿＿＿个螺栓连接孔、＿＿＿＿＿＿个销孔的四棱柱形的连接板，并知道它们长、宽、高三个方向的尺寸，连接板的底部有 1 个圆角矩形润滑油槽，联系左视图可知润滑油槽的深（高）度；从形体 2 的特征视图＿＿＿＿＿＿图着手，结合俯视图和仰视图及 *B* 向＿＿＿＿＿＿图可想象出形体 2 是轴线平行的两个半圆柱体和一个中间带圆孔四角带圆角的四棱柱形透视孔相贯而成的啮合腔体，中间是空腔，壁厚 6mm，透视孔部分的壁厚 8mm，并且在 4 个圆角处有 4 个螺钉孔；从形体 3 的特征视图主视图着手，结合仰视图可想象出形体 3 是与小空心半圆柱体等高的柱体相连的两个轴线平行的＿＿＿＿＿＿形的轴承座孔，联系左视图和 2 个局部放大图可知轴承座孔中端盖槽和透盖槽的大小与位置；从形体 4 的特征视图＿＿＿＿＿＿图着手，结合俯视图可想象出形体 4 是三棱柱形的肋板；从形体 5 的特征视图主视图着手，结合＿＿＿＿＿＿图可想象出形体 5 也是三棱柱形的肋板；从形体 6 的特征视图俯视图

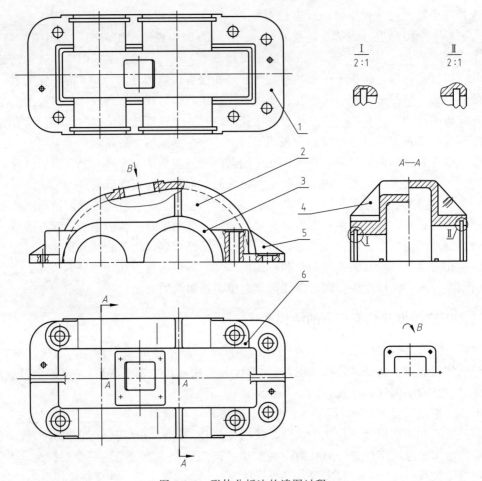

图 5-1-9   形体分析法的读图过程

着手，结合主视图可想象出形体 6 是半圆柱形的凸台，凸台中间是螺栓连接孔。

3. 综合起来定整体

综合起来定整体就是综合机件各组成部分的形状特征、相对位置关系和连接关系就可确定出机件的整体形状。通过以上分析，箱盖的结构形状如图 5-0-1（a）立体图所示。

四、识读箱盖零件图的尺寸

分析零件图上的尺寸，同样要运用形体分析法，分清各形体的定形尺寸、各方向的尺寸基准及定位尺寸和总体尺寸，再进一步分析零件的功能尺寸和非功能尺寸。

1. 形体分析

箱盖的形体分析如图 5-1-9 所示。

2. 选择尺寸基准

从图 5-1-1 所示箱盖零件图的定位尺寸 70 ± 0.06、95、50 及 70 可确定长度方向的主要基准为 $\phi62H7$ 轴承孔的轴线，从尺寸 7、28、67 可确定高度方向的主要基准为箱盖的下底面，从定位尺寸 60 ± 0.3、74 ± 0.3、98 ± 0.1 可确定宽度方向的主要基准为箱盖的前后基本对称面。

3. 识读各形体的定位尺寸和定形尺寸

识读各形体定位尺寸和定形尺寸的步骤如图 5-1-10 所示。

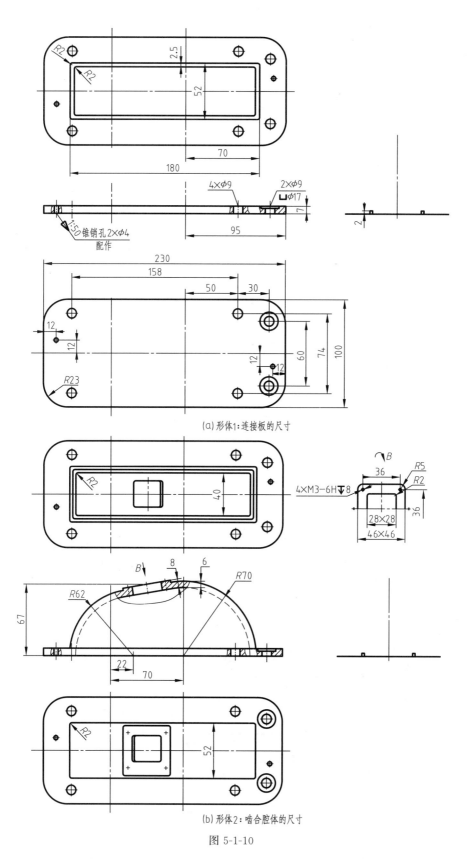

(a)形体1:连接板的尺寸

(b)形体2:啮合腔体的尺寸

图 5-1-10

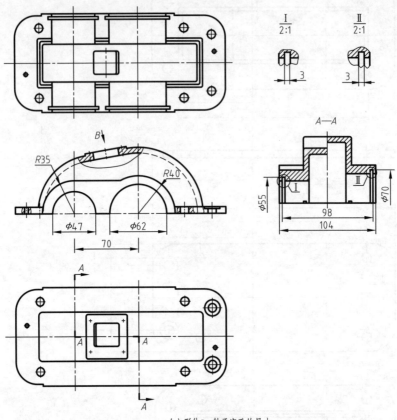

(c) 形体3：轴承座孔的尺寸

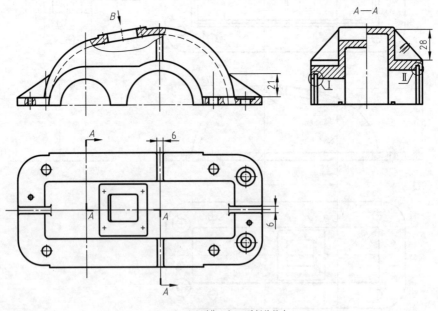

(d) 形体4和5：肋板的尺寸

箱盖的结构形状

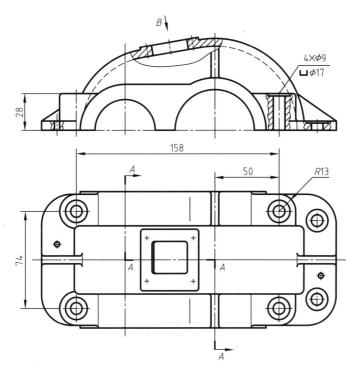

(e) 形体 6：螺栓连接孔及其凸台的尺寸

图 5-1-10　箱盖零件各形体的定位尺寸和定形尺寸

4. 识读总体尺寸

箱盖零件的总长尺寸为 230，总宽尺寸为 104，总高尺寸为 70.9，如图 5-1-1 所示。

5. 识读功能尺寸

① 配合尺寸。减速器箱盖的两个轴承孔的直径尺寸 $\phi 62H7$ 和 $\phi 47H7$，与轴承零件有配合要求，会影响它的配合性能。因为轴承孔是箱盖与箱体配作的，所以标注了直径。

② 中心距。减速器箱盖的两个轴承孔间距尺寸 70 ± 0.06，直接影响两齿轮的正常啮合。

③ 与安装有关的尺寸。减速器箱盖的 6 个圆柱形沉孔的定位尺寸和轴承座孔中透盖端盖孔的宽度定位尺寸，注出了极限偏差值，说明有较高的安装要求。

根据箱盖的形体分析，形体 1 到形体 6 的名称分别是＿＿＿＿＿，＿＿＿＿＿，＿＿＿＿＿，＿＿＿＿＿，＿＿＿＿＿，＿＿＿＿＿；" $\frac{6 \times \phi 9}{\sqcup \phi 17}$ " 表示＿＿＿＿＿个圆柱形锪平孔，小孔直径为＿＿＿＿＿，大孔直径为＿＿＿＿＿，一般锪平到没有毛刺面为止；箱盖零件的总长尺寸 230 也是连接板的长度尺寸，属于连接板的＿＿＿＿＿尺寸；减速器箱盖的功能尺寸包括＿＿＿＿＿尺寸，＿＿＿＿＿尺寸和＿＿＿＿＿尺寸等；锥度 "⊳ 1:50" 的含义是＿＿＿＿＿；"4×M3-6H▼8" 表示＿＿＿＿＿个公称直径为＿＿＿＿＿的粗牙＿＿＿＿＿螺纹孔，其＿＿＿＿＿公差带和＿＿＿＿＿公差带均为 H6，螺纹孔的深度为＿＿＿＿＿。

五、识读技术要求

1. 表面结构要求

箱盖零件图中，表面结构要求最高的标注代号是＿＿＿＿＿，采用＿＿＿＿＿注法，它等同代号是_____，其含义是_____；表面结构要求最低的标注代号是_____，其含义是_____。

2. 尺寸公差要求

箱盖零件图中，尺寸公差"$\phi 47H7\left(^{+0.025}_{0}\right)$"同时标注了_____和_____数值，公称尺寸是_____，上极限尺寸是_____，下极限尺寸是_____，上极限偏差是_____，下极限偏差是_____，公差是_____，公差带代号是_____，基本偏差代号为_____，其值为_____，标准公差代号为_____，其值为_____。

3. 几何公差要求

① 几何公差代号"$\boxed{\square}\ \boxed{0.05}$"的含义是_____。

② 几何公差代号"$\boxed{/\!/}\ \boxed{0.05}\ \boxed{C}$"的含义是_____。

4. 其他技术要求

本任务的零件图中列出的技术要求：_____是对箱盖的热处理要求；_____和_____是对箱盖的铸造工艺要求。

任务检测 ▶▶

结合图 5-0-1（b）和箱体结构形状，识读图 5-1-11 所示箱体零件图，并选择下列合适的参考答案填写在对应的横线上：用去除材料的方法获得的表面的 Ra 的上限值为 $3.2\mu m$，公差带代号，上下极限偏差，箱体，主视图，俯视图，细牙，内螺纹，右旋，左视图，HT150（或灰铸铁），仰视图，局部视，斜视，重合，两个平行平面剖切的全剖视图，平面度，平行于投影面的单一平面剖切，顶板的上表面，平行度，A，2，180，46，2，5，180，104，11，$R23$，20，86，104，$\phi 62$，0.05，$\phi 62.03$，$\phi 62$，$+0.030$，0，0.030，7H，H，0，IT7，0.030，10，1，1，0.05，$\frac{4\times\phi 9}{\sqcup\phi 17}$，$135\pm 0.3$，$70\pm 0.3$，$\phi 47H7\left(^{+0.025}_{0}\right)$轴承孔的轴线，$\phi 62H7\left(^{+0.030}_{0}\right)$轴承孔的轴线，6H，6H，N，两平面间夹角的正切值是 1:100，$\sqrt{}^{Y}$。

从标题栏可知，该零件名称是_____，材料为_____，说明毛坯是铸造而成，有铸造圆角、起模斜度等结构。箱体用了_____、_____、_____、_____等 4 个基本视图、一个 C 向_____图、一个 D 向_____图以及一个_____断面图共七个视图进行表达。主视图有_____处局部剖视图，其中表达油标孔和放油螺塞孔时采用的剖切方法是_____，其他 4 处局部剖视图采用的剖切方法是_____。底板的长度尺寸是_____，宽度尺寸是_____，高度尺寸是_____，圆角半径是_____；底板长度方向的定位尺寸是_____；底板下面左右方向凹槽的长度尺寸是_____，宽度尺寸是_____，高度尺寸是_____，前后方向凹槽的长度尺寸是_____，宽度尺寸是_____，高度尺寸是_____；底板上四个螺栓孔的定形尺寸是_____，长度定位尺寸是_____，宽度定位尺寸是_____，高度定位尺寸与底板高度尺寸相同，不用另外标注。"M10×1-H6"表示螺纹种类是_____普通螺纹螺纹，大径是_____，是_____，螺距是_____，导程是_____，旋向是_____，中径公差带代号是_____，顶径公差带代号是_____，旋合长度是_____。斜度"$\searrow$1:100"的含义

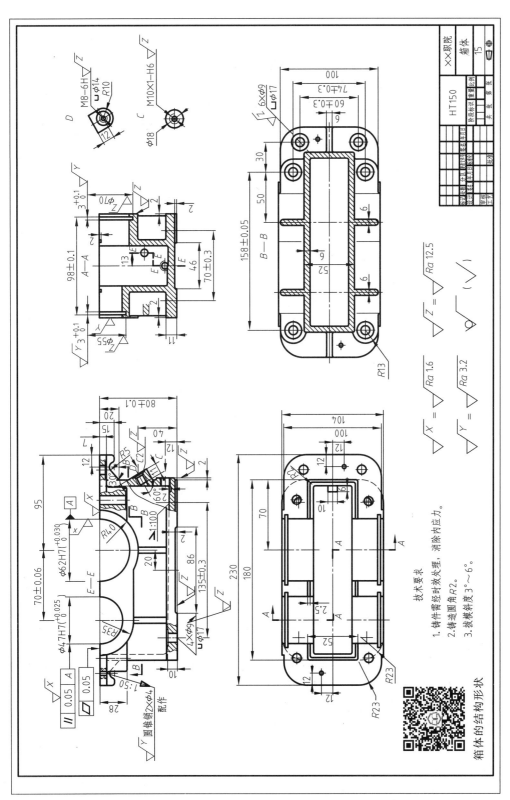

图 5-1-11　箱体零件图

技术要求
1. 铸件需经时效处理，消除内应力。
2. 铸造圆角 R2。
3. 拔模斜度 3°～6°。

箱体的结构形状

是_____。两个销孔的表面结构要求的标注代号是_____，它的含义是_____。尺寸公差"$\phi 62H7\left(^{+0.030}_{0}\right)$"同时标注了_____和_____数值，公称尺寸是_____，上极限尺寸是_____，下极限尺寸是_____，上极限偏差是_____，下极限偏差是_____，公差是_____，公差带代号是_____，基本偏差代号为_____，其值为_____，标准公差代号为_____，其值为_____。几何公差代号"$\parallel\ \boxed{0.05}\ \boxed{A}$"标注的被测要素是_____、基准要素是_____、几何公差特征是_____、基准代号字母是_____、公差值是_____；几何公差代号"$\boxed{\diagup\ 0.05}$"标注的被测要素是_____、几何公差特征是_____、公差值是_____。

知识拓展 ▶▶

一、读图的基本要领

1. 要根据基本体的投影特点读

由于机件可以看成若干个基本体构成的组合体，所以看图时，要时刻记住基本体投影的特征。如图 5-1-12（a）所示物体的三视图，单从主视图和俯视图看，可以认为是棱锥和棱柱的叠加组合，但读左视图后可以确定其为四分之一圆锥和四分之一圆柱叠加而成的组合体。如图 5-1-12（b）所示物体的三视图，左视图同 5-1-12（a）而主视图和俯视图却有很大差别，它是由四分之一圆球和四分之一圆柱叠加而成的组合体。

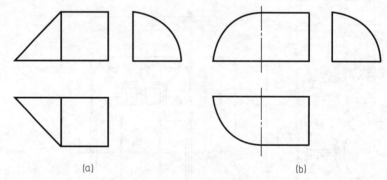

(a)　　　　　　　　　　　　(b)

图 5-1-12　由基本体的投影特点读图

2. 要用投影关系将几个视图联系起来读

（1）一个视图不能确定物体的形状和位置

如图 5-1-13 所示的五个物体的主视图完全相同，但从俯视图上可以看出五个物体截然不同，所以一个视图往往不能完全确定物体的形状和位置，必须按投影对应关系与其他视图配合对照，才能完整地、确切地反映物体的形状结构和位置。

（2）两个视图有时也不能完全确定物体的形状

如图 5-1-14 所示，虽然主视图、俯视图相同，但不能确定唯一的形状，所以读图时应将多个视图对应着看才可完全确定其形状。

3. 要抓住形状特征和位置特征的视图读

如图 5-1-15（a）所示，俯视图反映形体形状最明显，它是形状特征视图。只要与主视

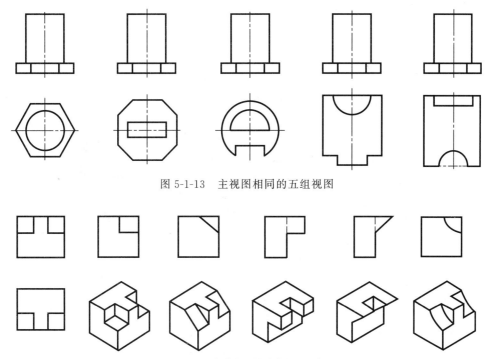

图 5-1-13　主视图相同的五组视图

图 5-1-14　主俯视图相同的五组视图

图联系起来看，就可想象出物体的形状，如图 5-1-15（b）所示。如图 5-1-16（a）所示，左视图是反映形体Ⅱ与Ⅲ两部分位置关系最明显的视图，它是位置特征视图，而主视图反映形体形状特征，它是形状特征较明显的视图，只要把主、左视图联系起来看，就可想象出Ⅲ是凹进去的，Ⅱ是凸出来的。如果只看主、俯视图，无法判别Ⅱ与Ⅲ两部分的前后关系，便无法确定究竟是图 5-1-16（b）所示还是图 5-1-16（c）所示的形体。从上面的分析可见，看图时抓住每个组成部分的特征视图对看图是十分重要的。

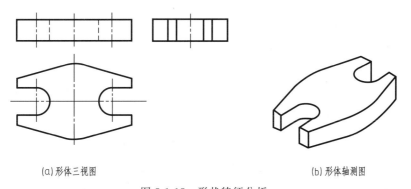

(a)形体三视图

(b)形体轴测图

图 5-1-15　形状特征分析

4. 要按照视图中图线和线框的含义看

任何形体的视图都是由若干个封闭线框构成的，每个线框又由若干条图线围成。因此，看图时按照投影对应关系，搞清楚图形中线框和线条的含义是很有意义的。

（1）图线的含义

视图上的一条线可能是回转体上的一条素线的投影，如图 5-1-17（a）所示；可能是一平面的积聚投影，如图 5-1-17（b）所示；可能是平面立体上的一棱线的投影，如图 5-1-17（c）所示。

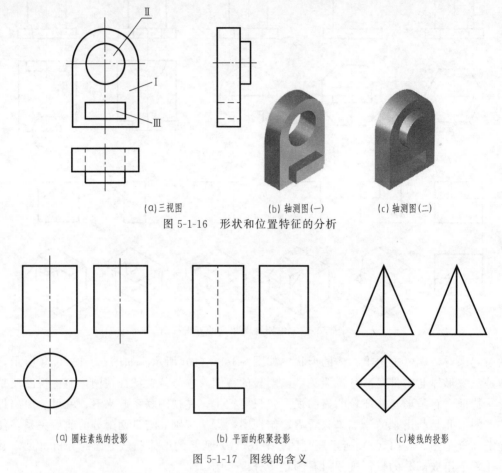

(a)三视图　　　　(b) 轴测图(一)　　　(c) 轴测图(二)

图 5-1-16　形状和位置特征的分析

(a) 圆柱素线的投影　　　　　(b) 平面的积聚投影　　　　　(c)棱线的投影

图 5-1-17　图线的含义

（2）线框的含义

一个封闭线框表示物体上的一个表面（平面或曲面或平面与曲面的组合面）的投影。图 5-1-17（a）中的主视图是一个封闭线框，表示一个曲面的投影；图 5-1-17（b）和（c）中的封闭线框，均表示平面的投影。两个相邻的封闭线框，表示物体不同位置的平面的投影，如图 5-1-18 中的主视图。大封闭线框内套小封闭线框，表示物体是在大平面上凸起或凹下小结构物体，如图 5-1-19 中主视图。

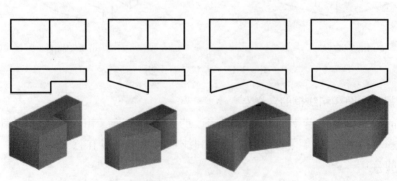

图 5-1-18　相邻线框的含义

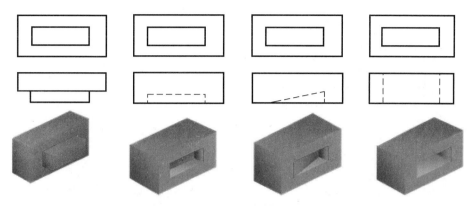

图 5-1-19　大线框套小线框的含义

二、细小结构的简化画法

（1）小斜度结构的简化画法

机件上细小结构或斜度等已在一个视图中表达清楚，在其他视图中可简化或省略，其中斜度按小端画出，如图 5-1-20 所示。

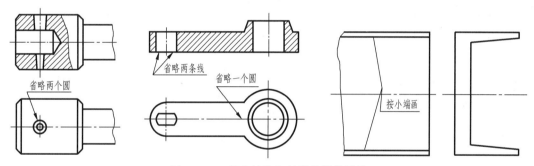

图 5-1-20　细小结构和斜度的简化画法

（2）小圆角和 45°倒角的简化表示

在不致引起误解时，零件图中的小圆角和 45°倒角允许省略不画，如图 5-1-21 所示。但必须注明尺寸或在技术要求中加以说明。

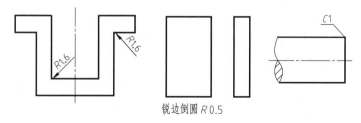

图 5-1-21　圆角和 45°倒角的简化画法

（3）倾斜角度较小的圆或圆弧投影的简化画法

与投影面倾斜角度小于或等于 30°的圆或圆弧，其投影可用圆或圆弧近似代替，不必画成椭圆，如图 5-1-22 所示。

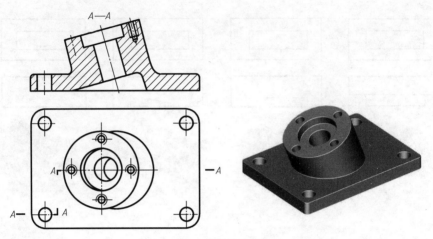

图 5-1-22　椭圆的简化画法

三、零件上常见结构的尺寸标注

零件上常见结构的尺寸标注如表 5-1-1 所示。

表 5-1-1　零件上常见结构的尺寸标注

序号	类型		简化注法	一般注法	说明
1	光孔	一般孔	4×φ4▼10　　4×φ4▼10	4×φ4	▼深度符号 4×φ4 表示直径为 4mm、均布的 4 个光孔，孔深为 10mm，孔深可与孔径连注，也可分别注出
2		精加工孔	4×φ4H7▼10　　4×φ4H7▼10 孔▼12　　孔▼12	4×φ4H7	4 个光孔深为 12mm，钻孔后需精加工至 φ4H7，深度为 10mm
3		锥孔	锥销孔φ5 配作　　锥销孔φ5 配作	锥销孔φ5 配作	φ5mm 为与锥销孔相配的圆锥销小头直径（公称直径）。锥销孔通常是将两零件装在一起后再加工，故应注明"配作"
4	螺孔	通孔	3×M6-7H　　3×M6-7H	3×M6-7H	3×M6 表示公称直径为 6mm 的 3 个螺孔，中径和顶径公差带为 7H

续表

序号	类型		简化注法	一般注法	说明
5	螺孔	不通孔	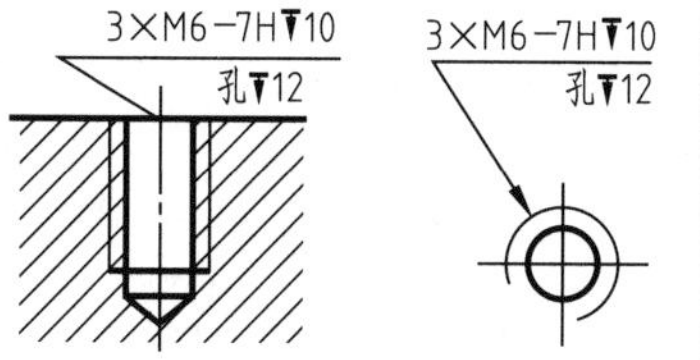 3×M6−7H▼10 孔▼12　　3×M6−7H▼10 孔▼12	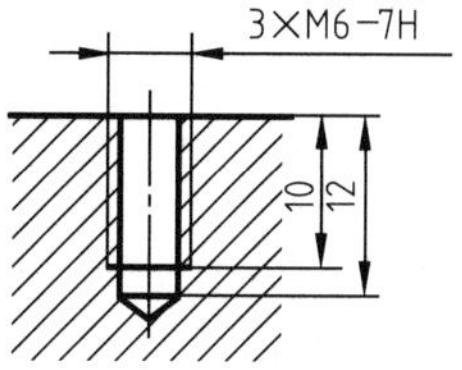 3×M6−7H	3 个螺孔 M6 的长度为 10mm,钻孔深度为 12mm,中径和顶径公差带为 7H
6	沉孔	锥形沉孔	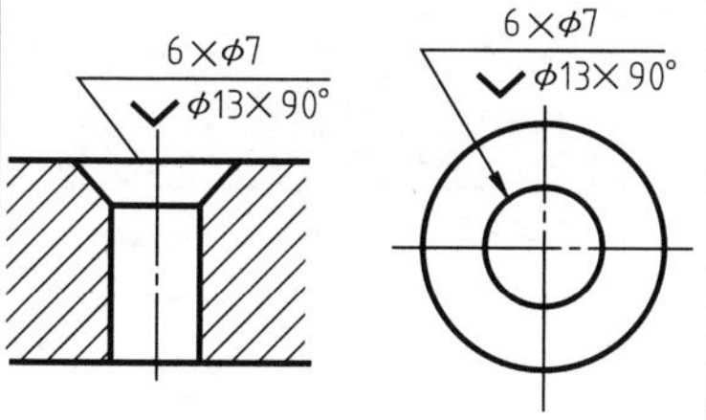 6×φ7 ∨φ13×90°　　6×φ7 ∨φ13×90°	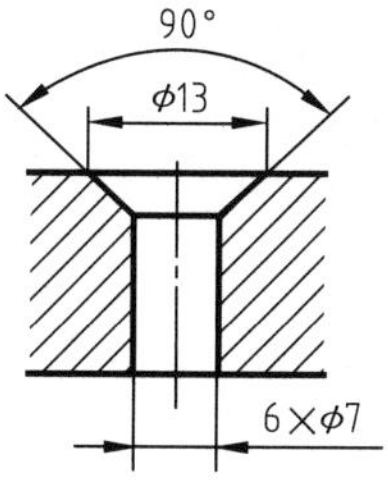 90° φ13 6×φ7	∨锥形沉孔符号 6×φ7 表示直径为 7mm、均布的 6 个孔。90°锥形沉孔的最大直径为 φ13mm。锥形沉孔可以旁注,也可以直接注出
7		柱形沉孔	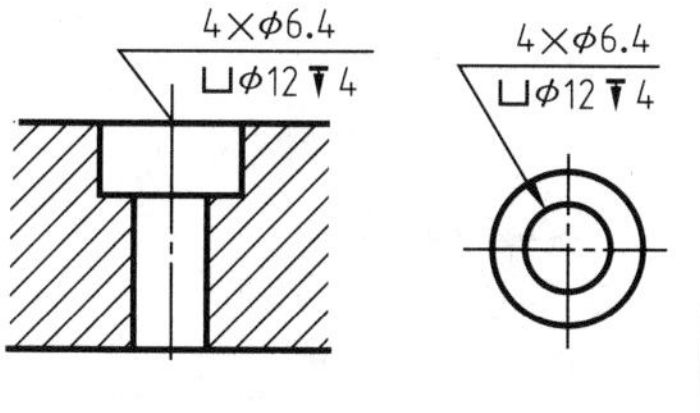 4×φ6.4 ⊔φ12▼4　　4×φ6.4 ⊔φ12▼4	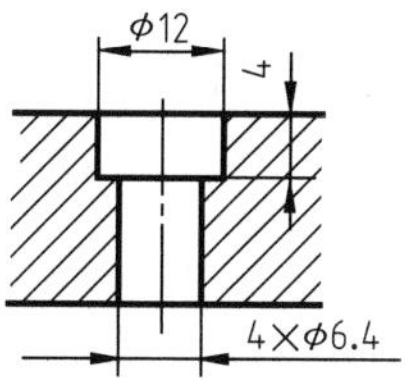 φ12 4×φ6.4	⊔沉孔符号 4 个柱形沉孔的直径为 φ12mm,深度为 4mm,均需标注
8		锪平孔	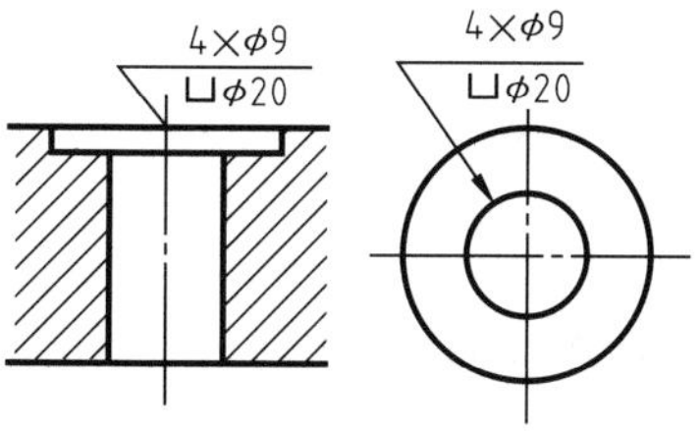 4×φ9 ⊔φ20　　4×φ9 ⊔φ20	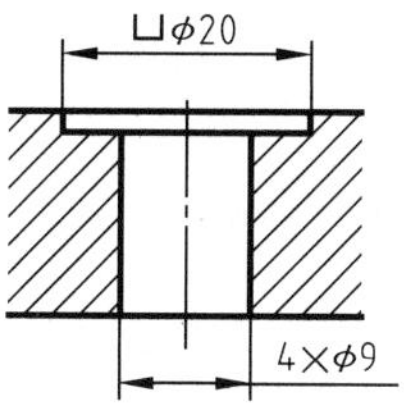 ⊔φ20 4×φ9	⊔锪平孔符号 锪平孔 φ20mm 深度不标注,一般锪平到不出现毛面为止

任务 2　减速器箱体零件图的绘制

任务要求 ▶▶

箱体零件图
的绘制

　　参照如图 5-2-1 所示的一级圆柱斜齿齿轮减速器箱体立体图与尺寸,抄画图 5-1-11 所示的箱体零件图。要求零件结构的表达方法正确、完整、清晰、简练,绘图步骤与方法正确,视图符合国家标准,尺寸标注正确、完整、清晰、合理,公差、表面粗糙度、几何公差等技术要求的选用合理、标注正确。

任务目标 ▶▶

　　通过绘制如图 5-2-1 所示的一级圆柱斜齿齿轮减速器箱体的零件图,让学习者掌握箱体类零件的结构特点及表达方案,基本视图、局部视图、斜视图、有关的规定和简化的画法及标注方法，几个平行平面剖切得到的全剖视图和半剖视图的画法和标注方法，局部剖视图、重合断面图的画法和标注方法，正确、规范地标注尺寸公差、几何公差、表面粗糙度等技术要求的方法，箱体类零件图的绘制方法及步骤，按时完成率 80% 以上，正确率达到 80% 以上。

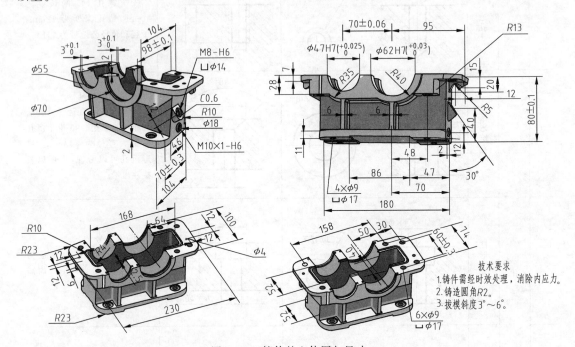

图 5-2-1 箱体的立体图与尺寸

任务 2 参考答案

 课前检测 ▶▶

选择题（选择正确的答案并将相应的字母填入题内的括号中）。

1. 在图样表达中，铸件的拔模斜度（　　　）。

  A. 必须画出 　　　　　　　　　　B. 可以不画，只在技术要求中说明

  B. 允许只按大端画出 　　　　　　D. 必须画出，且在技术要求中说明

2. 保证零件接触良好，合理地减少加工面积，降低加工费用，一般在螺纹紧固件连接处制成（　　　）。

  A. 退刀槽或砂轮越程槽 　　　　　B. 倒角或倒圆

  C. 凸台或沉孔 　　　　　　　　　D. 钻孔或中心孔

3. 肋、轮辐等结构要素，当横向剖切时，应（　　　）。

  A. 按不剖处理，即不画剖面线 　　B. 按剖视处理，即仍画剖面线

  C. 按不剖处理，即仍画剖面线 　　D. 按剖视处理，即不画剖面线

4. 表面粗糙度代号中数字的方向必须与图中尺寸数字的方向（　　　）。

  A. 略左 　　　　B. 略右 　　　　C. 一致 　　　　D. 相反

5. 标注角度尺寸时，尺寸数字一律水平注写，尺寸界线沿径向引出，（　　　）画成圆弧，圆心是角的顶点。

  A. 尺寸线 　　　　　　　　　　　B. 尺寸界线

C. 尺寸线及其终端　　　　　　D. 尺寸数字

6. 在内螺纹的规定画法中，用细实线表示的是（　　）。

A. 螺纹终止线　　　　　　　　B. 顶径

C. 大径　　　　　　　　　　　D. 小径

任务实施 ▶▶

一、分析箱体的结构特点

如图 5-2-1 所示箱体零件的结构较为复杂，与箱盖连接的连接板（即顶板，下面均称顶板）上有 6 个螺栓连接孔和 2 个销孔，前后两侧面加工有对称的两对半圆形轴承座孔，轴承座孔里有密封沟槽，中间有存放润滑齿轮的机油空腔，箱体右端加工有测量油量的油标尺孔和放出机油的放油孔及其凸台，箱体左右两端的顶板下部有吊装运输的钩状加强肋板。另外还有起模斜度、铸造圆角、表面过渡线、铸造壁厚等铸造工艺结构和钻孔结构、凸台和凹坑等机械加工工艺结构。

1. 铸造工艺结构

（1）起模斜度

为了在铸造时便于将模样从砂型中取出，在铸件内外壁上沿起模方向常设计有斜度，称为起模斜度，如图 5-2-2 所示。起模斜度的大小：木模常为 1°～3°，金属模手工造型时为 1°～2°，用机械造型时为 0.5°～1°。在零件图上表达起模斜度较小的零件时，起模斜度可以不画，如图 5-2-3（a）所示，但应在技术要求中加以说明。当需要表达时，如在一个视图中起模斜度已表达清楚，如图 5-2-3（b）所示，则在其他视图中可只按小端画出，如图 5-2-3（c）所示。

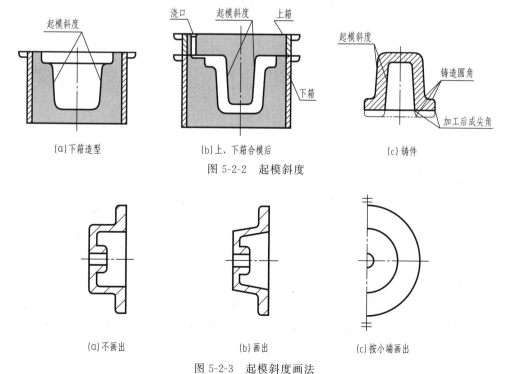

(a) 下箱造型　　　　　(b) 上、下箱合模后　　　　　(c) 铸件

图 5-2-2　起模斜度

(a) 不画出　　　　　(b) 画出　　　　　(c) 按小端画出

图 5-2-3　起模斜度画法

（2）铸造圆角

在铸造过程中，为了满足铸造工艺要求，防止砂型落砂、铸件产生裂纹和缩孔，在铸件各表面相交处都做成圆角，称为铸造圆角，如图 5-2-2 所示。若铸件的某端面处不需要圆角，可将该铸件进行机械加工，即将毛坯上的圆角切削掉，此时转角处呈尖角或加工出倒角，如图 5-2-2（c）所示。零件图中，铸造圆角一般应画出并标注圆角半径，但当圆角半径相同（或多数相同）时，也可将圆角尺寸在技术要求中统一说明。

（3）过渡线

由于铸造圆角的存在，零件上的表面交线就显得不明显，为了区分不同形体的表面，在零件图上仍画出两表面的交线，称为过渡线。其画法与相贯线的画法基本相同，只是过渡线用细实线绘制，并且两端不与轮廓线接触，当过渡线的投影与面的投影重合时，按面的投影绘制，如图 5-2-4 所示。图 5-2-4（a）表示两圆柱面相交时过渡线画法；图 5-2-4（b）表示肋板与圆柱面相交时过渡线的画法，其形状取决于肋板的断面形状及相切或相交的关系；图 5-2-4（c）表示平面与平面或平面与曲面相交时过渡线的画法，过渡线应在转角处断开，并加画小圆弧，其弯向应与铸造圆角的弯向一致。

（4）铸件壁厚

为了保证箱体的质量，防止因壁厚不均而冷却结晶速度不同，在肥厚处产生疏松以致缩孔，薄厚相间处产生裂纹等，应使箱体壁厚均匀或逐渐变化，避免突然改变壁厚产生局部肥大现象，如图 5-2-5 所示。其壁厚有时在图中可不注，而在技术要求中注写，如"未注明壁厚为 6mm"。

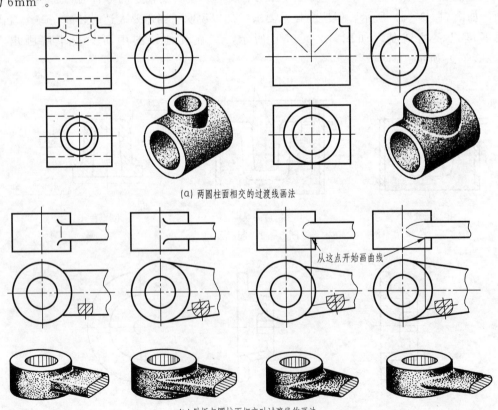

(a) 两圆柱面相交的过渡线画法

从这点开始画曲线

(b) 肋板与圆柱面相交时过渡线的画法

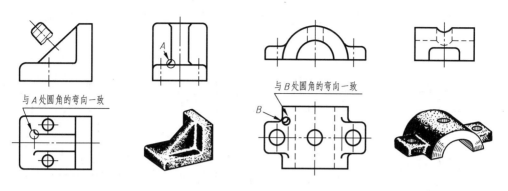

(c) 平面与平面、平面与曲面相交的过渡线画法

图 5-2-4　过渡线的画法

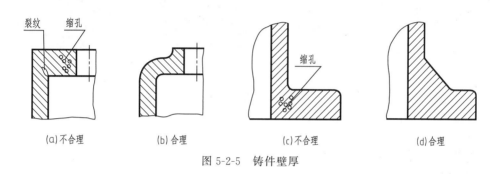

图 5-2-5　铸件壁厚

2. 机械加工工艺结构

（1）钻孔结构

箱体上有各种不同形式和不同用途的孔，多数是用钻头加工而成。用钻头钻孔时，要求钻头尽量垂直于被钻孔的零件表面，以保证钻孔准确和避免钻头折断，同时还要保证工具能有最方便的工作条件。当用钻头钻盲孔时，钻头尖部会在孔底形成一个 120° 的圆锥面，钻孔深度不包括孔底圆锥部分，如图 5-2-6 所示。

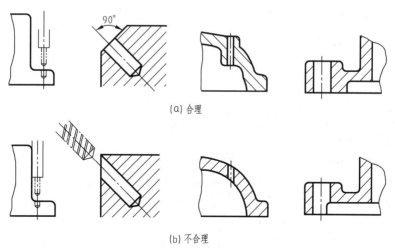

图 5-2-6　钻孔结构

（2）凸台和凹坑

为了保证零件间的良好接触及减少加工面，常在铸件的接触部位铸出凸台和凹坑，其常见的形式如图 5-2-7 所示。

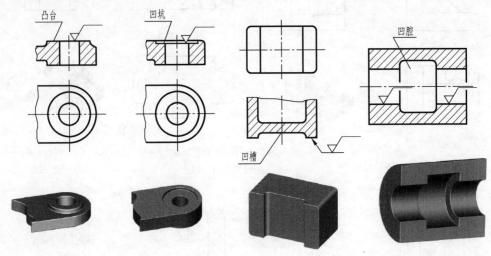

图 5-2-7　凸台和凹坑

二、确定合理的表达方法

1. 确定摆放位置

以自然安放位置或工作位置作为主视图的摆放位置，如图 5-2-1 所示。

2. 确定投射方向

箱体类零件多数经过较多工序加工而成，各工序的加工位置不尽相同。通常以最能反映形状特征及结构相对位置的一面作为主视图的投射方向，如图 5-2-1 所示，从前向后投射。

3. 确定表达方案

箱体类零件由于内外结构、形状都较复杂，常需三个或三个以上的视图表达。本任务的箱体用主视图、俯视图、左视图、仰视图等四个基本视图、一个 C 向局部视图、一个 D 向斜视图以及一个重合断面图共七个视图进行表达。

① 主视图。主要表达箱体上各组成部分的位置和顶板下方螺栓连接孔的凸台外形，用 5 处局部剖视图来分别表达有无凸台的两种螺栓连接孔、油标孔和放油螺塞孔、销孔及底板上的安装孔。

② 俯视图。主要表达箱体上顶板及顶板上润滑油槽的外部结构形状和六个螺栓连接孔与两个锥销孔的位置，底板上面的外部结构形状及其锪平的安装孔的分布情况，同时也反映了啮合腔体内部的大小。

③ 左视图。采用两个平行平面剖切的全剖视图，表达轴承座孔和油标孔、放油螺塞孔的前后位置，肋板的细节通过重合断面图表达。此外还表达了底板上的凹槽，此凹槽的作用是减少加工面积，还进一步反映了啮合腔的情况以及轴承座孔的相对位置关系（其轴线相互平行）。

④ 仰视图。采用两个平行平面剖切的全剖视图或半剖视图，表达箱体顶板下部钩状加强肋板的宽度，六个螺栓连接孔的形状与位置，箱体中部啮合腔的形状与大小。

⑤ 其他视图。D 向斜视图表达油尺孔及其斜凸台，C 向局部视图表达放油螺塞孔及其凸台。

三、确定比例和图幅并绘制图框与作图基准线或中心线

根据总体尺寸和视图数量，确定采用 1：1 的比例绘图。考虑图形大小、尺寸标注、技术要求及标题栏所需的位置，确定采用留装订边横放的 A1 图幅。布图时应注意预留标题栏、标注尺寸、技术要求等的空白位置，如图 5-2-8 所示。

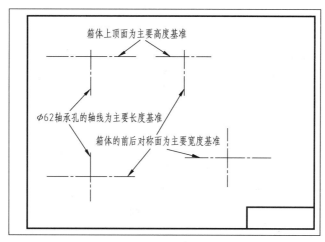

图 5-2-8　一级减速器箱体作图基准线

四、运用形体分析法和投影关系绘制箱体零件图的图形

首先将箱体分解为图 5-2-9 所示的 9 个形体，然后按照先画基础形体，再逐个画其他叠加体或切割体的顺序进行绘制，每个形体的画法如下。

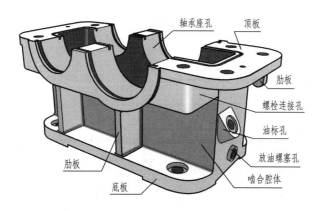

图 5-2-9　箱体的形体分析

1. 绘制底板

绘制底板时注意两点：一是根据长度基准 20 确定底板的左右对称面为辅助基准后再绘制；二是螺栓连接孔采用局部剖视图，其大孔直径 ϕ17 没有给深度尺寸，意思是一般锪平到没有毛刺面为止，可以按 1mm 绘制，如图 5-2-10 所示。

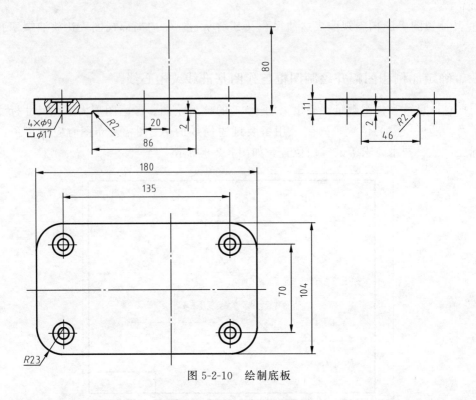

图 5-2-10　绘制底板

2. 绘制顶板

绘制顶板时注意三点：一是俯视图可以采用基本视图，但必须保留底板的虚线，如图 5-2-11（a）所示，也可以采用局部剖视图，如图 5-2-11（b）所示；二是销孔采用局部剖视图，其公称直径 $\phi 4$ 为小端直径，配作是指与箱盖上的销孔一起配合制作，绘制俯视图时可根

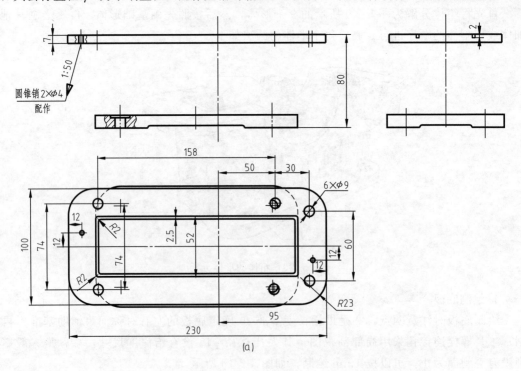

(a)

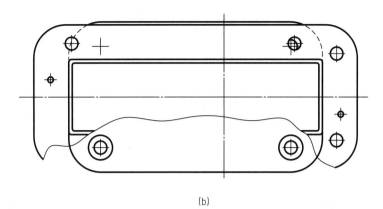

(b)

图 5-2-11 绘制顶板

据机件上细小结构的简化画法按小端直径画出，主视图上的局部剖视图可结合箱盖的对应尺寸按 1∶50 的锥度画出；三是润滑油槽的外形在俯视图上画出，深（高）度在左视图上画出。

3. 绘制中部啮合腔体

绘制中部啮合腔体时注意两点：一是斜度及其标注与画法。斜度是指一直线（或平面）对另一直线（或平面）的倾斜程度，其大小用两直线或两平面间夹角的正切值来表示，即斜度＝$\tan\alpha$＝$H∶L$＝$1∶n$，如图 5-2-12（a）所示；斜度的标注形式为"$\angle 1∶n$"，斜度符号"$\angle$"配置在基线上方，它的斜线方向应与图形中的斜线方向一致，如图 5-2-12（b）所示；斜度符号与斜度画法，分别如图 5-2-12（c）、（d）所示。腔体底部 1∶100 的斜度可按上述方法画出，如图 5-2-13（a）主视图所示，也可根据机件上细小结构的简化画法按小端画出，如图 5-2-13（a）左视图所示。二是俯视图采用基本视图的画法如图 5-2-13（a）所示，采用局部剖视图的画法如图 5-2-13（b）所示。

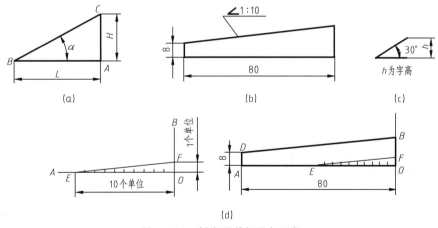

图 5-2-12 斜度及其标注与画法

4. 绘制轴承座孔及透盖端盖孔

绘制轴承座孔及透盖端盖孔时注意两点：一是俯视图采用基本视图的画法如图 5-2-14（a）所示，采用局部剖视图的画法如图 5-2-14（b）所示。其中轴承座孔与透盖孔是两个直径不等的同轴半圆孔相接叠加，需要画线，轴承座孔与润滑油槽相交，有交线，但与轴承座孔轮廓线的投影非常接近，可以用它代替。二是画左视图时不但需要标注，而且需要画出

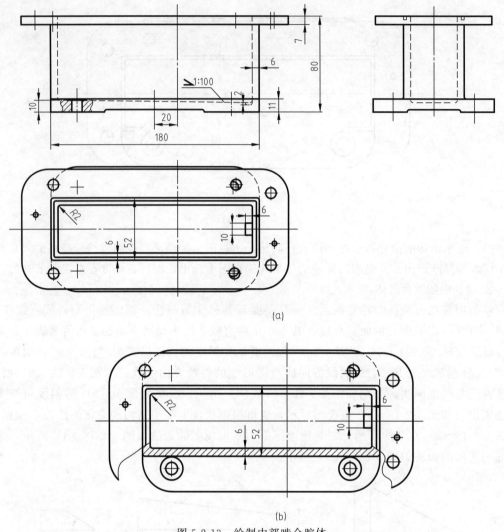

图 5-2-13 绘制中部啮合腔体

两个剖切面后面润滑油槽、$R40$ 圆柱面、内腔底部、底座下面凹槽等可见结构的投影，如图 5-2-14 （a）所示。

5. 绘制油标孔和放油螺塞孔及其凸台

绘制油标孔和放油螺塞孔及其凸台时注意两点：一是采用两个平行平面剖切的局部剖视图表达，并且必须标注，如图 5-2-15 （a）所示，也可以将这些结构画成局部放大图，如图 5-2-15 （b）所示；二是内螺纹的规定画法。内螺纹通常用剖视图表示，在非圆视图中，螺纹大径用细实线画出，小径用粗实线画出，螺纹终止线用粗实线画出，剖面线画到粗实线处；在投影为圆的视图中，螺纹大径用细实线画约 3/4 圆弧，小径用粗实线的圆表示，倒角圆省略不画，如图 5-2-15 所示。当螺纹孔为盲孔（非通孔）时，应将钻孔深度和螺孔深度分别画出，且终止线到孔末端的距离按 0.5 倍大径绘制，钻孔时在末端形成的锥角按 120°绘制，如图 5-2-16 （a）所示。螺尾部分一般不必画出，当需要表示螺尾时，画成 30°的细实线，如图 5-2-16 （b）、（c）所示。当内螺纹为不可见时，螺纹的所有图线均用细虚线绘制，如图 5-2-16 （c）所示。螺纹孔相交时，只画出小径或钻孔的交线，如图 5-2-17 所示。当需要表示螺纹的牙型时，可用局部剖视图或局部放大图来表达，如图 5-2-18 所示。

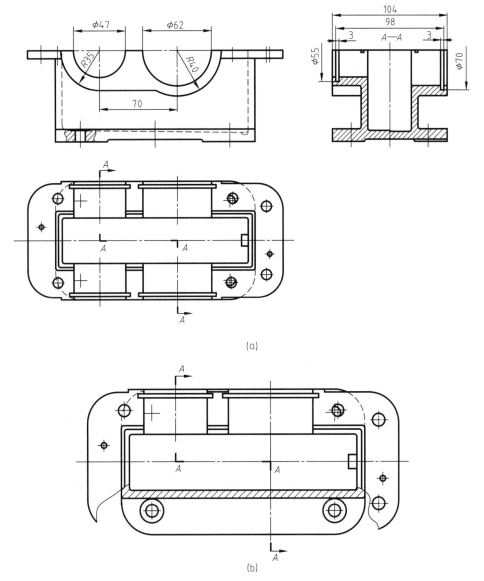

(a)

(b)

图 5-2-14 绘制轴承座孔及透盖端盖孔

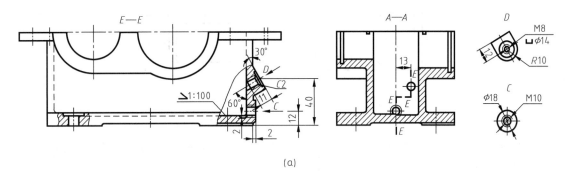

(a)

图 5-2-15

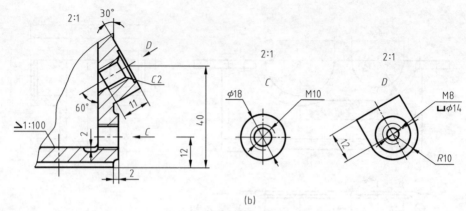

图 5-2-15　绘制油标孔和放油螺塞孔

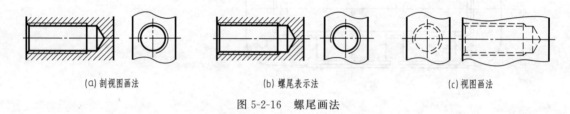

图 5-2-16　螺尾画法

（a）剖视图画法　　　　　　　（b）螺尾表示法　　　　　　　（c）视图画法

6. 绘制肋板与顶板下方螺栓连接孔及其凸台

绘制肋板与顶板下方螺栓连接孔及其凸台时注意以下三点。

（1）用圆弧连接的画法绘制主视图上顶板下方的肋板

圆弧连接是指用一圆弧光滑地连接相邻两线段（直线或圆弧）的作图方法。这种起连接作用的圆弧称为连接圆弧，

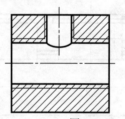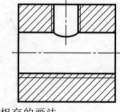

图 5-2-17　螺纹孔相交的画法

两连接线段中光滑过渡的分界点称为切点或者连接点。圆弧连接有五种形式，但其作图方法都是三个步骤：首先求出连接弧的圆心，其次求出切点（连接点），再次画连接圆弧。

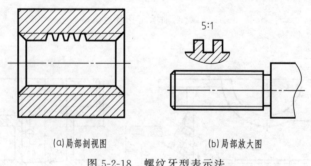

（a）局部剖视图　　　　　　　　　（b）局部放大图

图 5-2-18　螺纹牙型表示法

①用半径为 R 的圆弧连接两已知直线　用半径为 R 的连接圆弧连接已知直线 AC 和 BC 的作图步骤如图 5-2-19 所示。

a. 作两条辅助线分别与两已知直线平行且相距 R，交点 O 即为连接圆弧的圆心。

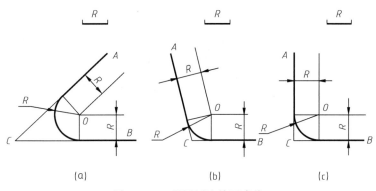

图 5-2-19　用圆弧连接两直线

b. 由点 O 分别向两已知直线作垂线，垂足即切点。

c. 以点 O 为圆心、R 为半径画连接圆弧，即完成圆弧连接的作图。

② 用半径为 R 的圆弧连接已知直线和圆弧　用半径为 R 的连接圆弧连接已知直线和圆弧的作图步骤如图 5-2-20（b）所示。

a. 作已知直线 AB 的平行线，使其间距为 R，再以 O_1 为圆心、$R+R_1$ 为半径作圆弧，该圆弧与所作直线 AB 的平行线的交点 O 即为连接圆弧的圆心。

b. 由点 O 作直线 AB 的垂线得垂足 2，连接 OO_1，与圆弧交于点 1，1、2 即为连接圆弧与已知圆弧和直线的连接点（两个切点）。

c. 以点 O 为圆心、R 为半径画连接圆弧 12，即完成圆弧连接的作图。

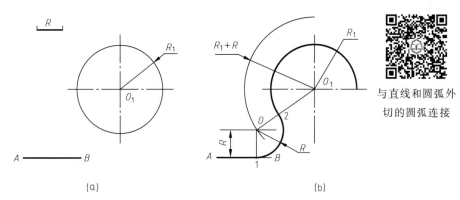

与直线和圆弧外
切的圆弧连接

图 5-2-20　用圆弧连接已知直线和圆弧

③ 用半径为 R 的圆弧外连接（外切）已知两圆弧　用半径为 R 的连接圆弧外连接已知两圆弧的作图步骤如图 5-2-21（b）所示。

a. 以 O_1 为圆心、$R+R_1$ 为半径作一圆弧，再以 O_2 为圆心、$R+R_2$ 为半径作另一圆弧，两圆弧的交点 O 即为连接圆弧的圆心。

b. 作连心线 OO_1，与圆弧的交点为 1，再作连心线 OO_2，与圆弧的交点为 2，则 1、2 即为连接圆弧与两已知圆弧的连接点（外切的切点）。

c. 以点 O 为圆心、R 为半径画连接圆弧 12，即完成圆弧连接的作图。

④ 用半径为 R 的圆弧内连接（内切）已知两圆弧　用半径为 R 的连接圆弧内连接已知两圆弧的作图步骤如图 5-2-22（b）所示。

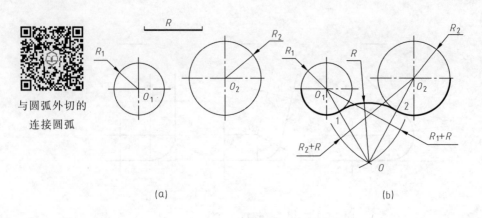

与圆弧外切的
连接圆弧

图 5-2-21　用圆弧连接两圆弧（外切）

a. 以 O_1 为圆心、$R-R_1$ 为半径作一圆弧，再以 O_2 为圆心、$R-R_2$ 为半径作另一圆弧，两圆弧的交点 O 即为连接圆弧的圆心。

b. 作连心线 OO_1 并延长，与圆弧的交点为 1，再作连心线 OO_2，与圆弧的交点为 2，则 1、2 即为连接圆弧的连接点（内切的切点）。

c. 以点 O 为圆心、R 为半径画连接圆弧 12，即完成圆弧连接的作图。

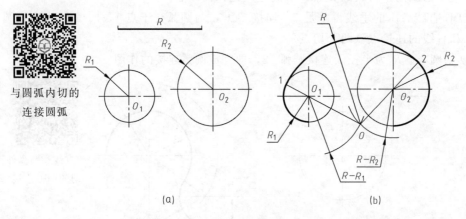

与圆弧内切的
连接圆弧

图 5-2-22　用圆弧连接两圆弧（内切）

⑤ 用半径为 R 的圆弧内连接已知一圆弧（内切）和外连接已知一圆弧（外切）　用半径为 R 的圆弧与圆心为 O_1、半径为 R_1 的圆弧内切，与圆心为 O_2、半径为 R_2 的圆弧外切，其作图步骤如图 5-2-23（b）所示。

a. 分别以 O_1、O_2 为圆心，$R-R_1$、$R+R_2$ 为半径作两个圆弧，两圆弧交点 O 即为连接圆弧的圆心。

b. 作连心线 OO_1 并延长，与圆弧的交点为 1，再作连心线 OO_2，与圆弧的交点为 2，则 1、2 即为连接圆弧的连接点（切点）。

c. 以点 O 为圆心、R 为半径画连接圆弧 12，即完成圆弧连接的作图。

本任务中，绘制主视图上顶板下方的肋板时，用圆弧连接的画法①、②和过圆外一点作圆的切线（详见项目 1 的任务 2 的知识拓展）即可作出，绘制结果如图 5-2-25 所示。

（2）用肋板结构在剖视图的规定画法绘制左视图和仰视图上轴承座孔下方的肋板

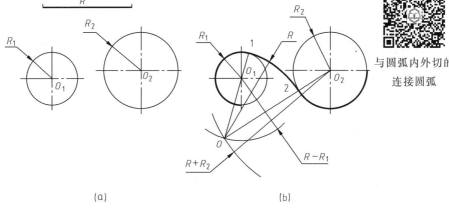

与圆弧内外切的
连接圆弧

图 5-2-23　用圆弧内连接一圆弧和外连接一圆弧

肋板结构在剖视图的规定画法是当剖切面沿纵向剖切时，都不画剖面符号，而用粗实线将它与邻接部分分开；当剖切平面沿横向剖切时，需画上剖面符号，如图 5-2-24 所示。

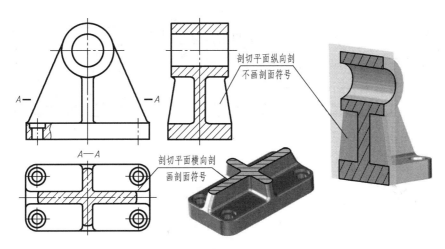

图 5-2-24　剖视图中肋板的画法

本任务中，左视图上绘制轴承座孔下方的肋板时，属于剖切面沿纵向剖切肋板；仰视图上绘制轴承座孔下方的肋板时，属于剖切面沿横向剖切肋板，绘制结果如图 5-2-25 所示。

（3）用两个平行平面剖切的方法绘制仰视图上顶板下方螺栓连接孔及其凸台

为了使顶板下方螺栓连接孔及其凸台的形状特征可见，又不使油标孔的斜面结构出现不完整，所以需要用两个平行平面剖切，可以绘制成如图 5-2-25（a）所示的全剖视图，也可以绘制成如图 5-2-25（b）所示的半剖视图。

7. 箱体零件图的图形

可采用如图 5-2-26 所示的三种方案。

五、标注尺寸

根据尺寸标注应遵循"正确、完整、清晰、合理"的基本要求和形体分析的方法，箱体零件图的尺寸基准的选择、形体分析、定位尺寸和定形尺寸标注详见绘制箱体零件图的图形（见图 5-2-27）。应该注意的有两点：一是在定形尺寸中，底板长度、中部啮合腔体的外形长度和润滑油槽的最大长度相同，底板宽度和轴承座孔的宽度相同，所以合并标注在形状特征明显的俯视图上；二是总体尺寸的长度与顶板相同，宽度与底板、轴承座孔的宽度相同，高度与定位尺寸 80 相同，所以不再另外标注。

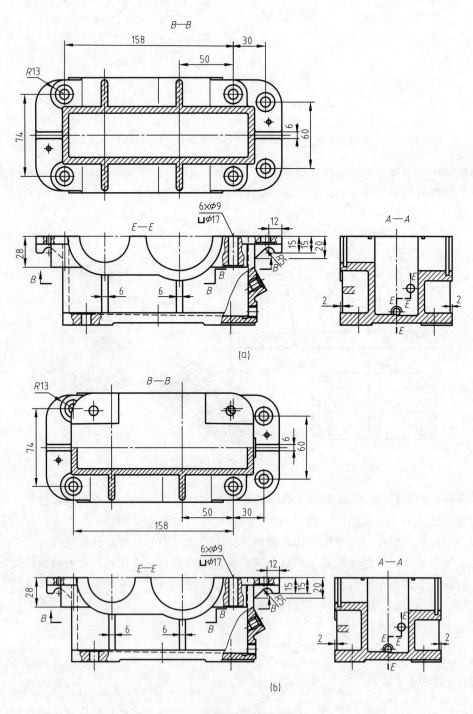

图 5-2-25　绘制肋板与螺栓连接孔及其凸台

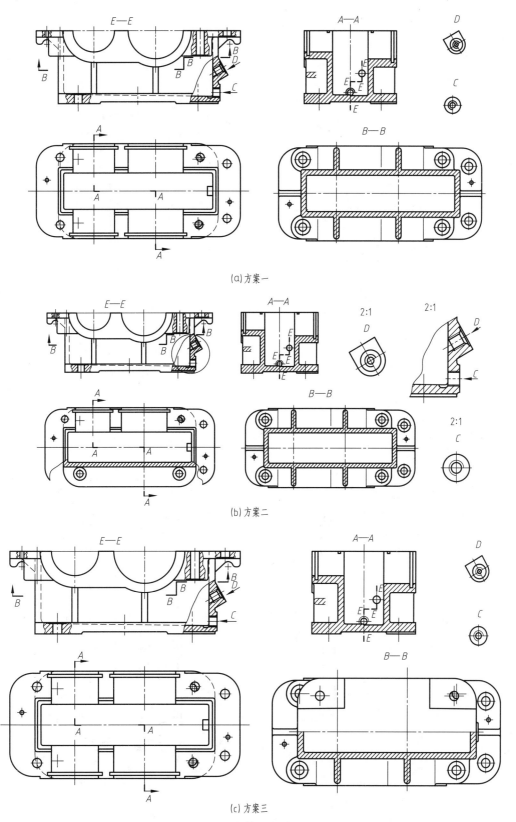

(a) 方案一

(b) 方案二

(c) 方案三

图 5-2-26　箱体零件图的图形

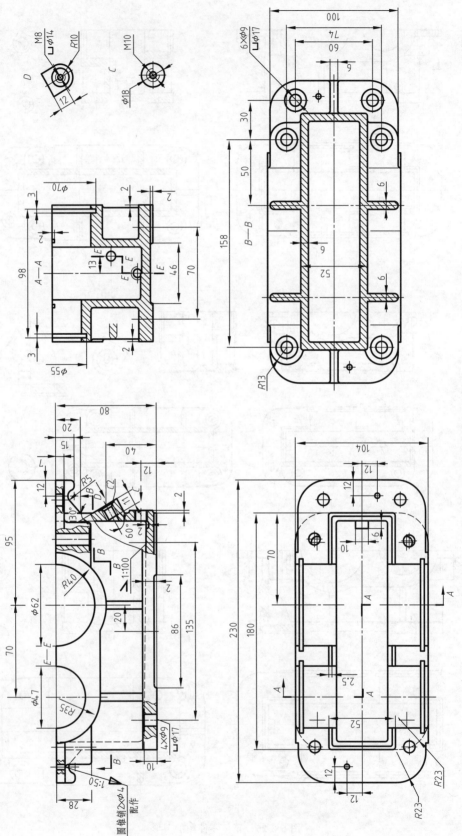

图 5-2-27 箱体零件图尺寸的标注

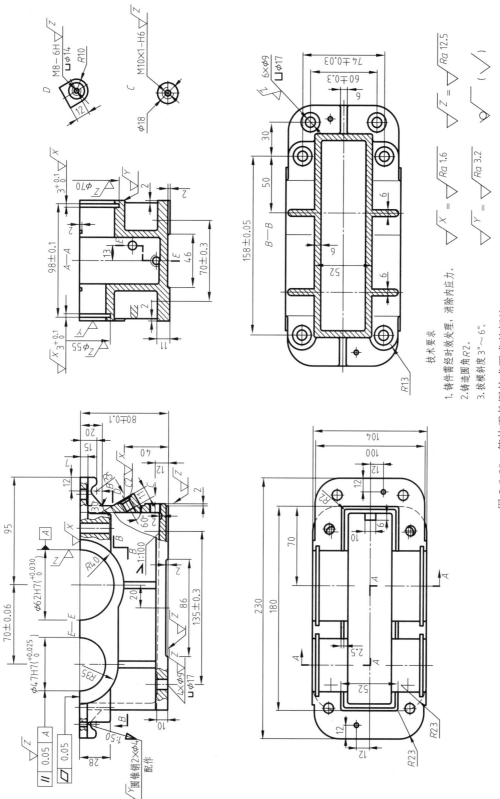

技术要求
1. 铸件需经时效处理，消除内应力。
2. 铸造圆角*R*2。
3. 拔模斜度3°～6°。

图5-2-28 箱体零件图技术要求的标注

六、标注技术要求

箱体零件图的技术要求，参照图 5-1-11 所示的箱体零件图上的技术要求和项目 2 中有关技术要求的标注规定标出，需要注意，对底座下面有凹槽的间断不连续表面的表面结构要求可用细实线相连后只标注一次，参考标注结果如图 5-2-28 中的数字、文字或图形符号所示。

七、检查与描深并绘制填写标题栏，完成零件图的绘制

参考结果如图 5-1-11 所示。

任务检测 ▶▶

参照如图 5-2-29 所示的一级圆柱斜齿齿轮减速器箱盖的立体图与尺寸，抄画图 5-1-1 所示的箱盖零件图。要求零件结构的表达方法正确、完整、清晰、简练，绘图步骤与方法正确，图形符合国家标准，尺寸标注正确、完整、清晰、合理，公差、表面粗糙度、几何公差等技术要求的选用合理、标注正确。

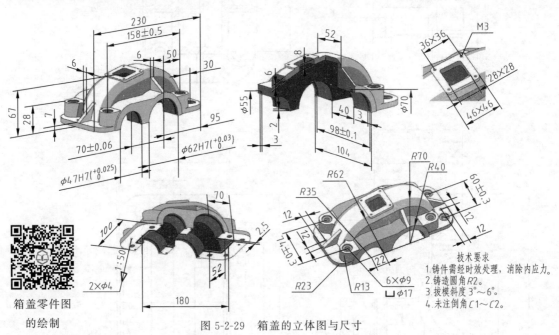

箱盖零件图
的绘制

图 5-2-29　箱盖的立体图与尺寸

知识拓展 ▶▶

一、第三角投影简介

国家标准规定，物体的投影按正投影法绘制，并优先采用第一角投影画法，必要时允许采用第三角投影画法。随着国际间技术交流和国际贸易日益增长，在今后的工作中很可能遇到阅读和绘制第三角画法的图样，因而也应该对第三角画法有所了解。

1. **第三角投影概念**

如图 5-2-30 所示，用水平和正平两个投影面，将空间分成四个区域，每个区域为一个

分角，分别称为第一分角、第二分角、第三分角和第四分角。将机件置于第三分角内，保持
"观察者→投影面→物体"之间的关系进行投射，然后按如图 5-2-31 所示的方向展开，得到
多面正投影的方法称为第三角投影，如图 5-2-32 所示。

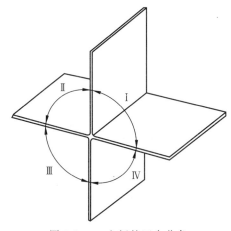

图 5-2-30 空间的四个分角

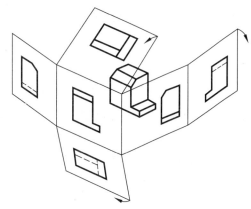

图 5-2-31 第三角投影面的展开

2. 第三角画法与第一角画法的主要区别

无论采用第一角投影画法还是第三角投影
画法，都是利用正投影法进行投射，六个基本
视图都符合"长对正、高平齐、宽相等"的投
影规律。它们的区别如下。

（1）人（观察者）、物（机件）、面（投影
面）的位置关系不同

采用第一角画法时，将物体放在观察者与
投影面之间，即从投射方向看是"人→物→面"
的相对关系。采用第三角画法时，将投影面放
在观察者与物体之间，即从投射方向看是
"人→面→物"的相对关系。

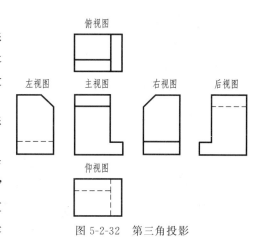

图 5-2-32 第三角投影

（2）投影面的展开方向不同

第一角投影时，各投影面的展开方法为 H 面向下旋转，W 面向右后方旋转。第三角投
影时，各投影面的展开方法为 H 面向上旋转，W 面向右前方旋转。

（3）视图的配置不同

除主、后视图外，其他视图的配置一一对应相反，即上、下对调，左、右颠倒。

（4）视图与物体的方位关系不同

第三角投影画法的俯视图、仰视图、左视图和右视图围绕主视图的一边均表示物体的前
面，远离主视图的一边均表示物体的后面，这与第一角画法的"外前里后"正好相反。

（5）投影识别符号不同

ISO 国际标准规定了第一角和第三角的投影识别符号，如图 5-2-33 所示。采用第三角
画法时，必须在图样上标题栏的"图样代号"一栏中画出第三角画法的投影识别符号。第一
角投影的识别符号，一般不需要画投影识别符号。

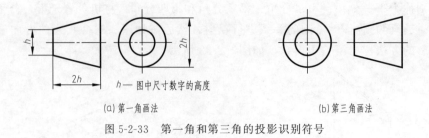

(a)第一角画法　　　　　　　　　　　　(b)第三角画法

图 5-2-33　第一角和第三角的投影识别符号

二、相同结构的简化画法

① 当机件上有若干相同结构（如齿、槽等）并按一定规律分布时，只需画出几个完整的结构，其余用细实线连接，并在图上注明该结构的总数，如图 5-2-34（a）、（c）所示。

② 当机件上有若干直径相同且成规律分布的孔（圆孔、螺孔、沉孔等），可以仅画出一个或几个，其余只需用细点画线表示其对称中心线，并在图上注明孔的总数，如图 5-2-34（b）所示。

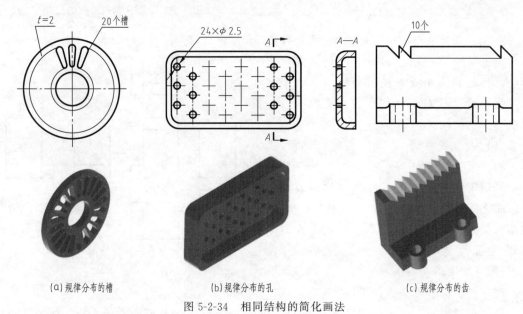

(a)规律分布的槽　　　　　　　(b)规律分布的孔　　　　　　　(c)规律分布的齿

图 5-2-34　相同结构的简化画法

三、叉架类零件图的绘制

叉架类零件主要包括各种用途的拨叉和支架，如图 5-2-35 所示。拨叉主要用在各种机器的操纵机构上，起操纵、调速作用；支架主要起支承和连接作用。下面以支架为例，介绍叉架类零件图的绘制。

1. 分析结构特点

叉架类零件形式多样，结构形状比较复杂，常带有倾斜结构和弯曲部分，毛坯多为铸件和锻件，这类零件一般由三部分构成，即支承部分、工作部分和连接部分。连接部分多为肋板结构，且形状弯曲、扭斜的较多。支承部分和工作部分，细部结构也较多，如圆孔、螺孔、油槽、油孔、凸台、凹坑等，如图 5-2-35（b）所示的支架。

2. 确定合理的表达方法

叉架类零件的加工位置难以分出主次，工作位置也多变化，其主视图主要按工作位置或安装时平放的位置选择，并选择最能体现结构形状和位置特征的方向。主视和左视方向采用局部剖视图，此外还需要一个移出断面图和一个 *A* 向局部放大视图才能将零件表达清楚。

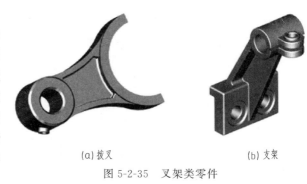

(a) 拨叉　　　　　(b) 支架

图 5-2-35　叉架类零件

3. 确定比例和图幅并绘制图框与作图基准线或中心线

根据总体尺寸和视图数量，确定采用 1：1 的比例绘图。考虑图形大小、尺寸标注、技术要求及标题栏所需的位置，确定采用留装订边横放的 A3 图幅。

4. 运用形体分析法和投影关系绘制叉架零件图的图形

① 绘制工作部分的图形，如图 5-2-36 所示。

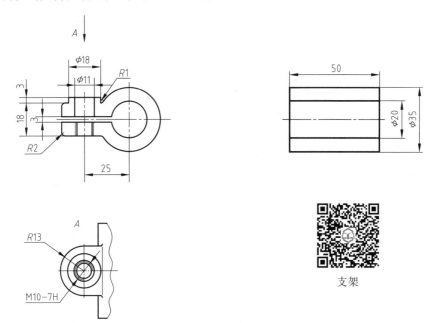

支架

图 5-2-36　支架工作部分的图形绘制

② 绘制支承部分的图形，如图 5-2-37 所示。

③ 绘制连接部分的图形，如图 5-2-38 所示。

④ 绘制剖面符号，完成支架零件图的图形绘制，如图 5-2-39 所示。

5. 尺寸标注和技术要求

叉架类零件的长、宽、高三个方向的尺寸基准一般为支承部分的孔的轴线、对称面和较大的加工平面；叉架类零件，一般对表面粗糙度、尺寸公差和几何公差没有特别的要求，按一般的规律给出即可，如图 5-2-40 所示。

6. 检查与描深并绘制填写标题栏，书写文字表述的技术要求，完成零件图的绘制

参考结果如图 5-2-41 所示。

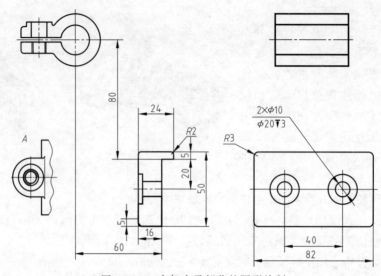

图 5-2-37　支架支承部分的图形绘制

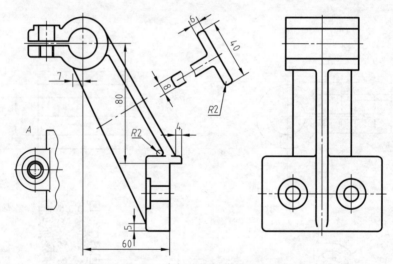

图 5-2-38　支架连接部分的图形绘制

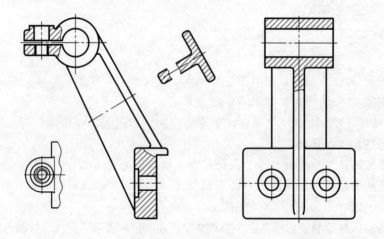

图 5-2-39　绘制剖面符号

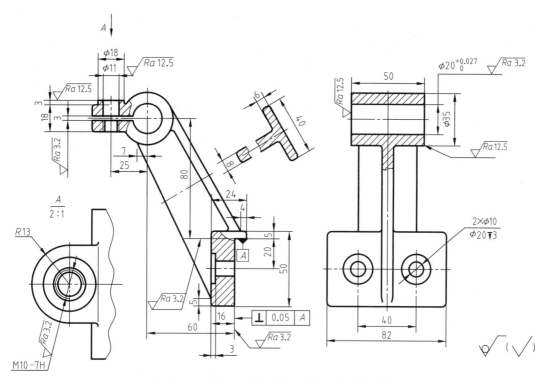

图 5-2-40 标注尺寸和公差及表面粗糙度代号

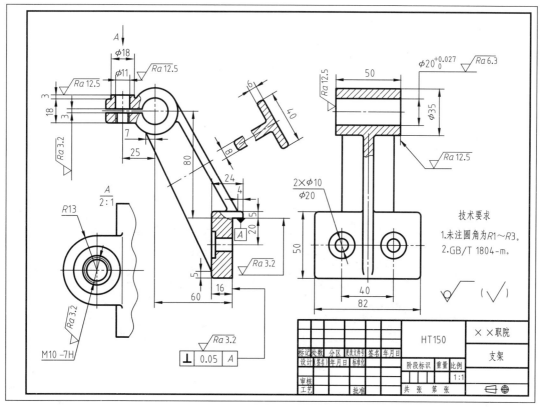

图 5-2-41 支架零件图

　　减速器的种类很多，它是装在原动机（如电动机）和工作机（如皮带传输机）之间以降低转速和提高转矩的一种常用减速装置，如图 6-0-1（a）所示。本项目以如图 6-0-1（b）所示的一级圆柱斜齿齿轮减速器从动轴系零件装配图的绘制、箱体与箱盖及其附件连接视图的绘制、减速器装配图识读与绘制为例，介绍装配图的概念、作用、内容、规定画法和特殊画法，连接关系，配合的种类和制度，识读和绘制方法与步骤。要求能正确分析装配图与零件图在表达对象、表达重点、表达方法、图样内容、图样标注、读图、绘图的方法与步骤等方面的相同与不同之处。

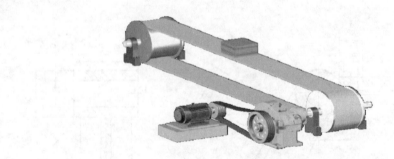

(a) 单级圆柱直齿轮减速器运动简图

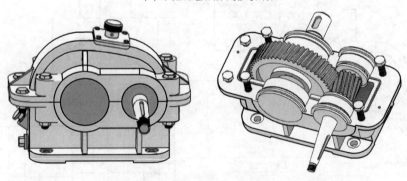

(b) 一级圆柱斜齿齿轮减速器实体图

图 6-0-1　减速器

任务 1 减速器从动轴系零件装配图的绘制

任务要求 ▶▶

根据项目 4 中的图 4-1-1、项目 3 中的图 3-2-12、项目 2 中的图 2-2-18，图 6-1-1 与滚动轴承 6206（GB/T 276—2013），键 10×8×22（GB/T 1096—2003），毛毡密封圈和如图 6-1-2 所示减速器从动轴系零件的立体图，选择合适的比例、图幅和图框与图纸形式，绘制如图 6-1-3 所示的减速器从动轴系装配图。要求：图形线型、尺寸标注、零件序号、标题栏和明细栏填写均符合国标规定。

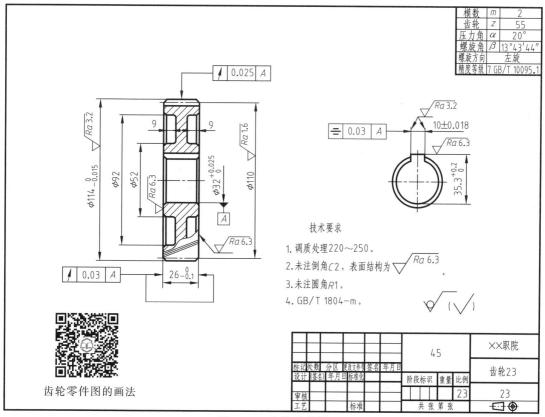

图 6-1-1 齿轮零件图

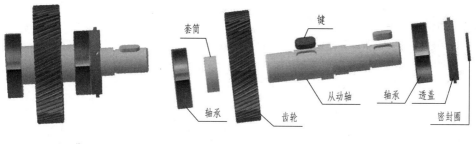

(a) 装配图　　　　　　　　　　　(b) 爆炸图

图 6-1-2 减速器从动轴系零件立体图

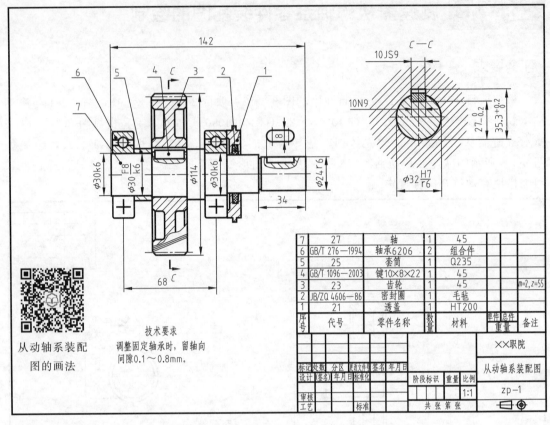

从动轴系装配图的画法

技术要求
调整固定轴承时，留轴向间隙0.1～0.8mm。

7	27	轴	1	45	
6	GB/T 276—1994	轴承6206	2	组合件	
5	25	套筒	1	Q235	
4	GB/T 1096—2003	键10×8×22	1	45	
3	23	齿轮	1	45	m=2,z=55
2	JB/ZQ 4606—86	密封圈	1	毛毡	
1	21	透盖	1	HT200	
序号	代号	零件名称	数量	材料	单件 总件 重量 备注

××职院

从动轴系装配图

标记 处数 分区 更改文件号 签名 年月日		阶段标识	重量	比例	zp-1
设计 (签名) 年月日 标准化				1:1	
审核					
工艺	标准	共 张 第 张			

图 6-1-3　减速器从动轴系装配图

任务目标 ▶▶

通过按时完成图 6-1-3 所示减速器从动轴系装配图，让学生掌握简单装配图的相关规定画法、特殊画法，键连接的画法及尺寸标注方法，装配图的尺寸标注，零件序号和明细栏的相关规定，装配图的绘图方法和步骤；能理解从动轴系在减速器中的功能和配合的概念、种类及在装配图中的标注方法，能选择合理的表达方案绘制简单装配体的装配图，能根据相关规范完整正确地编排序号，标注尺寸，并完成标题栏和明细表及技术要求的填写，按时完成率 90% 以上，正确率达到 80% 以上。

任务 1 参考
答案

课前检测 ▶▶

选择题（选择正确的答案并将相应的字母填入题内的括号中）。

1. 一张完整的装配图主要包括一组图形、必要的尺寸、零件序号、标题栏与明细栏和（　　）。

　　A. 配合尺寸　　　　B. 尺寸公差　　　　C. 几何公差　　　　D. 技术要求

2. 装配图中的尺寸包括性能尺寸、安装尺寸、总体尺寸、其他重要尺寸及（　　）。

A. 装配尺寸　　　　　　B. 最大尺寸　　　　C. 定形尺寸　　　　D. 定位尺寸

3. 装配图中零件序号的编排方法是（　　）。

A. 按水平排列整齐

B. 按垂直整齐排列

C. 按逆时针方向排列整齐

D. 沿水平或垂直方向排列整齐，并按顺时针或逆时针方向依次排列

4. 明细栏中零件序号的注写顺序是（　　　）。

A. 由下往上　　　　　　　　　B. 由上至下　　　　C. 由左往右　　　　D. 无要求

5. 平键标记：GB/T 1096—2003 键 10×8×22 中，8×22 表示（　　　）。

A. 键宽×轴径　　　　　　　　B. 键高×轴径　　　　C. 键高×键长　　　　D. 键宽×键长

6. 画装配图的剖面线时应遵循的有关规定中叙述不正确的是（　　　）。

A. 在剖视图或断面图中，相邻两零件的剖面线的倾斜方向应相反或方向相同而间隔不同，以区分不同的零件

B. 同一零件在同一张装配图的各个剖视图、断面图中的剖面线画成同方向或不同方向但相同间隔

C. 在剖视图或断面图中，当零件厚度较小（如垫片），允许用涂黑来代替剖面符号

D. 在剖视图或断面图中，两个以上零件相邻时，应改变第三个零件剖面线的间隔大小以区分不同零件

7. 下列关于键和键槽不正确的叙述是（　　　）。

A. 平键的两侧面是工作面，上、下底面是非工作面，但下底面是接触面，所以画平键连接图时，平键上底面与轮毂键槽顶面之间应留有一定间隙，画两条线

B. 根据轴径就可在相关国标中查出键和键槽的所有尺寸深度

C. 一般用移出断面图或局部视图表达平键键槽的结构和尺寸，在断面图中应标出键槽的深度（$\phi - t$）和宽度

D. 在反映键长方向的剖视图中，键按不剖处理

任务实施　▶▶

一、学习装配图的作用和内容及画法

1. 装配图作用和内容

由若干数量的零件按照设计意图、技术要求装配连接在一起而得到的机器或部件称为装配体。表达装配体工作原理、零件间装配、连接关系的图样称装配图。装配图是设计、制造、安装、调试、使用及维护机器或部件的重要技术依据，在科研和生产中起着十分重要的作用。在设计产品时，通常是根据设计任务书，先画出符合设计要求的装配图，再根据装配图画出符合要求的零件图；在制造产品时，要根据装配图制订装配工艺规程进行装配、调试和检验产品；在使用产品时，要从装配图上了解产品的结构、性能、工作原理及保养、维修的方法和要求。一幅完整的装配图包括以下四方面内容。

（1）一组图形

装配图和零件图一样，也是按正投影的原理、方法和《机械制图》国家标准的有关规定绘制的。零件图的表达方法（视图、剖视、断面等）及图形选用原则，一般也适用于装配图。但由于零件图表达的对象是单个零件，而装配图表达的对象是机器或部件；零件图表达

的重点是把每个零件的构造形状完全表达清楚；而装配图表达的重点是把机器或部件的工作原理、零件间的装配关系和连接方式表达清楚，兼顾表达机器或部件的内部构造，外部形状和主要零件的结构形状，不要求把每个零件的形状完全表达清楚，即装配图与零件图各自表达的对象和重点不同，因此，装配图图形选择的一般原则如下。

① 尽量选择最能反映机器（或部件）工作原理、各零件间装配关系和连接方式及装配体上主要零件的结构形状的图形为主视图。

② 主视图的选择应尽量符合工作位置原则，或主要装配轴线和主要安装面呈水平或铅直位置。

③ 选择适当的其他图形或表达方法与主视图形成互补关系，补充表达装配体上尚未表达清楚的装配关系、工作原理和连接方式及主要零件的结构形状等。

（2）必要的尺寸

装配图与零件图的作用不同，对尺寸标注的要求也不同。装配图是设计和装配机器部件时用的图样，因此不必把零件制造时所需要的全部尺寸都标注出来，只需注出以下几类尺寸。

① 规格（性能）尺寸　它是表示机器或部件的性能或规格的尺寸。这类尺寸在设计时就已确定，是设计机器、了解和选用机器的依据，如图 6-1-3 中两轴承的跨距尺寸 68。

② 装配尺寸　装配尺寸是指保证机器中有关零件装配性质和装配要求的尺寸，包括作为装配依据的配合尺寸和装配要求尺寸。

配合尺寸是公称尺寸相同的孔与轴结合时的尺寸，在公称尺寸后面需注明配合代号，如图 6-1-3 中的从动轴与齿轮孔的配合尺寸 $\phi 32 \dfrac{H7}{r6}$。

装配要求尺寸是表示装配体在装配时需要保证的零件间较重要的距离尺寸或间隙尺寸，如图 6-1-3 中平键键槽的深度尺寸 $27_{-0.2}^{0}$ 与轮毂键槽的深度尺寸 $35.3_{0}^{+0.2}$。

③ 安装尺寸　表示将机器或部件安装在地基上或与其他部件相连时所需要的尺寸，如图 6-1-3 中从动轴与联轴器配合的直径尺寸 $\phi 24r6$，长度尺寸 34 和键宽尺寸 8。

④ 外形尺寸　表示机器或部件在包装、运输和安装过程中确定其所占空间大小依据的尺寸，即总长、总宽、总高的尺寸，如图 6-1-3 中总宽、总高尺寸均为 $\phi 114$，总长尺寸为 142。

⑤ 其他重要尺寸　除上述四类尺寸外，在装配或使用中有必要加以说明的尺寸。如运动件的极限位置尺寸等。

上述五类尺寸，在每张装配图上不一定都有，有时同一尺寸可能具有几种含义，分属于几类尺寸。装配图中需标注哪些尺寸，要根据具体情况分析确定，对装配图没有意义的结构尺寸不必标注。

（3）技术要求

用文字或符号准确、简明地说明机器或部件装配、检验、调试和使用方面的要求、规则和说明等，具体包括以下三方面的内容。

① 装配要求：是指机器或部件在装配过程中的要求，指定的装配方法（如有的表面需装配后加工，有的孔需要将有关零件装好后配作等）和装配后应达到的技术要求（如精度、装配间隙和润滑要求）等。

② 检验要求：包括检验、试验的方法和条件，必须达到的指标。

③ 使用要求：包括包装、运输、维护、保养以及使用操作的注意事项等。

装配图中的技术要求用文字描述，一般注写在明细栏上方或图样下方的空白处。如果内容很多，也可另外编写成技术文件作为图纸的附件。

（4）零件序号和明细栏及标题栏

为了便于看图，便于图样管理和组织生产，对装配图中每种零件和标准化组件都必须按规范编注序号，并根据零件序号在标题栏上方或左侧绘制相应的明细栏。

① 零件序号　序号一般由指引线、圆点（或箭头）、横线（或圆圈）及序号数字组成，如图 6-1-4 所示。指引线从圆点或箭头引出，用细实线绘制，不能相互交叉，当指引线通过剖面区域时，不能与剖面线平行，必要时可画成折线，但只能弯折一次，如图 6-1-4（d）所示。圆点画在所指零部件的可见轮廓内，如图 6-1-4（a）～（c）所示；当所指零件较薄或其剖面涂黑表示而不便画圆点时可用箭头代替圆点，箭头需指向该部分轮廓，如图 6-1-4（d）所示。横线或圆圈用细实线绘制，用以注写序号数字。序号数字注写在横线上或圆圈内，序号数字的字号应比尺寸数字的字号大 1 号或 2 号，当不画横线或圆圈而在指引线附近注写序号时，序号字高必须比该装配图中所标注尺寸数字大 2 号。

零件序号的具体编注要求是：装配图中规格相同的零件和标准化组件（如滚动轴承、电动机、油杯等看作一个整体）只编一个序号，一般同一个序号只标注一次；同一装配图中编注序号的形式要一致，如图 6-1-4 所示；零件序号在装配图周围按水平或垂直方向排列整齐，序号数字可按顺时针或逆时针方向依次增大，以便查找，如图 6-1-3 所示，在一个视图上无法连续编完全部所需序号时，可在其他视图上按上述原则继续编写，若在整个装配图上无法连续排列时，应尽量在每个水平或竖直方向上顺次排列；紧固件组或装配关系清楚的零件组，可采用公共指引线，并在每个横线上或圆圈内各注一个序号，还要将这些横线或圆圈排列整齐，如图 6-1-4（e）～（i）所示。

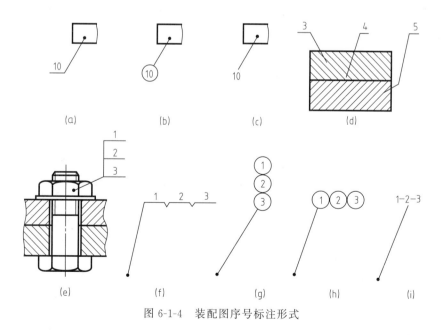

图 6-1-4　装配图序号标注形式

② 明细栏　明细栏是装配图中全部零件的详细目录，按 GB/T 10609.2—2009 规定绘制在标题栏的上方，如果位置不够，可将剩余的部分画在标题栏的左边。其基本信息、尺寸

及线宽如图 6-1-5 所示。明细栏中的序号应由下向上排列，这样便于补充编排序号时遗漏的

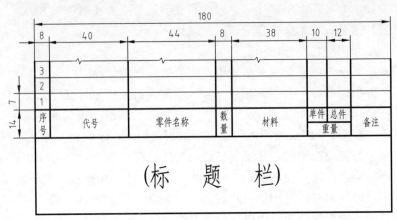

图 6-1-5　明细栏

零件。在明细栏中依次填写各种零件的序号、代号（标准件的标准编号或零件的图样代号）、
名称、数量、材料、重量、备注等内容，以便读图、图样管理及进行生产准备、生产组织
工作。

　　装配图上要用标题栏注明机器或部件的名称、图样代号、比例及责任者的签名和日期等
内容。

　　2. 装配图的规定画法

　　（1）接触面（或配合面）和非接触面的画法

　　两零件的接触面或配合面，只画一条线表示公共轮廓。因此间隙配合即使间隙较大也必
须画一条线；相邻两零件的非接触面或非配合面，应画两条线，表示各自的轮廓。因此相邻
两零件的公称尺寸不相同时，即使间隙很小也必须画两条线，如图 6-1-6 所示。

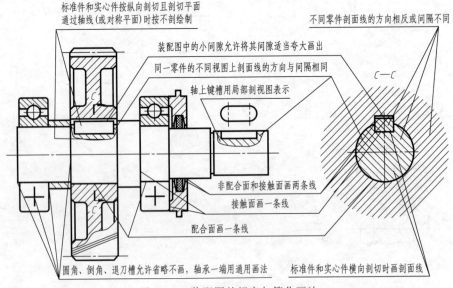

图 6-1-6　装配图的规定与简化画法

　　（2）剖面线的画法

　　① 在剖视图或断面图中，相邻两零件的剖面线的倾斜方向应相反或方向相同而间隔应

不同，以区分不同的零件；如两个以上零件相邻时，应改变第三个零件剖面线的间隔大小以区分不同零件，如图 6-1-6 所示。

② 同一零件在同一张装配图的不同视图，其剖面线的方向和间隔都必须相同，如图 6-1-6 所示。

③ 在剖视图或断面图中，当零件（如垫片）厚度较小，允许用涂黑来代替剖面符号，如图 6-1-7 所示。

（3）标准件和实心件纵向剖切时的画法

标准件（如螺栓、螺母、键、销等）和实心的轴、连杆、拉杆、手柄等零件，若纵向剖切且剖切平面通过轴线（或对称平面）时，这些零件均按不剖绘制，只画其外形。当需表达标准件或实心件的局部结构，如键槽、销孔、凹坑等，可用局部剖视图画出，如图 6-1-6 所示。

3. 装配图的特殊画法

（1）简化画法

在装配图中，零件的工艺结构如小圆角、倒角、退刀槽、拔模斜度、滚花等允许省略不画；装配图中的轴承等组件，可按规定画法画出对称图形的一半，另一半允许采用简化画法，如图 6-1-6 所示；若干相同的零部件组，如螺栓连接等，允许详细地画出一处，其余各处以点画线表示其位置即可，如图 6-1-7 所示螺钉连接的画法。

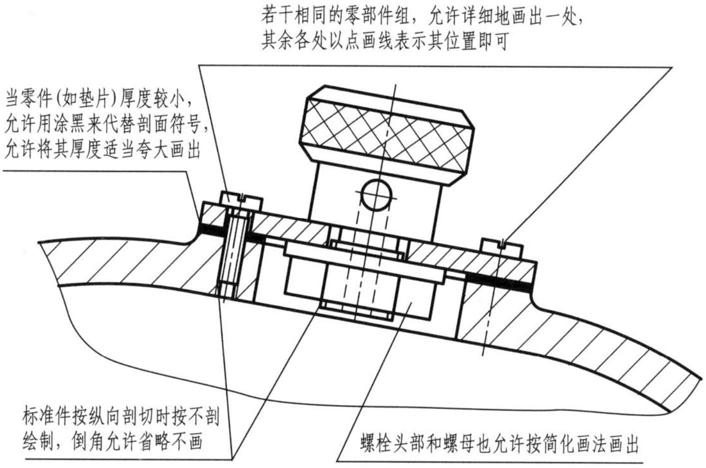

图 6-1-7　装配图的简化和夸大画法

（2）夸大画法

当绘制厚度小于 2mm 的较小薄片零件，直径较小的细丝弹簧和小间隙以及较小的锥度或斜度等时，若按其实际尺寸在装配图中很难画出或难以明确表达时，允许将它们不按比例而适当地夸大画出，如图 6-1-6 所示的平键上底面与轮毂键槽底面间隙的画法。

（3）拆卸画法

当某些零件的投影遮住了其他零件需表达的结构或装配关系，或某些零件在某一视图上不需要再画出时，可假想将其拆去，只画出所要表达部分的视图，并在该视图上方加注"拆去××等"，这种画法称为拆卸画法。

（4）沿结合面剖切的画法

在装配图中，不表达某些零件的内部结构时，可沿两零件间的结合面剖切后进行投影，称为沿结合面剖切画法。它与拆卸画法的区别在于它是剖切而不是拆去。

（5）单独表达某零件的画法

在装配图中，如所选视图对某个零件的结构和形状未表达清楚，或对理解装配关系有影响时，可单独画出这个零件的视图或剖视图，但必须在所画视图上方注出该视图的零件名称，在相应视图的附近用箭头指明方向，并注上同样的字母。

（6）假想画法

当需要表示运动零（部）件的运动范围或极限位置时，可将运动件画在一个极限位置，在另一极限位置用双点画线画出该运动件的外形轮廓或者当需要表示与本部件有装配或安装关系但又不属于本部件的相邻其他零（部）件时，可用双点画线或双折线画出这些相邻零（部）件的部分外形轮廓，这种画法称为假想画法。

二、分析部件并了解工作原理

如图 6-1-2 所示，从动轴系由从动轴、齿轮、键、轴承、套筒、透盖、密封圈等零件组成。其中从动轴、套筒、透盖为专用件，齿轮为常用件，键、轴承和密封圈为标准件。工作原理是将齿轮轴输入的动力，通过一对齿轮的啮合传动，由从动轴输出，进而达到改变转速、增加扭矩和运动方向的目的，如图 6-0-1（b）所示。

三、选择视图及表达方案

1. 主视图的选择

将从动轴系的轴线水平放置，并用通过轴线且平行于正投影面的单一剖切平面将轴系剖开，绘制保留齿轮类型的三条斜线的局部剖视图，以表达从动轴系的工作原理、各零件之间的装配关系以及各零件的主要结构，在此基础上对键连接部分再作一个局部剖视图以表达其长度方向的装配关系。

2. 其他视图的选择

选择断面图表达宽度和高度方向键连接的装配关系。

四、确定比例和图幅并绘制图框与标题栏及明细栏

根据从动轴系的大小和各零件的结构复杂程度，确定采用 1：1 的比例绘图。考虑图形大小、尺寸标注、标题栏、明细栏及技术要求所需的位置，确定采用横放的 A3 图幅，并按国标绘制图框与标题栏及明细栏，如图 6-1-8 所示。

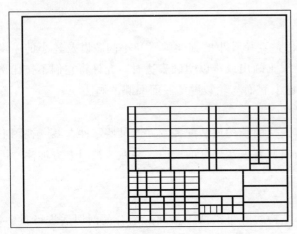

图 6-1-8　图框与标题栏及明细栏

五、绘制装配图图形

1. 绘制从动轴与齿轮的装配图图形

（1）学习平键连接的画法

根据键的标记 GB/T 1096—2003 键 10×8×22 可知，减速器的从动轴系中轴与齿轮之间是用普通 A 型平键连接的。平键连接的画法是首先根据相连接的轴径在标准中查得键槽的宽度、深度和键的宽度、高度尺寸，根据轮宽在

键的长度标准系列中选用（键长不超过轮宽）或者根据键的标记确定键长和轴上的键槽长度。其次绘制连接图形，具体画法是普通平键两侧面是工作面，它与轴、轮毂键槽的两侧面相配合，分别只画一条线，键的上、下底面和两端圆柱面为非工作面，但键的上面与轮毂键槽底面之间有一定的间隙，为非接触面，需画两条线，键的下底面和两端圆柱面分别与轴键槽的底面和轴、轮毂键槽的两端圆柱面为接触面，

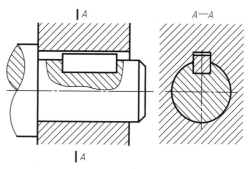

图 6-1-9　平键连接的画法

分别只画一条线，在反映键长方向的剖视图中，键属于纵向剖切按不剖画出，但横向剖切需要画剖面线，平键连接中采用断面图表达，如图 6-1-9 所示。

（2）绘制键连接从动轴与齿轮的装配图图形

首先根据国标关于标准件和实心件纵向剖切时的画法规定及装配图的简化画法，结合从动轴零件图的尺寸画出从动轴的装配图用图，如图 6-1-10（a）所示。其次根据图 6-1-1 所示的齿轮零件图画出从动轴与齿轮的装配图用图，如图 6-1-10（b）所示。最后绘制键连接的装配图图形，即根据键的标记可知轴上键槽和轮毂槽的宽度均为 10，键槽长为 22，通过查附表 8 可知轴上键槽的深度为 5，轮毂槽深度为 3.3，结合平键连接的画法可画出从动轴与齿轮通过键连接的装配图图形，如图 6-1-10（c）所示。

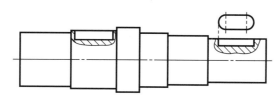

(a) 画从动轴

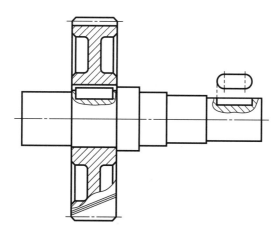

(b) 画齿轮

图 6-1-10

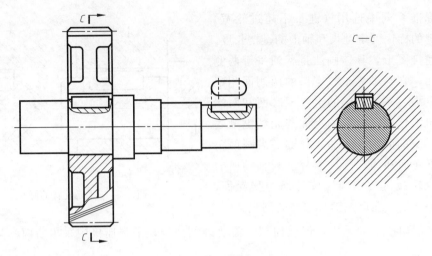

(c) 画键连接

图 6-1-10　键连接从动轴与齿轮的绘制步骤

2. 绘制从动轴与套筒和轴承的装配图图形

（1）学习滚动轴承的表示法

滚动轴承是用来支承旋转轴的标准件（部件），工作中摩擦阻力小、结构紧凑，在机器中被广泛应用。滚动轴承由专业工厂生产，需要时可根据轴承的型号选配，不需要画零件图。在装配图中，当需要表示滚动轴承时，可按不同场合分别采用简化画法及规定画法。简化画法又可分为通用画法和特征画法两种。

① 滚动轴承的类型与结构　滚动轴承按其承受载荷的方向，可分为三类，如图 6-1-11 所示。向心轴承主要承受径向载荷，如深沟球轴承、圆柱滚子轴承；推力轴承主要承受轴向载荷，如推力球轴承；向心推力轴承可同时承受径向载荷和轴向载荷，如圆锥滚子轴承。

滚动轴承一般由内圈、外圈、滚动体和保持架等四部分组成，如图 6-1-11 所示。内圈套装在轴上，随轴一起转动；外圈装在机座孔中，一般固定不动或偶作少许转动；滚动体装在内、外圈之间的滚道中，可做成球（滚珠）或滚子（圆柱、圆锥或针状）形状；保持架用以均匀隔开滚动体，防止它们之间的摩擦和碰撞，故又称隔离圈。

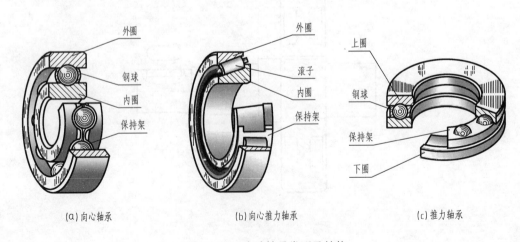

(a) 向心轴承　　　　　　(b) 向心推力轴承　　　　　　(c) 推力轴承

图 6-1-11　滚动轴承类型及结构

② 滚动轴承的代号　国家标准规定用代号表示滚动轴承结构、尺寸、公差等级和技术性能等特性。代号由基本代号、前置代号和后置代号构成，其排列方式如下：

| 前置代号 | 基本代号 | 后置代号 |

基本代号表示滚动轴承的基本类型、结构和尺寸，是滚动轴承代号的基础。滚动轴承（除滚针轴承外）基本代号由轴承类型代号、尺寸系列代号、内径代号构成。

a. 轴承类型代号　轴承类型代号用阿拉伯数字或大写拉丁字母表示，其含义如表 6-1-1 所示。类型代号有的可以省略，如双列角接触球轴承代号"0"均不写。区分类型的另一个标志是标准号，每一类轴承都有一个标准编号，如深沟球轴承的标准编号为 GB/T 276—2013。

表 6-1-1　滚动轴承类型代号

代号	轴承类型	代号	轴承类型
0	双列角接触球轴承	6	深沟球轴承
1	调心球轴承	7	角接触球轴承
2	调心滚子轴承	8	推力圆柱滚子轴承
3	圆锥滚子轴承	N	圆柱滚子轴承
4	双列深沟球轴承	U	外球面球轴承
5	推力球轴承	QJ	四点接触球轴承

b. 尺寸系列代号　尺寸系列代号用数字表示，由轴承的宽（高）度系列代号和直径系列代号左右排列组成，用两位阿拉伯数字来表示。它们的主要作用是区别内径相同而宽度和外径不同的轴承，其含义如表 6-1-2 所示。尺寸系列代号有时可以省略，除圆锥滚子轴承外，其余各类轴承宽度系列代号"0"均省略；深沟球轴承和角接触球轴承的 10 代号中的"1"可以省略；双列深沟球轴承宽度系列代号"2"可以省略。

表 6-1-2　向心轴承与推力轴承尺寸系列代号

直径系列代号	向心轴承								推力轴承			
	宽度系列代号								高度系列代号			
	8	0	1	2	3	4	5	6	7	9	1	2
	尺寸系列代号											
7	—	—	17	—	37							
8	—	08	18	28	38	48	58	68	—	—	—	—
9	—	09	19	29	39	49	59	69	—	—	—	—
0	—	00	10	20	30	40	50	60	70	90	10	—
1	—	01	11	21	31	41	51	61	71	91	11	—
2	82	02	12	22	32	42	52	62	72	92	12	22
3	83	03	13	23	33	—	—	—	73	93	13	23
4	—	04	—	24	—	—	—	—	74	94	14	24
5	—	—	—	—	—	—	—	—	—	95	—	—

c. 内径代号　内径代号表示轴承的公称内径，一般用两位阿拉伯数字表示。公称内径不同的滚动轴承其内径代号的表示法如表 6-1-3 所示。

表 6-1-3　滚动轴承内径代号

轴承公称内径/mm		内径代号	示例
0.6～10(非整数)		用公称内径直接表示,其与尺寸系列代号之间用"/"分开	深沟球轴承 618/2.5 $d=2.5\text{mm}$
1～9(整数)		用公称内径毫米数直接表示,对深沟及角接触球轴承 7、8、9 直径系列,内径与尺寸系列代号之间用"/"分开	深沟球轴承 625 618/5 $d=5\text{mm}$
10～17	10	00	深沟球轴承 6200 $d=10\text{mm}$
	12	01	
	15	02	
	17	03	
20～480(22,28,32 除外)		公称内径除以 5 的商数为内径代号,商数为个数时,需在商数左边加"0",如 08。其内径代号为 04～96	深沟球轴承 6208 $d=40\text{mm}$
大于等于 500 及 22、28、32		用公称内径的毫米数直接表示,并在与尺寸系列之间用"/"分开	深沟球轴承 62/500 $d=500\text{mm}$ 深沟球轴承 62/22 $d=22\text{mm}$

d. 滚动轴承代号举例

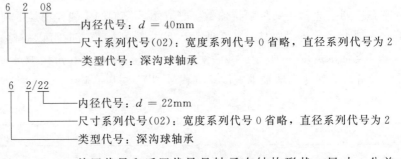

前置代号和后置代号是轴承在结构形状、尺寸、公差、技术要求等有改变时添加的补充代号,具体内容可查阅相关的国家标准,常用轴承只用基本代号表示。

③ 滚动轴承的画法

a. 通用画法　在剖视图中,不需要确切地表示滚动轴承的外形轮廓、载荷特征、结构特征时,可用矩形线框及位于线框中央正立的十字形符号表示滚动轴承。矩形线框和十字形符号均用粗实线绘制,且轴的两侧画法相同,如图 6-1-12 所示。

b. 特征画法　在剖视图中,需较形象地表示滚动轴承的结构特征和载荷特性,可采用特征画法,即在矩形线框内画出通过滚动体中心相交成 90°的长粗实线与短粗实线,且轴的两侧画法相同。不同种类的轴承,特征画法不同,如表 6-1-4 所示。

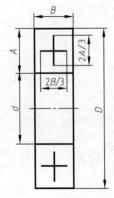

图 6-1-12　滚动轴承通用画法及尺寸比例

c. 规定画法　在装配图中需要表达滚动轴承的主要结构时常采用规定画法。规定画法一般绘制在轴的一侧，另一侧按通用画法绘制，如表 6-1-5 所示。规定画法采用剖视图绘制，用粗实线表示轮廓线，滚动体不画剖面线，内圈和外圈画方向与间隔相同的剖面线，不引起误解时，剖面线也允许省略不画，保持架及倒角等可省略不画。

表 6-1-4 特征画法及尺寸比例示例

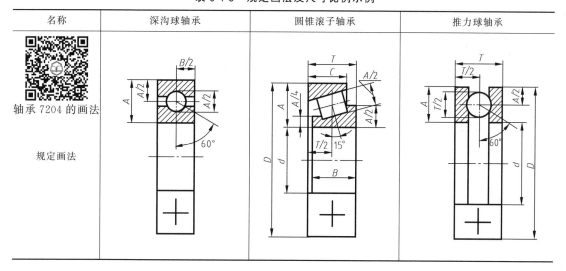

名称	深沟球轴承	圆锥滚子轴承	推力球轴承
特征画法	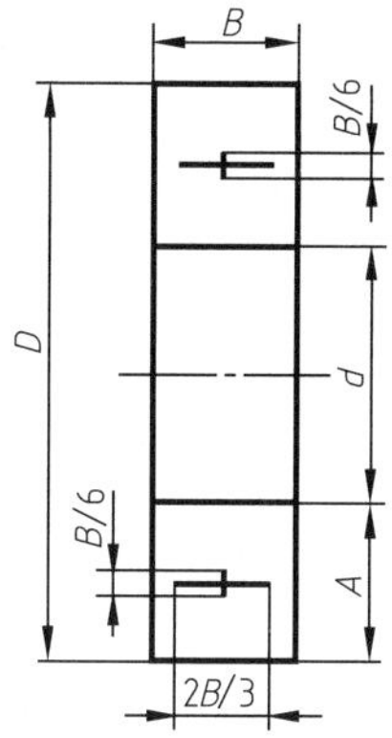	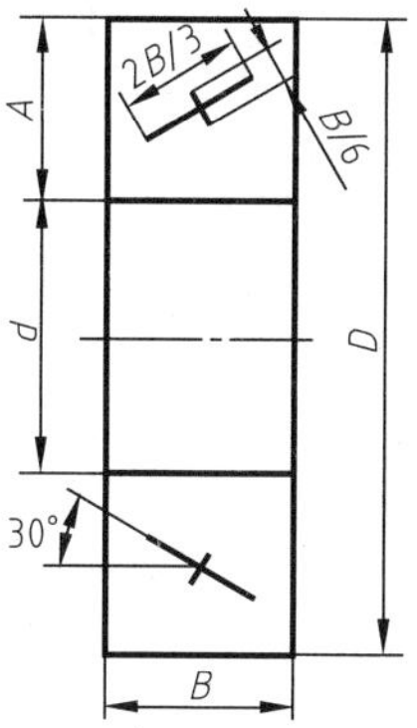	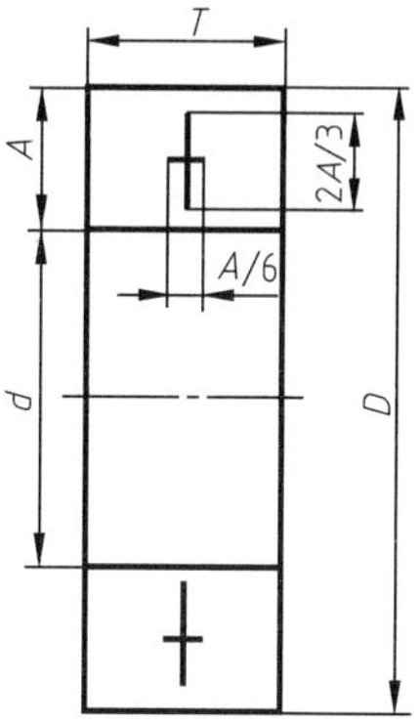

表 6-1-5 规定画法及尺寸比例示例

名称	深沟球轴承	圆锥滚子轴承	推力球轴承
轴承 7204 的画法 规定画法			

以上三种画法，矩形线框应按外径 D、内径 d、宽度 B 等实际尺寸绘制，框内部分按图示比例绘制。

（2）绘制从动轴与套筒和轴承装配图图形

根据套筒零件图，查附表 11 中各部分的尺寸及装配图的规定画法，可分别画出从动轴与套筒和从动轴与轴承的装配图图形，如图 6-1-13 所示。

3. 绘制从动轴与透盖和密封圈的装配图图形

根据透盖零件图及国标关于接触面（或配合面）和非接触面及剖面线（注意毛毡密封圈用非金属材料的剖面符号绘制）的规定画法，可画出从动轴与透盖和密封圈的装配图图形，检查和加深图形完成从动轴系的装配图图形的绘制，如图 6-1-14 所示。

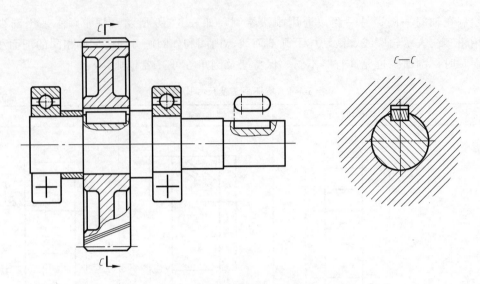

图 6-1-13　从动轴与套筒和轴承的装配图图形

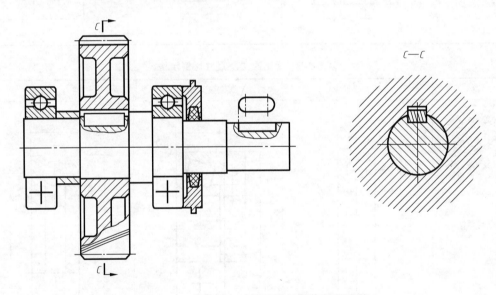

图 6-1-14　从动轴与透盖及密封圈装配图图形

六、标注尺寸与技术要求

1. 装配图的尺寸标注

装配图上一般只需标出装配体的规格（性能）尺寸、配合尺寸、安装尺寸、外形尺寸和其他重要尺寸等五类尺寸，如图 6-1-3 所示。除了配合尺寸外，其他尺寸通过学习装配图的内容可以理解和掌握，这里只介绍配合尺寸的标注方法。

在装配图上标注配合尺寸时，用公称尺寸后跟配合代号表示。配合代号由相配的孔和轴的公差带代号组成，用分数形式表示，分子为孔的公差带代号，分母为轴的公差带代号，如从动轴与齿轮的基孔制过盈配合尺寸 $\phi 32 \dfrac{\text{H7}}{\text{r6}}$，轴颈与套筒的非基准制间隙配合尺寸

$\phi 30 \dfrac{F8}{k6}$。当标注标准件、外购件与零件的配合尺寸时，可在公称尺寸后仅标注相配零件的公差带代号，如轴承与轴颈的基轴制过渡配合尺寸 $\phi30k6$，平键与轴键槽的基轴制过盈配合尺寸 10N9 和平键与轮毂键槽的基轴制过渡配合尺寸 10JS9。

在配合代号中含有 H 的，则为基孔制配合；含有 h 的，则为基轴制配合。如果既含有 H，同时也含有 h 时，则是基准孔与基准轴相配合即最小间隙为零的间隙配合，一般视为基孔制配合，也可以视为基轴制配合。

对于配合、配合类型、配合制度及配合的选用详见本任务的任务拓展。

2. 标注技术要求

如图 6-1-3 所示，本任务的技术要求，用文字标注在图样下方的空白处。

七、编写零部件序号并填写明细栏及标题栏

根据装配图内容中零部件序号的编排要求和标注方法，将序号数字的字号比尺寸数字的字号大 1 号，注写在横线上按逆时针方向沿水平和垂直依次排列的顺序标注在装配图的图形上，并按每个零件占一行，序号从小到大的顺序依次从下到上填写在明细栏中，字号与明细栏中文字字号相同。最后检查无误后填写标题栏和明细表，完成全图，如图 6-1-3 所示。

任务检测 ▶▶

根据项目 4 中的图 4-1-10、项目 3 任务 2 中的任务检测所绘制挡油环、小透盖与滚动轴承 6204（GB/T 276—3013）、毛毡密封圈和如图 6-1-15 所示减速器从动轴系零件的立体图，绘制如图 6-1-16 所示减速器从动轴系装配图。要求：图形线型、尺寸标注、零件序号、标题栏和明细栏填写均符合国标规定。

(a) 装配图　　　　　　　　　(b) 爆炸图

图 6-1-15　减速器从动轴系零件立体图

知识拓展 ▶▶

一、键及其连接的表示方法

1. 常用键及其标记

键是标准件。常用的键有普通平键、半圆键和钩头楔键。普通平键又有 A 型（圆头）、B 型（方头）和 C 型（单圆头）三种，如图 6-1-17 所示。

表 6-1-6 列出了这几种键的标准号、形式及标记示例。其中平键的基本尺寸有键宽 b、键高 h 和键长 L；半圆键的基本尺寸有键宽 b、键高 h、直径 D 和长度 L；钩头楔键的基本尺寸有键宽 b、键高 h 和长度 L。标记时，A 型平键省略 "A"，B 型、C 型平键应写出 "B" 或 "C"。

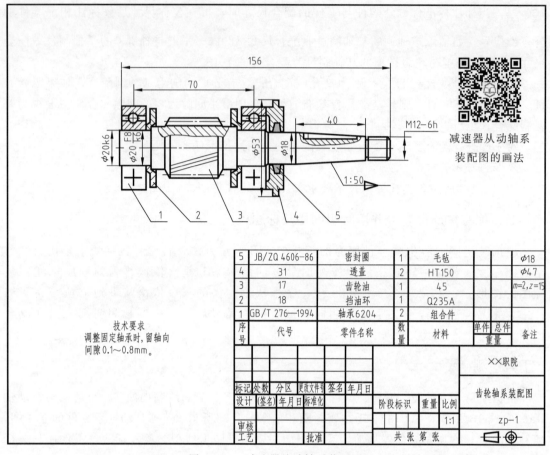

技术要求
调整固定轴承时，留轴向
间隙0.1～0.8mm。

5	JB/ZQ 4606-86	密封圈	1	毛毡			$\phi18$
4	31	透盖	2	HT150			$\phi47$
3	17	齿轮油	1	45			$m=2, z=15$
2	18	挡油环	1	Q235A			
1	GB/T 276—1994	轴承6204	2	组合件			
序号	代号	零件名称	数量	材料	单件	总重量	备注

					××职院	
标记 处数 分区 更改文件号 签名 年月日					齿轮轴系装配图	
设计 (签名) 年月日 标准化		阶段标识 重量 比例				
审核				1:1	zp-1	
工艺	批准	共 张 第 张				

图 6-1-16　减速器从动轴系装配图

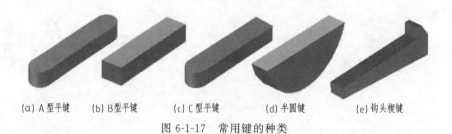

　(a) A型平键　　(b) B型平键　　(c) C型平键　　(d) 半圆键　　(e) 钩头楔键

图 6-1-17　常用键的种类

表 6-1-6　键的标准号、形式及其标记示例

名称	图例	标记示例
普通平键 GB/T 1096—2003		$b=8$、$h=7$、$L=25$ 的普通平键 标记为： GB/T 1096 键 $8\times7\times25$

续表

名称	图例	标记示例
半圆键 GB/T 1099.1—2003		$b=6$、$h=10$、$D=25$ 的半圆键 标记为： GB/T 1099 键 $6\times10\times25$
钩头楔键 GB/T 1563—2003		$b=18$、$h=11$、$L=100$ 的钩头楔键 标记为： GB/T 1563 键 18×100

2. 常用键连接及画法

（1）平键和半圆键连接及画法

这两种键连接的作用原理相似，画法相同，如图 6-1-18 所示。只是半圆键常用于载荷不大的传动轴上。

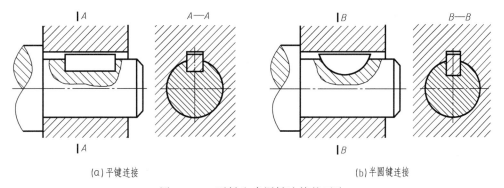

(a) 平键连接　　　　　　　　　　　(b) 半圆键连接

图 6-1-18　平键和半圆键连接的画法

（2）钩头楔键连接及画法

钩头楔键连接如图 6-1-19 所示。钩头楔键的上底面有 1：100 的斜度。装配时，将键沿轴向打入键槽内，靠上、下底面在轴和轮毂槽之间接触挤压的摩擦力而连接，故键的上、下底面是工作面，各画一条线。轴上的键槽常制在轴端，拆装方便，钩头供拆卸用。

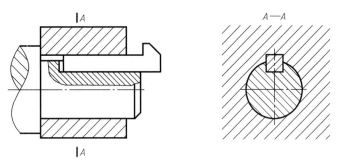

图 6-1-19　钩头楔键连接的画法

3. 花键表示法

花键分外花键和内花键，如图 6-1-20（a）、（b）所示。常与被连接件制成一体，能传递较大的扭矩，如图 6-1-20（c）所示。

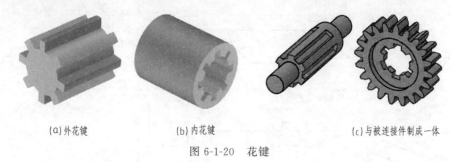

(a)外花键 　　　　　(b)内花键 　　　　　(c)与被连接件制成一体

图 6-1-20　花键

（1）外花键的画法及标注

外花键的画法和外螺纹相似，大径用粗实线绘制，小径用细实线绘制，且画入倒角内至轴端。但大小径的终止线用细实线表示，键尾用与轴线成 30°的细实线表示。当采用剖视时，若剖切平面平行于键齿，键齿按不剖绘制，且大小径均采用粗实线画出。在反映圆的视图上，小径用细实线圆表示，倒角圆省略不画。在断面图中，可画一个齿形，也可全部画出，如图 6-1-21 所示。

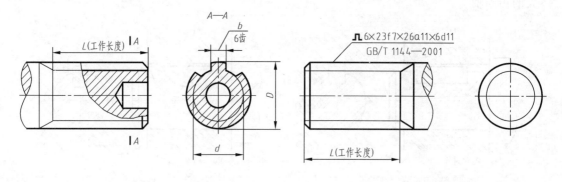

(a)剖视画法及一般尺寸标注法 　　　　　(b)视图画法及标记标注法

图 6-1-21　外花键画法及标注

外花键的标注可采用一般尺寸标注法和标记标注法两种。一般尺寸标注法应标注出大径 D、小径 d、键宽 B（及齿数 N）、工作长度 L，标注方法如图 6-1-21（a）所示；用标记标注法标注时，指引线应从大径引出，标记代号依次由类型符号、齿数×小径及公差带代号×大径及公差带代号×键宽及公差带代号和标准编号组成，标注示例如图 6-1-21（b）所示。

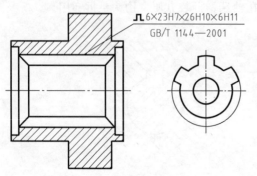

图 6-1-22　内花键的画法及标注

（2）内花键的画法及标注

内花键的画法如图 6-1-22 所示。在反映花键轴线的剖视图中，大、小径均用粗实线绘制，圆的视图用局部视图表示，且大径用细实线圆表示。用标记标注法标注时，指引线仍自大径引出，只是表示公差带的偏差代号用大写字母表示。

（3）花键连接的画法及标注

花键连接的画法和螺纹连接的画法相似，重合部分按外花键绘制，不重合部分按各自的规定画法绘制。用标记标注法标注时，用配合代号代替内、外花键代号中相应的公差带代号，如图 6-1-23 所示。

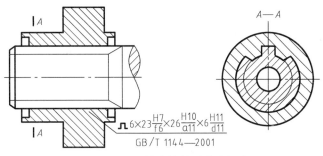

$6 \times 23 \dfrac{\text{H7}}{\text{f6}} \times 26 \dfrac{\text{H10}}{\text{a11}} \times 6 \dfrac{\text{H11}}{\text{d11}}$
GB/T 1144—2001

图 6-1-23　花键连接的画法及标注

二、配合类型与配合制度及其选择

1. 配合的基本概念

在机器装配中，公称尺寸相同且相互结合的孔和轴公差带之间的关系称为配合。由于孔和轴的实际尺寸不同，装配后可以产生"间隙"或"过盈"。当孔的尺寸与相配合的轴的尺寸之差为正值时，孔与轴之间形成间隙，差为负值时，形成过盈。

2. 配合类型

根据轴孔配合松紧度要求的不同，国家标准规定了三种配合。

（1）间隙配合

指具有间隙（包括最小间隙等于零）的配合。从动轴系装配图中轴与套筒孔的配合就属于间隙配合。间隙配合孔的公差带在轴的公差带之上，如图 6-1-24 所示。

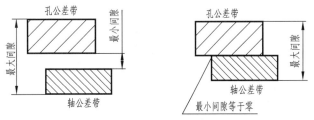

图 6-1-24　间隙配合

（2）过盈配合

指具有过盈（包括最小过盈等于零）的配合。从动轴系装配图中轴与齿轮孔的配合就属于过盈配合。过盈配合孔的公差带在轴的公差带之下，如图 6-1-25 所示。

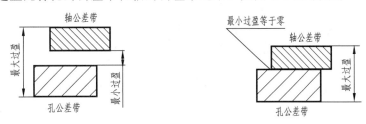

图 6-1-25　过盈配合

（3）过渡配合

指可能具有间隙或过盈的配合。从动轴系装配图中轴与轴承孔的配合就属于过渡配合。过渡配合孔的公差带与轴的公差带相互交叠，如图 6-1-26 所示。它是介于间隙配合与过盈配合之间的一种配合，但间隙和过盈量都不大。

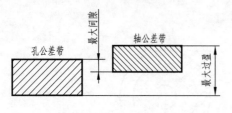

图 6-1-26　过渡配合

3. 配合制

为了便于设计和制造，国家标准规定了基孔制和基轴制两种配合制度。

（1）基孔制

基本偏差为一定的孔的公差带，与不同基本偏差的轴的公差带形成各种配合的一种制度称为基孔制。基孔制配合中孔为基准孔，H 为基本偏差代号，下极限偏差为零，上极限偏差为正值，其公差带偏置在零线上侧，如图 6-1-27 所示。

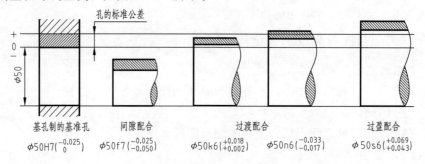

图 6-1-27　基孔制配合

（2）基轴制

基本偏差为一定的轴的公差带，与不同基本偏差的孔的公差带形成各种配合的一种制度称为基轴制。基轴制配合中轴为基准轴，h 为基本偏差代号，上极限偏差为零，下极限偏差为负值，其公差带偏置在零线下侧，如图 6-1-28 所示。

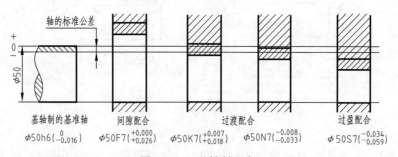

图 6-1-28　基轴制配合

4. 配合制的选择

在选择配合制度时，需要考虑以下几个原则。

① 一般情况下应优先选用基孔制，因为加工相同公差等级的孔和轴时，孔的加工难度比轴的加工难度大。

② 基轴制主要用于结构设计要求不适合采用基孔制的场合。例如，同一轴与几个具有不同公差带的孔配合时，应选择基轴制，如图 6-1-29 所示。

③ 以标准零部件为基准选择配合制。例如，滚动轴承的内圈与轴的配合应选用基孔制，

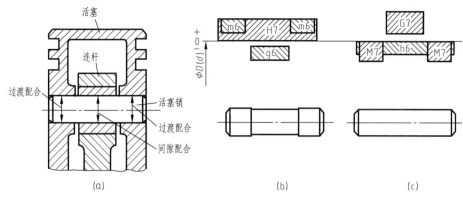

图 6-1-29 基轴制的选择

而滚动轴承的外圈与轴承座孔的配合则应选用基轴制。

④ 在特殊需要时可采用非配合制配合。非配合制配合是指不包括基本偏差 H 或 h 的任一孔、轴公差带组成的配合。当一个基本偏差不为 h 的轴与几个孔相配合或一个基本偏差不为 H 的孔与几个轴相配合且其配合要求各不相同时，则会出现非基准制的配合。如图 6-1-3 所示的减速器轴颈同时与套筒和轴承内圈配合，轴颈的公差带已经确定为 $\phi30k6$，轴承为标准件，它与轴颈的配合采用基孔制的过渡配合，但套筒起轴向定位作用，考虑装拆方便，采用精度较低的间隙配合，不能采用基孔制配合，因此选用了非基准制配合 $\phi30\dfrac{F8}{k6}$。

5. 优先和常用配合

国标（GB/T 1801—2009）规定基孔制常用配合 59 种，优先配合 13 种，如表 6-1-7 所示。基轴制常用配合 47 种，优先配合 13 种，如表 6-1-8 所示。

表 6-1-7 基孔制优先和常用配合

基 准 孔	轴																				
	a	b	c	d	e	f	g	h	js	k	m	n	p	r	s	t	u	v	x	y	z
	间 隙 配 合								过 渡 配 合				过 盈 配 合								
H6						$\dfrac{H6}{f5}$	$\dfrac{H6}{g5}$	$\dfrac{H6}{h5}$	$\dfrac{H6}{js5}$	$\dfrac{H6}{k5}$	$\dfrac{H6}{m5}$	$\dfrac{H6}{n5}$	$\dfrac{H6}{p5}$	$\dfrac{H6}{r5}$	$\dfrac{H6}{s5}$	$\dfrac{H6}{t5}$					
H7						$\dfrac{H7}{f6}$	$\dfrac{H7}{g6}$	$\dfrac{H7}{h6}$	$\dfrac{H7}{js6}$	$\dfrac{H7}{k6}$	$\dfrac{H7}{m6}$	$\dfrac{H7}{n6}$	$\dfrac{H7}{p6}$	$\dfrac{H7}{r6}$	$\dfrac{H7}{s6}$	$\dfrac{H7}{t6}$	$\dfrac{H7}{u6}$	$\dfrac{H7}{v6}$	$\dfrac{H7}{x6}$	$\dfrac{H7}{y6}$	$\dfrac{H7}{z6}$
H8				$\dfrac{H8}{d8}$	$\dfrac{H8}{e7}$	$\dfrac{H8}{f7}$	$\dfrac{H8}{g7}$	$\dfrac{H8}{h7}$	$\dfrac{H8}{js7}$	$\dfrac{H8}{k7}$	$\dfrac{H8}{m7}$	$\dfrac{H8}{n7}$	$\dfrac{H8}{p7}$	$\dfrac{H8}{r7}$	$\dfrac{H8}{s7}$	$\dfrac{H8}{t7}$	$\dfrac{H8}{u7}$				
					$\dfrac{H8}{e8}$	$\dfrac{H8}{f8}$		$\dfrac{H8}{h8}$													
H9			$\dfrac{H9}{c9}$	$\dfrac{H9}{d9}$	$\dfrac{H9}{e9}$	$\dfrac{H9}{f9}$		$\dfrac{H9}{h9}$													
H10			$\dfrac{H10}{c10}$	$\dfrac{H10}{d10}$				$\dfrac{H10}{h10}$													
H11	$\dfrac{H11}{a11}$	$\dfrac{H11}{b11}$	$\dfrac{H11}{c11}$	$\dfrac{H11}{d11}$				$\dfrac{H11}{h11}$													
H12		$\dfrac{H12}{b12}$						$\dfrac{H12}{h12}$													

注：1. $\dfrac{H6}{n5}$、$\dfrac{H7}{p6}$ 在公称尺寸小于或等于 3mm 和 $\dfrac{H8}{r7}$ 在小于或等于 100mm 时，为过渡配合。

2. 标注 ◣ 的配合为优先配合。

表 6-1-8　基轴制优先和常用配合

基 准 轴	孔																						
	A	B	C	D	E	F	G	H	JS	K	M	N	P	R	S	T	U	V	X	Y	Z
	间 隙 配 合							过 渡 配 合				过 盈 配 合									
h5						$\frac{F6}{h5}$	$\frac{G6}{h5}$	$\frac{H6}{h5}$	$\frac{JS6}{h5}$	$\frac{K6}{h5}$	$\frac{M6}{h5}$	$\frac{N6}{h5}$	$\frac{P6}{h5}$	$\frac{R6}{h5}$	$\frac{S6}{h5}$	$\frac{T6}{h5}$					
h6						$\frac{F7}{h6}$▼	$\frac{G7}{h6}$	$\frac{H7}{h6}$▼	$\frac{JS7}{h6}$	$\frac{K7}{h6}$▼	$\frac{M7}{h6}$	$\frac{N7}{h6}$▼	$\frac{P7}{h6}$	$\frac{R7}{h6}$	$\frac{S7}{h6}$▼	$\frac{T7}{h6}$	$\frac{U7}{h6}$▼				
h7					$\frac{E8}{h7}$	$\frac{F8}{h7}$▼		$\frac{H8}{h7}$▼	$\frac{JS8}{h7}$	$\frac{K8}{h7}$	$\frac{M8}{h7}$	$\frac{N8}{h7}$									
h8				$\frac{D8}{h8}$	$\frac{E8}{h8}$	$\frac{F8}{h8}$		$\frac{H8}{h8}$													
h9				$\frac{D9}{h9}$	$\frac{E9}{h9}$	$\frac{F9}{h9}$		$\frac{H9}{h9}$													
h10				$\frac{D10}{h10}$				$\frac{H10}{h10}$													
h11	$\frac{A11}{h11}$	$\frac{B11}{h11}$	$\frac{C11}{h11}$▼	$\frac{D11}{h11}$				$\frac{H11}{h11}$▼													
h12		$\frac{B12}{h12}$						$\frac{H12}{h12}$													

注：标注▼的配合为优先配合。

任务 2　减速器箱体与箱盖及其附件连接视图的绘制

任务要求 ▶▶

根据图 6-0-1（b）所示减速器的立体图和图 6-2-1 所示箱体与箱盖及其附件的分解图，

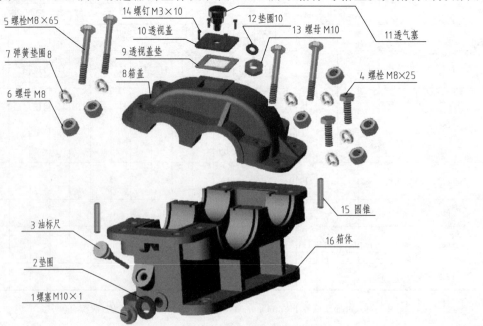

5 螺栓M8×65　　14 螺钉M3×10　　12 垫圈10　　10 透视盖　　13 螺母 M10　　11 透气塞　　7 弹簧垫圈8　　9 透视盖垫　　8 箱盖　　4 螺栓 M8×25　　6 螺母 M8　　3 油标尺　　2 垫圈　　1 螺塞M10×1　　15 圆锥　　16 箱体

图 6-2-1　减速器箱体与箱盖及其附件分解图

项目 5 中的图 5-1-1、图 5-1-11，项目 1 中的图 1-1-1、图 1-2-1，图 6-2-2～图 6-2-5 与螺栓 GB/T 5782—2000 M8×65，螺栓 GB/T 5782—2000 M8×25，螺母 GB/T 6170—2000 M8，薄螺母 GB/T 6172.1—2000 M10，弹簧垫圈 GB/T 93—1987 8，垫圈 GB/T 97.1—2000 10，螺钉 GB/T 67—2000 M3×10，销 GB/T 117—2000 圆锥销 φ4×18，绘制如图 6-2-6 所示减速器箱体与箱盖及其附件的连接视图。要求：图形线型、标注与画法均符合国标规定。

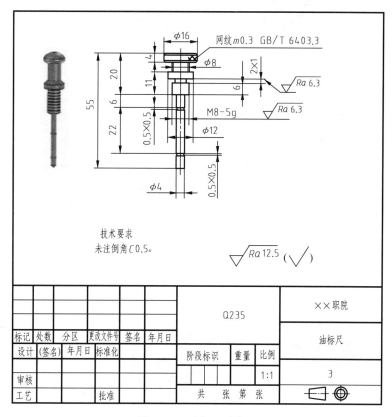

图 6-2-2　油标尺零件图

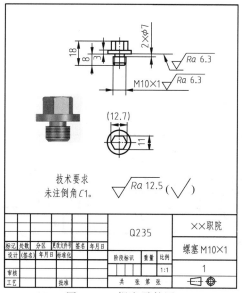

图 6-2-3　螺塞零件图

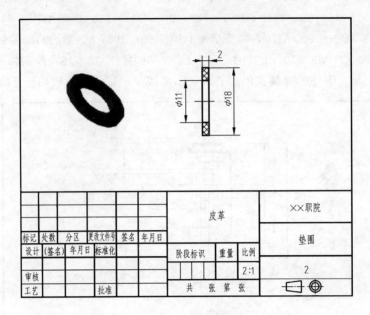

图 6-2-4　垫圈零件图

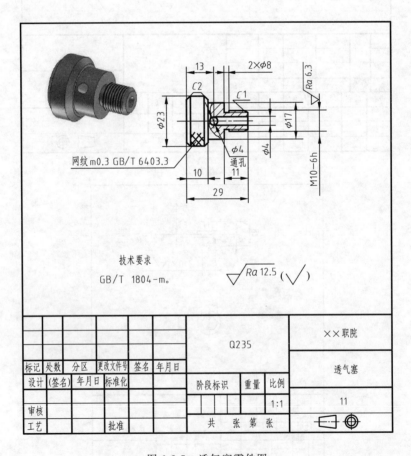

图 6-2-5　透气塞零件图

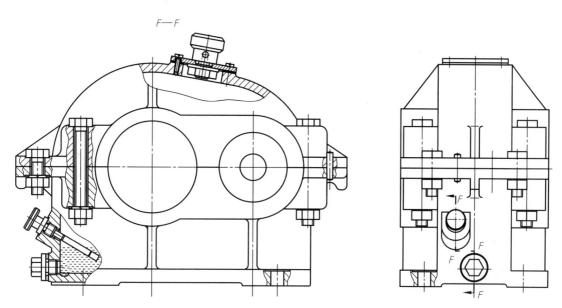

图 6-2-6　减速器箱体与箱盖及其附件的连接视图

任务目标 ▶▶

通过按时完成图 6-2-6 所示减速器的连接视图的绘制，让学生掌握内外螺纹旋合的规定画法，常用螺纹紧固件的标记及根据标记查表得到各结构要素尺寸方法，绘制螺栓、螺柱、螺钉、销连接的连接视图的绘制方法，按时完成率 90% 以上，正确率达到 80% 以上。

课前检测 ▶▶

选择题（选择正确的答案并将相应的字母填入题内的括号中）。

任务 2 参考
答案

1. 下列关于内外螺纹连接的画法叙述中不正确的是（　　　）。

A. 旋合部分按外螺纹画，其余部分仍按各自的规定画法画

B. 内、外螺纹的大径线和大径线、小径线和小径线必须对齐

C. 剖视图中，剖面线应延伸到表示牙顶的粗实线上，相邻两连接件的剖面线的倾斜方向相反或方向一致但间隔距离应不同

D. 当剖切平面通过轴线时，对实心螺杆，按剖视图绘制

2. 在螺纹连接的剖视图中，剖面线应画到（　　　）。

A. 大径线　　　　　　B. 小径线　　　　　　C. 牙底线　　　　　　D. 牙顶线

3. 若两零件厚度分别是 23mm、16mm，零件上所钻通孔的直径是 18mm，用螺栓连接两零件，合适的螺栓标记是（　　　）。

A. 螺栓 GB 5782—2000 M16×60　　　　　B. 螺栓 GB 5782—2000 M18×60

C. 螺栓 GB 5782—2000 M16×55　　　　　D. 螺栓 GB 5782—2000 M18×55

4. 下列关于螺栓紧固件连接不正确的叙述是（　　　）。

A. 螺栓连接用于两个不太厚并允许钻成通孔的零件之间的连接

B. 螺柱连接可用于连接两零件之一较厚，或不允许钻成通孔而难于采用螺栓连接，或因拆装频繁，又不宜采用螺钉连接的连接

C. 螺栓连接一般用于受力不大不需经常拆装的零件连接中或因拆装频繁，又不宜采用螺钉连接的连接中

D. 螺钉连接一般用于受力不大不需经常拆装的零件连接中的连接

5. 画螺纹紧固件连接的装配图时应遵循的有关规定中叙述不正确的是（　　）。

A. 螺杆与通孔之间都需画两条轮廓线，而螺杆头部与零件接触表面处只需画一条轮廓线

B. 螺纹紧固件采用比例画法时，螺栓、螺母、螺杆上螺纹端面的倒角都不应画出

C. 当剖切平面通过螺杆的轴线时，螺栓、螺母及垫圈等这些紧固件均按未画处理

D. 用垂直于螺杆轴线的剖切平面剖切螺杆时，在剖视图和断面图要画剖面线

6. 下列关于销及销连接不正确的叙述是（　　）。

A. 在销连接的剖视图中，当剖切平面通过销的轴线时，销按不剖处理

B. 销的公称直径是大径

C. 销的公称直径是小径

D. 用垂直于销轴线的剖切平面剖切削时，在剖视图和断面图要画剖面线

7. 螺钉连接的画图要求中，叙述不正确的是（　　）。

A. 螺纹终止线应高于两零件的结合面，表示螺钉拧紧还有余地，以保证连接牢固

B. 螺钉头部的一字槽，在主视图中放正画在中间位置，俯视图中画成与水平线倾斜成 45°角，槽的宽度可用加粗的粗实线简化表示，如果画左视图，一字槽也画在中间位置

C. 螺钉与通孔间有间隙，应画两条轮廓线，螺纹旋合部分按内螺纹画

D. 螺钉与通孔间有间隙，应画两条轮廓线，螺纹旋合部分按外螺纹画

8. 下列关于螺钉连接不正确的叙述是（　　）。

A. 装配图中，螺钉连接的画法是拧入螺孔端与螺柱连接紧固端的画法相同，穿过通孔端与螺栓连接的画法相同

B. 两被连接件中，较厚的零件上加工出螺孔，较薄的零件加工出通孔，其中通孔的直径按螺杆直径的 1.1 倍画出

C. 装配时，直接将螺钉穿过通孔拧入螺孔中，螺纹的旋入深度，可根据被旋入零件的材料决定

D. 螺钉连接一般用于受力不大不需经常拆装的零件连接中

任务实施 ▶▶

一、减速器箱体及其附属零件连接视图的绘制

1. 分析箱体及其附属零件的连接关系

箱体与其附属零件连接关系包括箱体与油标和箱体与螺塞加垫圈两个部分的内外螺纹连接，如图 6-2-7 所示。

2. 学习内外螺纹连接的画法

在剖视图中，如图 6-2-7 所示，旋合部分按外螺纹画，其余部分仍按各自的规定画法画。画图时内、外螺纹的大径线和大径线、小径线和小径线必须对齐；剖面线应延伸到表示牙顶的粗实线上，相邻两连接件的剖面线的倾斜方向相反或方向一致但间隔距离应不同；当剖切平面通过轴线时，对实心螺杆，按不剖绘制。

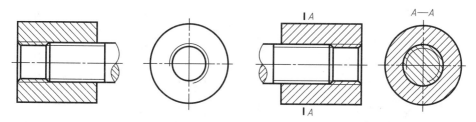

图 6-2-7　内外螺纹连接的画法

3. 绘制箱体与油标和箱体与螺塞连接视图

为了表达箱体与油标和箱体与螺塞加垫圈的连接关系以及各零件的主要结构，可采用两种绘制方法。

① 用两个平行的剖切平面通过油标和螺塞的前后对称面剖开，绘制局部剖视图的主视图（这里只画局部剖视部分，省略了箱体的其他部分），以表达它们的连接关系，采用左视图表达油标和螺塞的剖切位置。根据国标关于标准件和实心件纵向剖切时的画法规定和螺纹连接的画法，分别画出箱体与油标和箱体与螺塞的连接视图，如图 6-2-8 所示。

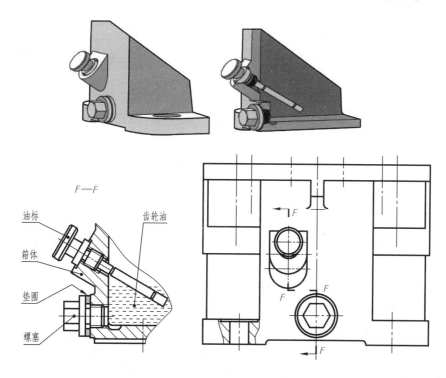

图 6-2-8　两个平行的剖切平面剖开箱体与其附属零件的连接视图

② 用两个单一剖切平面分两次分别通过油标和螺塞的前后对称面剖开，绘制局部剖视图中再作一次简单局部剖视图（即剖中剖）的主视图（这里只画局部剖视部分，省略了箱体的其他部分），以表达它们的连接关系，采用左视图表达油标和螺塞的剖切位置。不过在采用"剖中剖"的画法时，两者之间用细实线隔开，剖面线应同方向，同间隔，但要互相错开，一般须用引出线标注其名称，如图 6-2-9 所示。

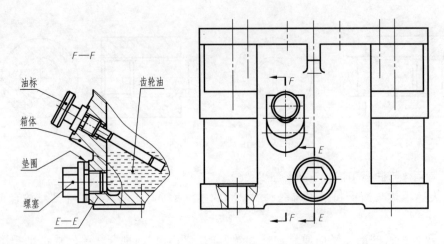

图 6-2-9　剖中剖剖开箱体与其附属零件的连接视图

二、减速器箱盖及其附属零件连接视图的绘制

1. 分析箱盖及其附属零件的连接关系

箱盖与其附属零件的连接关系包括透视盖、透视盖垫与箱盖之间的螺钉连接和透视盖、透气塞、垫片、薄螺母之间的螺栓连接两个部分的螺纹紧固件连接，如图 6-2-1 所示。

2. 学习螺纹紧固件及其标记与画法

螺纹紧固件是指利用内、外螺纹的旋合作用来连接和紧固一些零部件的零件。螺纹紧固件的种类很多，常用的有螺栓、螺柱、螺钉、螺母和垫圈等，如图 6-2-10 所示。

图 6-2-10　常用的螺纹紧固件

（1）常用螺纹紧固件的标记

螺纹紧固件的结构和尺寸已标准化，属于标准件，一般由专门的工厂生产。各种标准件都有规定标记，使用时，可根据其标记从相应的国家标准中查出它们的结构形式、尺寸及技

术要求等，无需画零件工作图。常用螺纹紧固件标记的内容包括名称、标准编号的螺纹规格等，标记示例与含义如图 6-2-11 所示。

（2）常用螺纹紧固件的画法

① 比例画法 所谓比例画法就是除公称长度 L 需经计算，并查表选标准值外，其余各部分尺寸都按螺纹公称直径（d、D）的一定比例进行绘图的方法。图 6-2-12 为常用螺栓、螺母和垫圈的比例画法，图中注明了近似比例关系。螺栓头部和螺母因 30° 倒角而产生截交线为双曲线，作图时常用圆弧近似代替双曲线的投影。

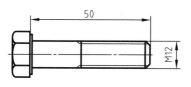

(a) 标记:螺栓 GB/T 5782—2000 M12×50

(b) 标记:螺母 GB/T 6170—2000 M16

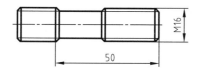

(c) 标记:双头螺柱 GB/T 898—1988 M16×50

(d) 标记:螺母 GB/T 6178—1986 M16

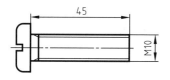

(e) 标记:螺钉 GB/T 67—2000 M10×45

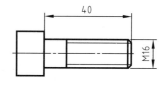

(f) 标记:螺钉 GB/T 70.1—2000 M16

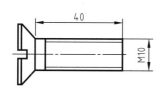

(g) 标记:螺钉 GB/T 68—2000 M10×40

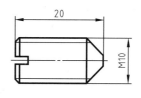

(h) 标记:螺钉 GB/T 71—1985 M10×20

(i) 标记:垫圈 GB/T 97.1—2002 16

(j) 标记:垫圈 GB/T 93—1987 20

图 6-2-11 常用螺纹紧固件的标记与含义

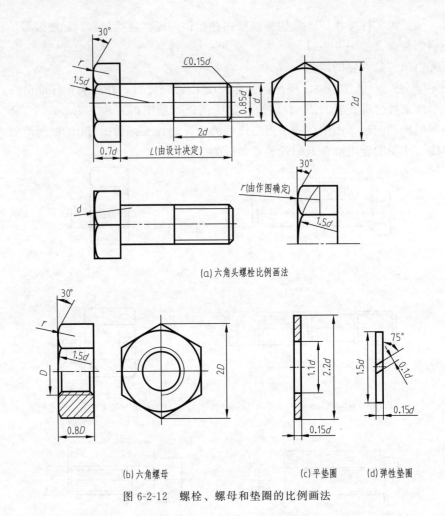

(a)六角头螺栓比例画法

(b)六角螺母　　　(c)平垫圈　　(d)弹性垫圈

图 6-2-12　螺栓、螺母和垫圈的比例画法

② 简化画法　装配图中常用简化画法，它是不画倒角的比例画法，如图 6-2-13 所示。

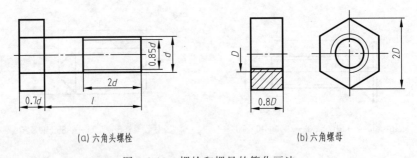

(a)六角头螺栓　　　　　　　　　　(b)六角螺母

图 6-2-13　螺栓和螺母的简化画法

（3）螺纹紧固件连接的画法

所谓螺纹紧固件连接就是利用螺纹紧固件将其他零件装配在一起，常用的连接形式有螺栓连接、双头螺柱连接和螺钉连接三种，如图 6-2-14 所示。无论采用哪种连接，其画法都应遵守下列规定：两零件的接触表面只画一条线，不接触的相邻两表面，不论其间隙大小均需画成两条线（小间隙可夸大画出）；相邻零件剖面线的方向相反，或剖面线的方向相同但间距不同，但同一零件的剖面线在所有剖视图和断面图中应同间距同方向；当剖切平面通过

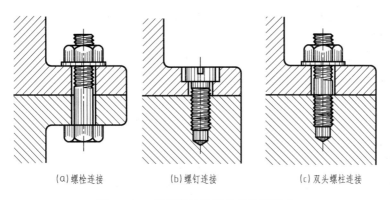

(a)螺栓连接   (b)螺钉连接   (c)双头螺柱连接

图 6-2-14 常用螺纹紧固件的连接形式

螺纹紧固件的轴线时，螺纹紧固件均按不剖绘制；各紧固件可采用简化画法。

① 螺栓连接的画法 螺栓连接用于两个不太厚并允许钻成通孔的零件之间的连接，所用的螺纹紧固件有螺栓、螺母、垫圈。连接时，先将螺栓的杆身穿过两个零件的通孔，然后套上垫圈，再拧紧螺母，完成螺栓连接。绘制螺栓连接图时，各紧固件提倡采用简化画法，如图 6-2-15 所示。其中，螺栓的公称长度 L 应按照公式 $L \approx t_1 + t_2 + h + m + a$ 计算后，从相应的螺栓标准所规定的长度系列中选择最接近标准的长度值。公式中，t_1、t_2 为被连接件的厚度；$h = 0.15d$，为垫圈厚度；$m = 0.8d$，为螺母厚度；$a \approx (0.2 \sim 0.3)d$，为螺栓伸出螺母的长度。

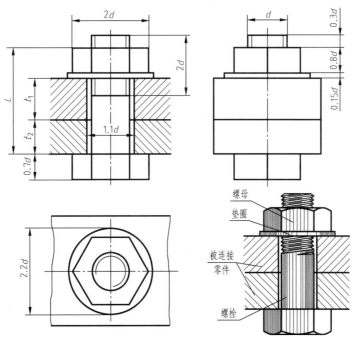

图 6-2-15 螺栓连接的画法

② 螺钉连接的画法 螺钉连接一般用于受力不大不需经常拆装的零件连接中。两被连接件中，较厚的零件上加工出螺孔，较薄的零件加工出通孔，其中沉孔和通孔的直径分别稍大于螺钉头和螺杆的直径。装配时，直接将螺钉穿过通孔拧入螺孔中，如图 6-2-16 所示。

螺钉的公称长度 L 应按照公式 $L \approx t_1 + b_m$ 计算后，从相应的螺钉标准所规定的长度系列中选择最接近标准的长度值。公式中，t_1 为带通孔零件的厚度。b_m 为螺纹的旋入深度，可根据被旋入零件（机体）的材料决定（同双头螺柱）：钢或青铜，$b_m = d$；铸铁，$b_m = 1.25d$ 或 $1.5d$；铝合金，$b_m = 2d$。其余部分按图示比例值选取。

螺钉连接图的画法，拧入螺孔端与螺柱连接相似，穿过通孔端与螺栓连接相似，但应注意三点：一是螺钉头部的一字槽，在主视图中放正画在中间位置，俯视图中画成与水平线倾斜成 45°角，如果画左视图，一字槽也画在中间位置，槽的宽度按 $0.25d$ 或者用加粗的粗实线（$2d$）简化表示；二是螺纹终止线应高于两零件的结合面，表示螺钉还有拧紧余地，以保证连接牢固；三是螺钉与通孔间有间隙，应画两条轮廓线。

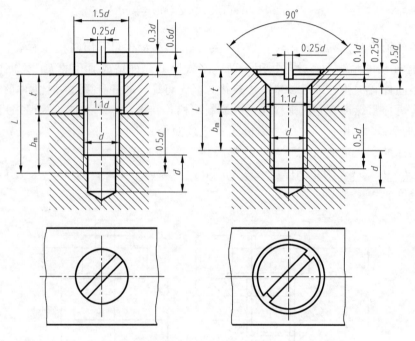

图 6-2-16　螺钉连接的画法

3. 绘制箱盖与其附属零件的连接视图

为了表达箱盖与其附属零件间的连接关系以及各零件的主要结构，可采用以下三种绘制方法。

① 用两个平行的剖切平面分别通过透气塞和一个螺钉的前后对称面剖开，绘制局部剖视图的主视图（这里只画局部剖视部分，省略了箱盖的其他部分），以表达它们的连接关系，采用斜视图表达透视盖的形状和剖切面的剖切位置。根据国标关于标准件和实心件纵向剖切时的画法规定和螺栓连接、螺钉连接的画法，分别画出透视盖与透气塞的连接视图和透视盖与箱盖的连接视图，如图 6-2-17 所示。

② 用两个单一剖切平面分两次分别通过透气塞和一个螺钉的前后对称面剖开，绘制局部剖视图加剖中剖的主视图（这里只画局部剖视部分，省略了箱盖的其他部分），以表达它们的连接关系，采用斜视图表达透视盖的形状和剖切位置。根据国标关于标准件和实心件纵向剖切时的画法规定和螺栓连接、螺钉连接及剖中剖的画法，分别画出透视盖与透气塞的连接视图和透视盖与箱盖的连接视图，如图 6-2-18 所示。

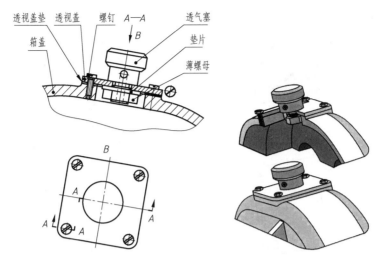

图 6-2-17　两个平行的剖切平面剖开箱盖与其附属零件的连接视图

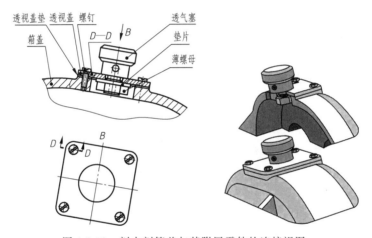

图 6-2-18　剖中剖箱盖与其附属零件的连接视图

③ 用单一剖切平面通过透气塞的前后对称面剖开，绘制局部剖视图的主视图（这里只画局部剖视部分，省略了箱盖的其他部分），以表达它们的连接关系，采用斜视图表达透视盖的形状和剖切位置（这种剖切位置明显的局部剖也可省略标注），根据国标关于标准件和实心件纵向剖切时的画法规定和螺栓连接画出透视盖与透气塞的连接视图，透视盖与箱盖的连接视图只画出可见的螺钉头部和细点画线表示的螺钉位置即可，如图 6-2-19 所示。

以上三种方法的螺钉头部均可只画一处，另一处根据国标关于装配图的简化画法可以省略。

三、减速器箱体与箱盖连接视图的绘制

1. 分析箱体与箱盖的连接关系

箱体与箱盖连接关系包括 4 个 M8×65 的螺栓连接，2 个 M8×25 的螺栓连接和 2 个销连接，如图 6-2-1 所示。

2. 学习销连接的画法

（1）销及其标记

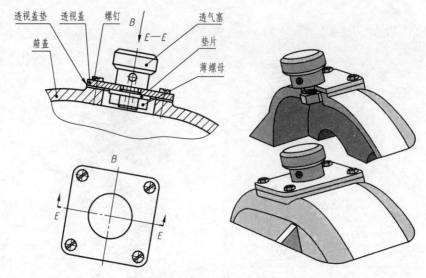

图 6-2-19　单一剖切平面剖开箱盖与其附属零件的连接视图

常用的销有圆柱销、圆锥销和开口销等。圆柱销和圆锥销用做零件间的连接或定位，开口销用来防止连接螺母松动或固定其他零件。销是标准件，其规格、尺寸可从相关标准中查得。表 6-2-1 列出了三种销的标准号、形式和标记示例。

表 6-2-1　销及标记示例

名称	图例	标记示例
圆柱销	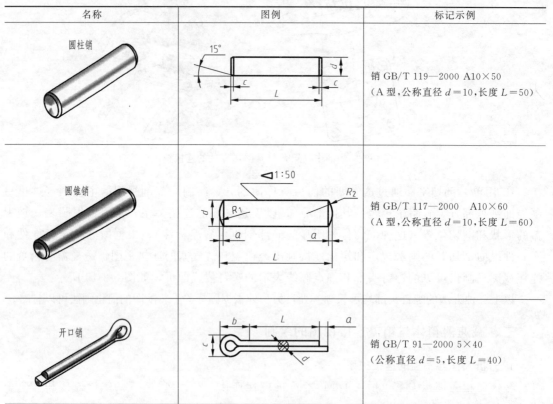	销 GB/T 119—2000 A10×50 （A 型，公称直径 $d=10$，长度 $L=50$）
圆锥销		销 GB/T 117—2000　A10×60 （A 型，公称直径 $d=10$，长度 $L=60$）
开口销		销 GB/T 91—2000 5×40 （公称直径 $d=5$，长度 $L=40$）

（2）销连接的画法

圆柱销和圆锥销的连接画法如图 6-2-20 所示，开口销连接的画法如图 6-2-21 所示。

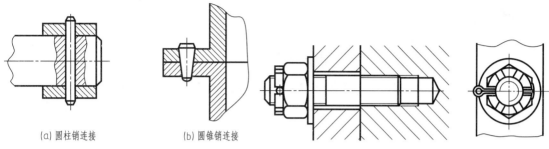

(a) 圆柱销连接　　　(b) 圆锥销连接

图 6-2-20　圆柱销、圆锥销连接画法　　　　图 6-2-21　开口销连接画法

3. 绘制箱体与箱盖连接关系的连接视图

为了表达箱体与箱盖的连接关系，采用三个单一的剖切平面分别通过一个 M8×25 的螺栓连接、一个 M8×65 的螺栓连接和 1 个销连接的前后对称面处剖开，绘制局部剖视图的主视图，以表达它们的连接关系和左右、上下的位置关系，采用基本视图左视图表达它们的前后位置关系。根据箱体和箱盖的零件图，国标关于装配图的规定画法、简化画法和螺栓连接、销连接的画法，画出箱体与箱盖的连接视图，如图 6-2-22 所示。

综合绘制箱体与其附属零件连接视图、箱盖与其附属零件连接视图、箱体与箱盖的连接视图的方法，可绘制出如图 6-2-6 所示减速器箱体与箱盖及其附件的连接视图。

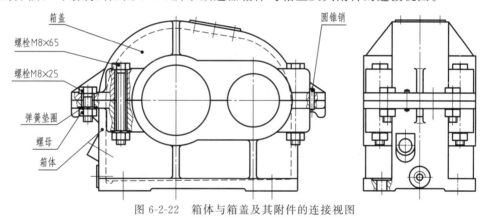

图 6-2-22　箱体与箱盖及其附件的连接视图

任务检测 ▶▶

根据螺纹紧固件连接的画法，分别补全图 6-2-23 所示螺栓连接、双头螺柱连接和螺钉连接的三视图。要求：图形线型和尺寸符合国标规定。

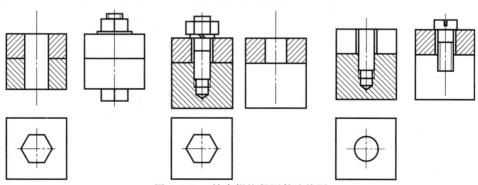

图 6-2-23　补全螺纹紧固件连接图

知识拓展 ▶▶

一、网状物、编织物或机件上的滚花部分画法

网状物或编织物或机件上的滚花部分，可在轮廓线之内示意地画出一部分粗实线，并加旁注（$m0.5$ 是指模数为 0.5）或在技术要求中注明这些机构的具体要求，如图 6-2-24 所示。

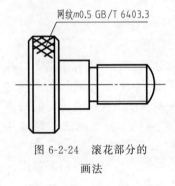

图 6-2-24　滚花部分的
画法

二、螺柱连接的画法

双头螺柱的两端都加工有螺纹，其一端和被连接零件旋合，另一端和螺母旋合，常用于不易钻出通孔的较厚零件和另一个需要钻出通孔（光孔）的较薄零件的连接。所用的螺纹紧固件有双头螺柱、螺母和垫圈。连接时，先在较厚的零件上加工出螺纹，在另一较薄的零件上加工出通孔（孔径 ≈ $1.1d$），然后将双头螺柱的一端（旋入端）旋紧在螺孔内，再将螺柱的另一端（紧固端）穿过被连接零件的通孔，加上垫圈，套上螺母并拧紧，即完成了螺柱连接。绘制螺柱连接图时，各紧固件提倡采用简化画法，螺柱旋入端的螺纹终止线应与两被连接零件的结合面平齐，用以表示旋入端全部拧入，足够拧紧，使用弹簧垫圈时，弹簧垫圈开槽的方向应是阻止螺母松动的方向，在图中应画成与螺柱轴线成 15° 向左上倾斜的两条线或等于 2 倍粗实线的一条特粗实线，如图 6-2-25 所示，有关尺寸的确定如下。

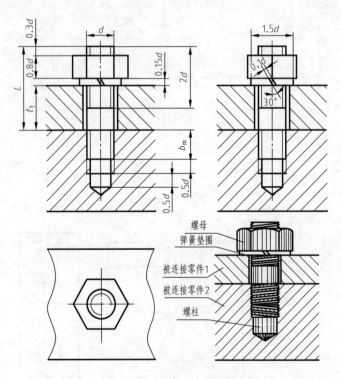

图 6-2-25　螺柱连接及画法

为保证连接牢固，双头螺柱旋入端的长度 b_m，随旋入零件（机体）材料的不同而不同钢或青铜，$b_m = d$，铸铁，$b_m = 1.25d$ 或 $1.5d$；铝合金，$b_m = 2d$。

螺孔与钻孔深度：机体上螺孔的深度应大于旋入端螺纹长度，一般取为 $b_m + 0.5d$；钻孔深度取 $b_m + d$。

螺柱的公称长度 L 应按照公式 $L \approx t_1 + h + m + a$ 计算后，从相应的螺柱标准所规定的长度系列中选择最接近标准的长度值。式中，t_1 为通孔零件的厚度，h 为垫圈厚度，m 为螺母厚度，a 为螺柱伸出螺母的长度。h、m、a 值的确定与螺栓连接相同。

三、紧定螺钉的画法

螺钉按用途可分为连接螺钉和紧定螺钉两类。紧定螺钉常用来保持两零件的相对位置，阻止两者产生相对运动。如图 6-2-26 所示的轮、轴装配中，先在轮的适当部位加工出螺孔，在轴上钻出锥坑，最后拧入紧定螺钉，从而阻止轮的轴向滑动。

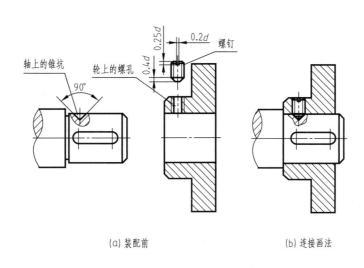

(a) 装配前　　　　　　(b) 连接画法

图 6-2-26　紧定螺钉的连接画法

任务 3　减速器装配图的绘制

任务要求 ▶▶

根据本书减速器的各零件图和立体图，选择合适的比例、图幅和图框与图纸形式绘制如图 6-3-1 所示的装配图。要求图形、线型、尺寸、零件序号，明细栏和标题栏均符合国标规定。

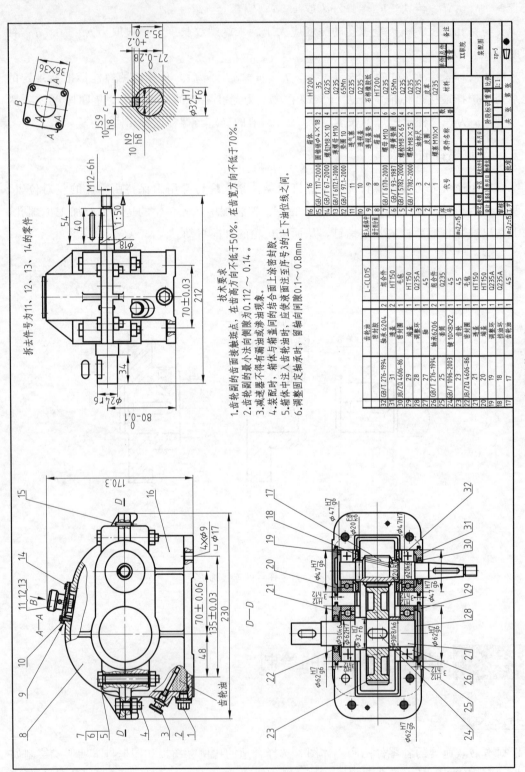

图 6-3-1 减速器装配图

任务目标 ▶▶

　　通过按时完成图 6-3-1 所示一级圆柱斜齿齿轮减速器的装配图，让学生进一步理解并掌握机器或部件装配图的规定画法、特殊画法、尺寸标注、零件序号和明细栏的相关规定与绘制方法与步骤，螺纹连接、螺栓连接、螺钉连接法、键连接、销连接、齿轮啮合的画法，配合及其在装配图中的标注方法，按时完成率 90% 以上，正确率达到 80% 以上。

任务 3
参考答案

课前检测 ▶▶

　　1. 装配图中沿零件结合面剖切，在剖视图中只画出切断零件的剖面线的画法是（　　　　）。

　　A. 拆卸画法　　　　　　B. 特殊画法　　　　　　C. 规定画法　　　　　　D. 简化画法

　　2. 装配图的拆卸画法是（　　　　）。

　　A. 规定画法　　　　　　　　　　　　　　B. 沿结合面剖切画法

　　C. 特殊画法　　　　　　　　　　　　　　D. 简化画法

　　3. 下列关于拆卸画法的不正确叙述是（　　　　）。

　　A. 当某些零件的投影遮住了其他零件需表达的结构或装配关系时采用拆卸画法

　　B. 某些零件在某一视图上不需要再画出时采用拆卸画法

　　C. 采用拆卸画法画出所要表达部分的视图后，在该视图上方加注"拆去××"

　　D. 采用拆卸画法时需标出视图的名称，并在上方加注"拆去××"

　　4. 下列关于配合在装配图中的注法不正确叙述是（　　　　）。

　　A. 在装配图上标注配合尺寸时，用公称尺寸后跟配合代号表示

　　B. 装配图上的配合代号由相配的孔和轴的公差带代号组成，用分数形式表示，分子为孔的公差带代号，分母为轴的公差带代号

　　C. 装配图上的配合代号由相配的孔和轴的公差带代号组成，用分数形式表示，分母为孔的公差带代号，分子为轴的公差带代号

　　D. 当标注标准件和外购件与零件的配合尺寸时，可在公称尺寸后仅标注相配零件的公差带代号

　　5. 下列关于装配图和零件图的不正确叙述是（　　　　）。

　　A. 由于装配图与零件图各自表达对象的重点及在生产中所使用的范围有所不同，所以零件图的表达方法及视图选用原则，一般不适用于装配图

　　B. 由于装配图和零件图一样，也是按正投影的原理、方法和《机械制图》国家标准的有关规定绘制的，所以零件图的表达方法及视图选用原则，一般适用于装配图

　　C. 装配图所表达的是机器或部件，而零件图所表达的是单个零件，侧重点不尽相同

　　D. 装配图是用适当的表达方法清楚地表达机器或部件的工作原理、零件间的装配关系和连接方式为中心，兼顾表达机器或部件的内部构造，外部形状和主要零件的结构形状，不要求把每个零件的形状完全表达清楚

任务实施 ▶▶

一、分析部件并了解工作原理

　　绘制装配图之前，要对绘制的机器或部件进行全面的观察和分析，了解该机器或部件的

用途、结构和工作原理。

1. 用途与结构

一级圆柱斜齿齿轮减速器是一种常用的减速装置，主要用于降低转速。结构如图 6-3-2 减速器分解图所示，由 32 种零件组成。

2. 工作原理

减速器工作时，回转运动是通过件 17（齿轮轴）传入，再经过件 17 上的小齿轮传递给件 23（齿轮），经件 24（键）将减速后的回转运动传给件 27（从动轴），件 27 将回转运动传给工作机械。主动轴与从动轴两端均由滚动轴承支承，工作时采用飞溅润滑，改善了工作情况，件 18（挡油环）、件 22、30（密封圈）是为了防止润滑油渗漏和灰尘进入轴承，件 25（套筒）是防止件 23（齿轮）轴向窜动，件 19、28（调整环）是调整两轴的轴向间隙，减速器箱体、箱盖用件 15（圆锥销）定位，并用 6 个螺栓紧固，箱盖顶部有观察孔，箱体有放油孔，件 3 为观察润滑油面高度的油标，件 1、2 为排放污油用的零件。

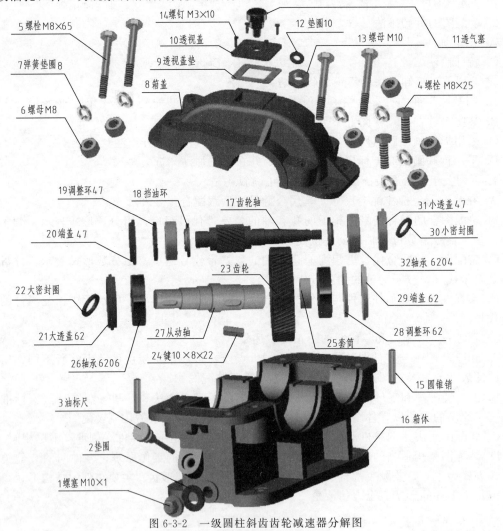

图 6-3-2　一级圆柱斜齿齿轮减速器分解图

二、选择视图及表达方案

选择视图及表达方案的目的是以最少的视图，完整清晰地表达出机器或部件的工作原理、装配关系和连接关系。

1. 主视图

将减速器按工作位置放置，采用基本视图重点表达减速器部件外形和位置的基础上，对螺栓连接、销连接、透气装置、油标结构、螺塞连接、底板安装孔的结构采用局部剖视图，表达箱体与箱盖用圆锥销定位的关系和用螺栓连接的关系，透视盖与透气塞的螺栓连接及透视盖与箱盖的螺钉连接关系，箱体与油标尺及螺塞的螺纹连接关系，底板安装孔的形状与左右位置关系，同时对箱体、箱盖的壁厚和油面高度也进行了表达。

2. 俯视图

俯视图采用沿箱体和箱盖结合面剖切的画法，在全剖视图的基础上对齿轮啮合区再采用局部剖视图（即剖中剖）的方法，表达齿轮减速器工作原理、传动路线，主（齿轮轴）、从动轴系上各零件的装配关系、两齿轮的啮合关系和结构特点以及零件之间的相互位置，同时也表达了回油槽的形状以及轴承的润滑情况。

3. 左视图

左视图采用拆卸画法（拆去通气装置）来表达减速器的主体结构特征和螺栓连接、销连接和底板上安装孔的前后上下位置关系。

4. 断面图

采用断面图表达键连接的装配关系。

5. 斜视图

采用斜视图表达透视盖的形状和剖切面的种类和剖切位置。

三、确定比例和图幅并绘制图框与作图基准线或中心线

根据总体尺寸和视图数量，确定采用 1∶1 的比例绘图。考虑图形大小、尺寸标注、标题栏、明细栏及技术要求所需的位置，确定采用留装订边的 A1 图幅 X 型图纸。布图时应注意预留标题栏、明细栏、标注尺寸、序号等的空白位置，如图 6-3-3 所示。

四、绘制装配图视图

绘图要点是一般从装配干线着手，用细实线画底图，先画主要零件，后画次要零件，开始时以确定轮廓为主，细节结构可先不画，只画大致轮廓；以一个视图为主，兼顾其他视图，即在画部件的主要结构时，一般是每个视图分别作图，但亦应注意各视图间的投影关系，有些零件如有条件在各个视图上同时画时，应尽可能一起画出以节约时间；画剖视图时要尽量从主要装配线入手由内向外逐个画出。本任务可先从主视图画

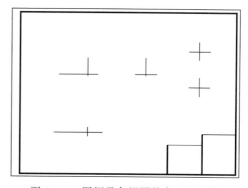

图 6-3-3 图框及各视图的主要基准线

起，将几个视图联系起来画，也可先画俯视图，再画主视图和其他视图。现以先画俯视图，再画主视图和其他视图介绍其绘制步骤。

1. 绘制俯视图

国标关于装配图特殊画法的规定：沿着零件结合面剖开，在零件结合面上不画剖面线，但被切部分（如本任务中的螺栓、销、端盖、透盖、轴承、挡油环、套筒等）必须画出剖面

线。具体绘制步骤如下。

（1）绘制箱体的俯视图

如图 6-3-4 所示。

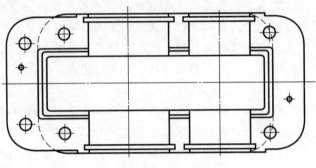

图 6-3-4　箱体的俯视图

（2）绘制齿轮轴系的装配图视图

绘制齿轮轴时，注意齿轮的中线与箱体前后对称线要对齐；绘制轴承时，注意轴承内圈由挡油环定位，轴承外圈由调整环和端盖及透盖定位，轴承间隙由调整环厚度调整；绘制端盖时，其外圆与轴承座孔配合，凸缘嵌入轴承座槽内，凸缘顶与槽底不接触，要画两条线；绘制透盖时，透盖孔径大于轴径，与轴不接触，画两条线，透盖的密封槽内装入毡圈，毡圈的孔与轴接触，起密封作用，如图 6-3-5 所示。

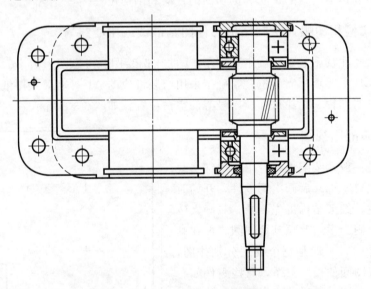

图 6-3-5　绘制齿轮轴系装配图

（3）绘制从动轴系的装配图视图

① 学习圆柱齿轮啮合的画法　两标准齿轮啮合时，分度圆处于相切位置，此时的分度圆又称节圆。画图时，除啮合区外，其余部分均按单个齿轮绘制。啮合部分的画法规定如下。

a. 在垂直于齿轮轴线的投影面的视图（反映为圆的视图）中，两节圆应相切，齿顶圆均按粗实线绘制，如图 6-3-6（a）左视图所示；在啮合区的齿顶圆部分可以省略不画，如图

6-3-6（b）左视图所示；齿根圆全部省略不画。

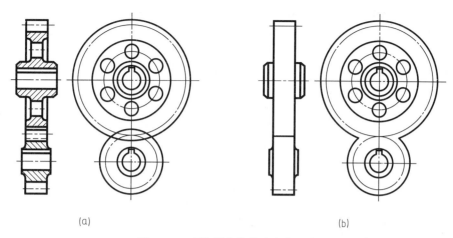

(a) (b)

图 6-3-6 直齿圆柱齿轮啮合的画法

b. 在平行于齿轮轴线的投影面的视图（非圆视图）中，当采用剖视且剖切平面通过两齿轮轴线时，在啮合区将一个齿轮的齿顶线和齿根线用粗实线绘制，另一个齿轮的轮齿按被遮挡处理，其齿顶线用细虚线绘制，也可省略不画，如图 6-3-6（a）主视图所示；一个齿轮的齿顶线和另一个齿轮的齿根线之间的间隙按 $0.25m$（m 为模数）绘制，如图 6-3-7 所示。

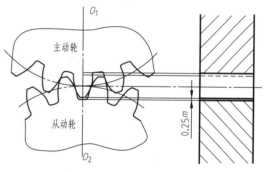

图 6-3-7 轮齿啮合区的画法

c. 在平行于齿轮轴线的投影面的视图中，当不采用剖视时，啮合区的齿顶线不需画出，节线用粗实线绘制，但非啮合一侧的节线仍用细点画线绘制，齿根线均不画出，如图 6-3-6（b）主视图所示。

② 绘制从动轴系的装配图视图

绘制从动轴上的齿轮时，注意两齿轮的轮齿中线要对齐，两轮齿须在分度圆处啮合，绘制轴承时，注意轴承内圈由套筒和轴肩定位，轴承外圈由调整环和端盖及透盖定位，轴承间隙由调整环厚度调整；端盖和透盖的画法与齿轮轴上端盖和透盖的画法相同，如图 6-3-8 所示。

（4）绘制螺栓和销的断面图

如图 6-3-9 所示。

2. 绘制主视图

主视图的绘制可按三个步骤进行，

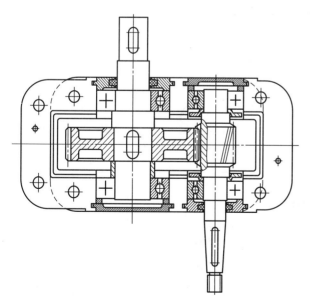

图 6-3-8 绘制从动轴系的装配图视图

首先绘制箱体和箱盖的可见轮廓的投影，其次绘制箱体与箱盖及其附件的连接视图，最后绘制两轴系的投影（实际上只需画出齿轮轴伸出轴承座孔部分的投影），对于前两个步骤的绘制详见本项目的任务 2，绘制时注意与俯视图的长对正关系，第 3 步的绘制结果如图 6-3-10 所示。

3. 绘制左视图

左视图采用拆卸画法（拆去通气装置）。根据主、俯视图，按投影关系画出左视图，步骤与画主视图相似，如图 6-3-11 所示。

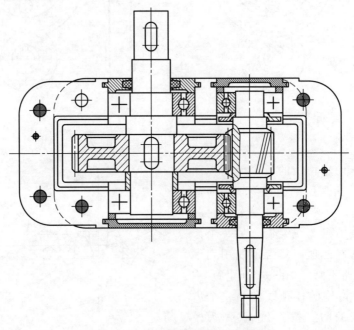

图 6-3-9　绘制螺栓和销的断面图

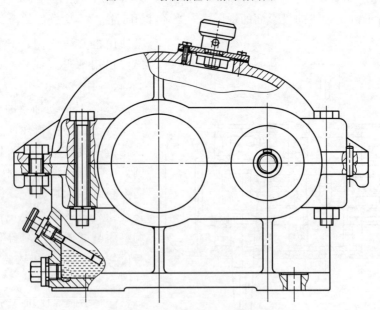

图 6-3-10　绘制两轴系的投影

4. 绘制断面图和斜视图

键连接断面图的绘制方法详见本项目任务 1 的图 6-1-10；为表达透视盖的形状和剖切面

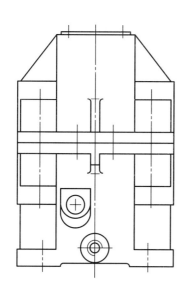

（a）绘制箱体和箱盖的可见轮廓的投影

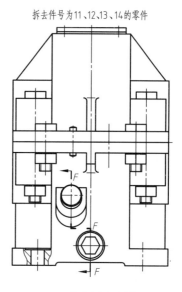

（b）绘制连接关系的投影

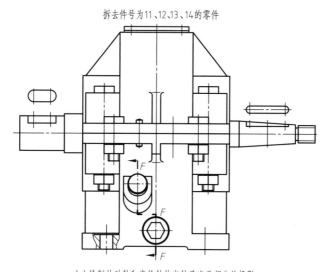

（c）绘制从动轴和齿轮轴伸出轴承座孔部分的投影

图 6-3-11　绘制左视图的步骤

的种类和剖切位置而采用的斜视图，其绘制方法详见本项目任务 2 中绘制箱盖与其附属零件的连接视图。

5. 检查和加深图形

由于装配图图形复杂，线条较多容易多线和漏画部分投影，所以绘制完底稿，应认真检查，发现错误及时修改，检查无误后加深图形。

五、标注尺寸

按照装配图中尺寸的注法和配合在装配图中的注法标注尺寸，结果如图 6-3-1 所示。

规格（性能）尺寸：两齿轮啮合的中心距 70 ± 0.05。

总体尺寸（外形尺寸）：减速器的总长、总宽和总高尺寸 230、212、170.3。

安装尺寸：减速器箱体上安装孔长度方向的定位尺寸为 48，孔的左右中心距为 135，孔的前后中心距为 70±0.03，孔的直径为 $\phi 9$；齿轮轴外伸输入端尺寸 54、40、$\phi 18$、1∶50 及 M12-6h；从动轴外伸输出轴端的尺寸 34、$\phi 24r6$ 等。

配合尺寸（装配尺寸）：从动轴与齿轮之间的配合尺寸为 $\phi 32H7/r6$，键与轴键槽的配合尺寸为 10N9/h9，键与轮毂键槽的配合尺寸为 10JS9/h9，轴与轴承之间的配合尺寸为 $\phi 30k6$ 和 $\phi 20k6$，轴承与轴承孔之间的配合尺寸为 $\phi 62H7$ 和 $\phi 47H7$，轴承孔与端盖、透盖的配合尺寸为 $\phi 62H7/g6$、$\phi 47H7/g6$ 和 3H12/h12，轴与套筒的配合尺寸为 $\phi 30F8/k6$，轴与挡油环的配合尺寸为 $\phi 20F8/k6$。

其他重要尺寸：减速器的中心高度 80，平键上面与轮毂键槽底面的间隙尺寸 0.3（35.3－27－8＝0.3）。

六、标注技术要求

装配要求：装配时，箱体与箱盖间的结合面上涂密封胶 0.1～0.8mm；调整固定轴承时，留轴向间隙。

检验要求：齿轮副的齿面接触斑点，在齿高方向不低于 50%，在齿宽方向不低于 70%；齿轮副的最小法向侧隙为 0.112～0.14mm。

使用要求：箱体中注入齿轮油时，应使液面注至序号 3 的上下油位线之间；减速器不得有漏油或渗油现象。

技术要求写在明细栏上方或图纸下方的空白处，如图 6-3-1 所示。

七、编写零部件序号

按照编注序号的基本要求和注定形式编写零部件序号，如图 6-3-1 所示。

八、绘制并填写标题栏及明细栏

按国家标准中推荐使用的格式填写标题栏和明细栏。技术要求写在明细栏上方或图纸下方的空白处，如图 6-3-1 所示。

任务检测 ▶▶

① 简述装配图包括哪些内容？有什么用途？
② 简述装配图有哪些规定画法？有哪些常用的特殊画法？
③ 什么叫基孔制配合？什么叫基轴制配合？配合在装配图中怎样标注？

知识拓展 ▶▶

一、常见的装配工艺结构

零件除了应根据设计要求确定其结构外，还要考虑加工和装配的合理性，否则就会给装配工作带来困难，甚至不能满足设计要求。下面介绍几种最常见的装配工艺结构。

1. 接触面与配合面

① 当两个零件接触时，同一方向上只能有一对接触面或配合面，这样既可以保证两个零件配合性质和接触良好，又能降低加工要求，如图 6-3-12 所示。

② 为了保证孔端面和轴肩端面接触良好，应在孔边处加工出倒角，或在轴肩处加工出

(a) 合理　(b) 不合理　(c) 合理　(d) 不合理　(e) 合理　(f) 不合理

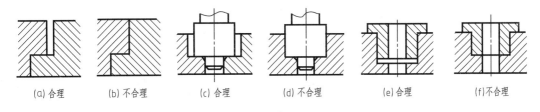

图 6-3-12　接触面或配合面

退刀槽，如图 6-3-13 所示。

(a) 合理　(b) 合理　(c) 不合理

图 6-3-13　倒角或退刀槽结构

2. 螺纹紧固件连接结构

① 在螺纹紧固件的连接中，与紧固件接触的平面应制成沉孔或凸台，这样既可以减少加工面积，又能够保证接触良好，如图 6-3-14 所示。

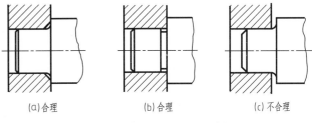

② 为了防止机器工作时振动而使螺纹紧固件松脱，常在螺纹紧固件结构中采用双螺母、弹簧垫圈、止动垫圈和开口销等防松装置，如图 6-3-15 所示。

(a) 合理　(b) 合理　(c) 不合理

图 6-3-14　沉孔或凸台结构

(a) 双螺母锁紧　(b) 弹簧垫圈锁紧　(c) 开口销与六角螺母锁紧

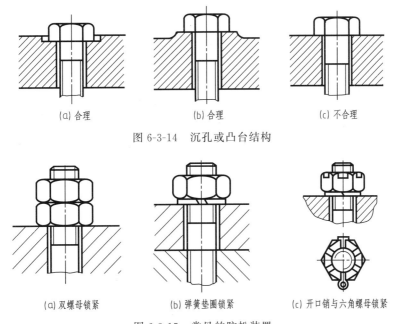

图 6-3-15　常见的防松装置

3. 密封结构

在机器或部件中，为了防止内部液体或气体外漏，同时防止外部灰尘和杂质侵入，常采用密封结构。常见的密封装置有毡圈密封、橡胶圈密封、填料密封等，如图 6-3-16 所示。

4. 装拆方便与可能的结构

① 用螺纹紧固件连接零件时，应留出能够将螺纹紧固件顺利放入螺纹孔中，并使用扳手拧紧该螺纹紧固件的足够空间，否则，零件加工后将无法装配，如图 6-3-17 所示。

② 为了加工销孔和拆卸销方便，在可能的条件下，销孔应钻成通孔，尽可能不要做成

盲孔，如图 6-3-18 所示。

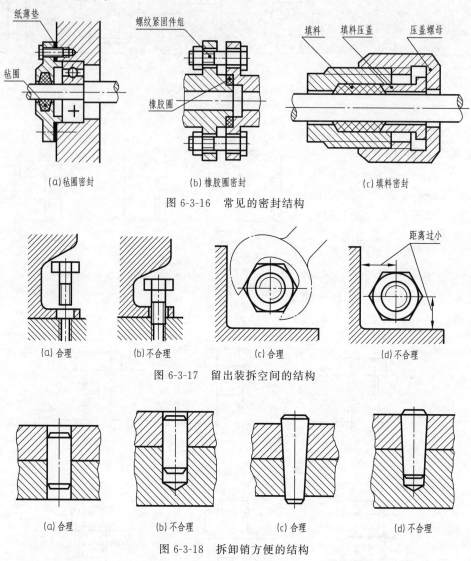

（a）毡圈密封　　　　　　　（b）橡胶圈密封　　　　　　　（c）填料密封

图 6-3-16　常见的密封结构

（a）合理　　　　（b）不合理　　　　（c）合理　　　　（d）不合理

图 6-3-17　留出装拆空间的结构

（a）合理　　　　（b）不合理　　　　（c）合理　　　　（d）不合理

图 6-3-18　拆卸销方便的结构

二、圆锥齿轮啮合的画法

　　一对标准圆锥齿轮啮合时，它们的分度圆锥应相切，节线重合，锥顶交于一点，其啮合区的画法，与圆柱齿轮类似：在剖视图中，将一齿轮的齿顶线画成粗实线，另一齿轮的齿顶线画成虚线或省略；在外形视图中，一齿轮的节线与另一齿轮的节圆相切。啮合画法的作图步骤如图 6-3-19 所示。

三、蜗杆蜗轮啮合的画法

　　蜗杆蜗轮啮合可用视图或剖视图表示。在蜗轮投影为非圆的视图上，蜗轮与蜗杆重合的部分，只画蜗杆不画蜗轮。在蜗轮投影为圆的视图上，蜗杆的节线与蜗轮的节圆画成相切。在剖视图中，其画法如图 6-3-20 所示。当剖切平面通过蜗杆的轴线时，齿顶圆或齿顶线均可省略不画。

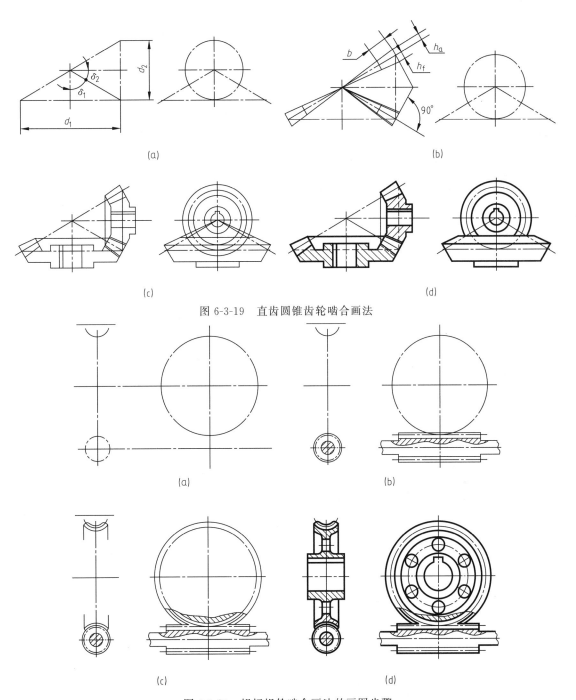

图 6-3-19 直齿圆锥齿轮啮合画法

图 6-3-20 蜗杆蜗轮啮合画法的画图步骤

任务4 减速器装配图的识读

任务要求 ▶▶

识读图 6-3-1 所示一级圆柱斜齿齿轮减速器的装配图，并通过填空的形式准确回答装配图上涉及的所有问题，以便详细掌握装配图的内容及其识读方法和步骤。

任务目标 ▶▶

通过识读如图 6-3-1 所示的装配图，让学生掌握装配图的内容、规定画法、特殊画法、尺寸标注、零件序号和明细栏的相关规定及螺纹连接的画法、螺钉连接的画法、键连接的画法、销连接的画法和装配图的识读方法和步骤，按时完成率达到 80％以上，正确率达到 90％以上。

任务 4
参考答案

课前检测 ▶▶

选择题（选择正确的答案并将相应的字母填入题内的括号中）。

1. 读装配图的主要要求是了解装配体的工作原理、各零件间的装配关系、连接关系及（　　）。

A. 各零件的序号　　　　　　　　　　　B. 尺寸

C. 技术要求　　　　　　　　　　　　　D. 主要零件的结构形状

2. 图 6-3-1 所示装配图的技术要求的描述中，"减速器不得有漏油或渗油现象"属于（　　）。

A. 使用要求　　　　　　　　　　　　　B. 检验要求

C. 装配要求　　　　　　　　　　　　　D. 规格要求

3. 图 6-3-1 所示装配图中，$\phi 30 F8/k6$ 是零件号 25 与零件号 27 的配合尺寸，配合制度是（　　）。

A. 基孔制　　　　　　　　　　　　　　B. 基轴制

C. 非配合制配合　　　　　　　　　　　D. 间隙配合

4. 在装配图中，对于紧固件以及轴、键、销等，若按（　　）剖切，且剖切平面通过其对称平面或轴线时，这些零件均按不剖绘制。

A. 横向　　　　　　　　　　　　　　　B. 垂直于轴线方向

C. 纵向　　　　　　　　　　　　　　　D. 侧向

5. 两个零件在同一方向上只能有（　　）个接触面和配合面。

A. 4　　　　　　　　　　　　　　　　B. 3

C. 2　　　　　　　　　　　　　　　　D. 1

6. 在装配图中，为了表示与本部件的装配关系，但又不属于本部件的其他相邻零部件时，可采用（　　）。

A. 夸大画法　　　　　　　　　　　　　B. 假想画法

C. 展开画法　　　　　　　　　　　　　D. 缩小画法

7. 为了防止机器或部件内部的液体或气体向外渗漏，同时也避免外部的灰尘、杂质等侵入，必须采用（　　）装置。

A. 密封　　　　　　　　　　　　　　　B. 防松

C. 紧固　　　　　　　　　　　　　　　D. 压紧

8. 机器或部件在工作时，由于受到冲击或振动，一些紧固件可能产生松动现象，因此在某些装置中需要采用（　　）结构。

A. 密封　　　　　　　　　　　　　　　B. 防松

C. 紧固　　　　　　　　　　　　　　　　　　　D. 压紧

任务实施 ▶▶

一、识读标题栏与明细栏

看标题栏并参阅有关资料，了解部件的名称与绘图比例及用途。该装配体是＿＿＿，其用途是＿＿＿＿＿＿＿＿＿＿。

看零件编号和明细栏，了解零件的名称、数量和它在图中的位置。该装配体共由＿＿＿种零件组成，其中常用件＿＿＿种，标准件＿＿＿件，专用件＿＿＿件，还能了解到各种零件的名称、数量、材料、标准件的规格以及在图中的位置。

二、识读工作原理

该减速器的动力自＿＿＿输入，通过一对齿轮的啮合传动，由＿＿＿＿＿输出，进而达到改变转速、增加扭矩和运动方向的目的。

三、识读装配与连接关系

减速器主要由齿轮轴系、从动轴系和箱体与箱盖及其附件等组成，如图 6-3-2 所示。

（1）齿轮轴系装配线

齿轮轴系中，齿轮与轴成一体为齿轮轴，两端分别装有＿＿＿＿＿＿＿＿＿＿＿＿。与轴承内圈配合的轴公差带为 k6，为＿＿＿配合；与轴承外圈配合的孔公差带为 H7，为＿＿＿配合。

（2）从动轴系装配线

从动轴与齿轮之间用＿＿连接，采用 H7/r6 的＿＿＿配合，键与轴键槽采用 N9/h9 的＿＿＿配合，键与轮毂键槽采用 JS9/h9 的＿＿＿配合。齿轮的一端装有套筒、轴承和端盖，另一端装有＿＿＿＿＿。与轴承内圈配合的轴公差带为＿＿＿，为过渡配合；与轴承外圈配合的孔公差带为＿＿＿，为间隙配合；套筒与轴采用 F8/k6 配合，为＿＿＿＿＿的间隙配合。

（3）箱体与箱盖的连接关系

箱体 16 与箱盖 8 之间用＿＿＿15 定位，用序号为 4、6、7 和 5、6、7 的两种＿＿＿＿连接，共 6 组。

（4）视孔盖与箱盖、透气塞的连接关系

视孔盖 10 与箱盖 8 之间用 4 个序号为＿＿＿14 连接；视孔盖 10 与透气塞 11 之间用序号为 12 的＿＿＿＿＿和 13 的＿＿＿＿＿连接。

（5）箱体与油标尺、螺塞的连接关系

箱体 16 与油标尺 3 之间和箱体 16 与螺塞 1 之间均采用＿＿＿＿＿连接。

（6）轴承孔与端盖、透盖的装配关系

轴承孔与端盖、透盖均采用 H7/g6 和 H12/h12 配合，为基孔制的＿＿＿配合。

四、识读视图及表达方案

减速器装配图由＿＿视图、＿＿视图、左视图、＿＿＿＿＿图和＿＿＿视图组成。主视图六处采用＿＿＿视图，分别表达＿＿＿＿＿用圆锥销定位的关系和用螺栓连接的关系，＿＿＿＿＿的螺栓连接及_____的螺钉连接关系，_____及螺塞的螺纹连接关系，底板安装孔的形状与左右位置关系，同时对箱体、箱盖的壁厚和油面高度也进行了表达；俯视图采用沿_____结合面剖切的画法，在全剖视图的基础上对齿轮啮合区再采用_____（即剖中剖）的方法，表达齿轮减速器工作__，传动路线，主、从动轴系上各零件的____关系、两齿轮的____关系和结构特点以及零件之间的相互位置，同时也表达了回油槽的形状以及轴承的润滑情况；左视图采用_____画法来表达减速器的主体结构特征和螺栓连接、销连接和底板上安装孔的____上下的位置关系；断面图表达____连接的装配关系；斜视图表达透视盖的形状和剖切面的种类和剖切位置。

五、识读尺寸

两齿轮啮合的中心距 70±0.05 属于_____尺寸；尺寸 230、212 和 170.3 属于_____尺寸；尺寸 48、135±0.03 和 70±0.03 属于_____尺寸；尺寸 $\phi32H7/r6$、$\phi30F8/k6$ 和 $\phi62H7$ 属于_____尺寸。该减速器共有__个安装孔，其定位尺寸是_____、_____和_____，孔的直径为____，沉孔的直径为_____。

六、识读技术要求

装配时，箱体与箱盖间的结合面上涂密封胶 0.1～0.8；调整固定轴承时，留轴向间隙属于____要求；齿轮副的齿面接触斑点，在齿高方向不低于 50%，在齿宽方向不低于 70%；齿轮副的最小法向侧隙为 0.112～0.14 属于_____要求；箱体中注入齿轮油时，应使液面注至序号 3 的上下油位线之间；减速器不得有漏油或渗油现象属于____要求。

七、识读主要零件的结构

为深入了解部件，还应进一步分析零件的主要结构形状。分析零件结构的基本方法和步骤是：首先_____，然后_____。

分离零件就是利用装配图的规定画法，零件序号及视图间的投影关系进行分析，找出各个图形中该零件的投影。装配图的规定画法中，同一零件的剖面线在各个视图上的方向和间距应一致，实心件在装配图中沿轴线剖开，不画剖面线，据此可将实心轴、螺纹紧固件、键、销等区分出来，再利用零件序号对照明细栏和视图间的投影关系就可分离出零件。

分析零件的结构形状就是在分离零件基础上，通过分析尺寸和装配情况确定零件的形状，形状不能确定的部分，根据零件的功用、加工及结构常识确定。

八、由装配图拆画零件图

由装配图画出零件图的过程称拆画零件图，是设计过程中的重要环节。必须在全面看懂装配图的基础上，按照零件图的内容和要求拆画零件图。拆画零件图的一般方法及步骤如下。

（1）看懂装配图并分离零件

将要拆画的零件从装配图中分离出来，并对装配图中零件上没有表达的某些局部结构和工艺结构加以分析，进行必要的补充。

（2）确定零件的表达方案

零件图的表达方案是在分析清楚零件形状、结构的基础上，根据其特点和在装配图中的工作位置、加工位置等，结合零件的类型特点来确定的。零件图必须把零件结构形状表达完整清楚，因此，零件在装配图中所体现的视图方案不一定适合零件图的表达要求，在拆画零件时不宜机械地照搬零件在装配图中的表达方案，而应根据实际结构选择来确定。

（3）绘制零件图的图形

运用形体分析法和投影关系绘制零件图的图形。

（4）标注零件图的尺寸

要按照正确、齐全、清晰、合理的要求，标注所拆画零件图形上的尺寸。但装配图并不能反映零件的全部尺寸，零件图上所需尺寸常用以下几种方法确定。

装配图上已注出的尺寸都是比较重要的尺寸。这些尺寸要直接标注到相应的零件图上。配合尺寸要分别按孔、轴的公差带代号或查出偏差数值注在相应的零件图形上。

零件上的标准结构（如倒角、圆角、退刀槽等）的尺寸数值，应从有关标准中查取校对后进行标注；螺孔、键槽、销孔等可查明细栏，根据标准件标记来确定其尺寸。

零件的某些尺寸数值，需根据装配图给定的有关尺寸和参数，经必要的计算或校核来确定，并不得圆整。如齿轮分度圆直径，可根据模数和齿数或中心距计算确定。

装配图中没有标注的其余尺寸，应在装配图上直接量取后按装配图的比例换算得出，并按标准系列圆整。

（5）确定并标注零件图上的技术要求

零件上各表面的表面粗糙度应根据各表面的使用性能要求来确定。一般地，有相对运动的表面、配合表面、需密封的表面、耐腐蚀的表面，其表面粗糙度值应小一些，其他表面相对可稍大些，且所选值应符合国家标准。

通常可根据零件的功用，结合设计要求查阅有关手册或比较同类、相近产品的零件图，通过类比来确定所拆画零件图上的表面结构要求、尺寸公差、几何公差、热处理和表面处理等技术要求。

（6）检查与描深并绘制填写标题栏，完成零件图的绘制。

任务检测　▶▶

根据图 6-3-1 所示一级圆柱斜齿齿轮减速器的装配图拆画箱体零件图。

知识拓展　▶▶

一、圆柱螺旋压缩弹簧的结构及名称

1. 弹簧的种类

弹簧种类很多，常见的有圆柱螺旋弹簧、板弹簧、平面涡卷弹簧等，如图 6-4-1 所示。其中圆柱螺旋弹簧更为常见。根据受力不同，这种弹簧可分为压缩弹簧、拉伸弹簧和扭转弹簧三种。本节主要介绍圆柱螺旋压缩弹簧的有关名称和规定画法。

2. 圆柱螺旋压缩弹簧各部分名称及尺寸计算

① 簧丝直径 d：制造弹簧用的金属丝直径。

② 弹簧直径

弹簧外径 D：弹簧的最大直径。

弹簧内径 D_1：弹簧的最小直径，$D_1 = D - 2d$。

弹簧中径 D_2：弹簧轴剖面内簧丝中心所在柱面的直径，$D_2 = (D + D_1)/2 = D_1 + d = D - d$。

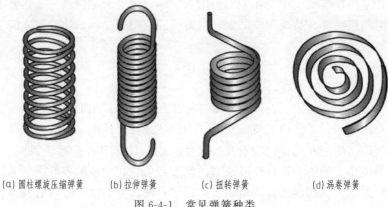

(a)圆柱螺旋压缩弹簧　　　(b)拉伸弹簧　　　(c)扭转弹簧　　　(d)涡卷弹簧

图 6-4-1　常见弹簧种类

③ 支承圈 n_z、有效圈 n、总圈数 n_1。为了使压缩弹簧工作平稳、端面受力均匀，制造时需将弹簧两端 $0.75\sim1.25$ 圈并紧磨平，这些并紧磨平的圈仅起支承作用，称为支承圈。支承圈数 n_z 一般为 1.5、2、2.5。其余保持相等节距且参与工作的圈数，称为有效圈数。支承圈数与有效圈数之和称为总圈数，即 $n_1=n_z+n$。

④ 节距 t：相邻两有效圈上对应点间的轴向距离。

⑤ 自由高度 H_0：未受载荷时的弹簧高度（或长度），即

$$H_0=nt+(n_z-0.5)d$$

式中，等式右边第一项 nt 为有效圈的自由高度；第二项 $(n_z-0.5)d$ 为支承圈的自由高度。

⑥ 展开长度 L：制造弹簧时所需金属丝的长度。按螺旋线展开可得

$$L\approx n_1\sqrt{(\pi D_2)^2+t^2}$$

⑦ 旋向：螺旋弹簧分为右旋和左旋两种。

二、圆柱螺旋压缩弹簧的画法

1. 圆柱螺旋弹簧的规定画法

圆柱螺旋弹簧画法如图 6-4-2 所示，有剖视图、视图和示意图画法。

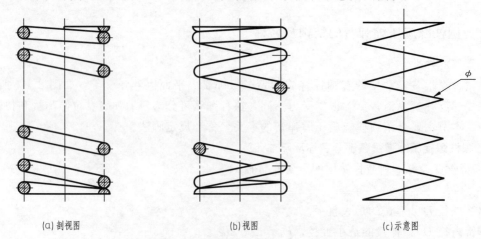

(a)剖视图　　　　　　　　　(b)视图　　　　　　　　　(c)示意图

图 6-4-2　圆柱螺旋弹簧的表示方法

GB/T 4459.4—2003 对弹簧的画法作了如下规定。

① 在平行于螺旋弹簧轴线的投影面的视图中，其各圈的轮廓应画成直线。

② 有效圈数在四圈以上的螺旋弹簧，可在每一端只画 1~2 圈（支承圈除外），中间只需用通过簧丝断面中心的细点画线连起来，且可适当缩短图形长度。

③ 螺旋弹簧均可画成右旋，但左旋螺旋弹簧不论画成左旋或右旋，一律要注出旋向"左"字。

④ 螺旋压缩弹簧如要求两端并紧且磨平时，不论支承圈数多少、末端贴紧情况如何，均按支承圈为 2.5 圈（有效圈是整数）的形式绘制。必要时，也可按支承圈的实际结构绘制。

2. 装配图中弹簧的简化画法

① 在装配图中，弹簧被看作实心形体，因而被弹簧挡住的结构不画出，可见部分应画至弹簧的外轮廓线或弹簧中径，如图 6-4-3（a）所示。

② 在装配图中，被剖切后的簧丝直径小于 2 mm 时，剖面可用涂黑表示，且各圈的界线轮廓线不画，如图 6-4-3（b）所示；也可用示意画法，如图 6-4-3（c）所示。

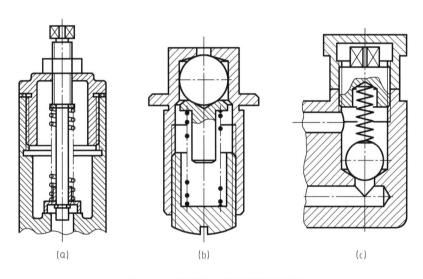

(a)　　　　　　　　　　(b)　　　　　　　　　　(c)

图 6-4-3　装配图中弹簧的简化画法

3. 圆柱螺旋压缩弹簧的作图步骤

已知一普通圆柱螺旋压缩弹簧，中径 $D_2 = 38$，材料直径 $d = 6$，节距 $t = 11.8$，有效圈数 $n = 7.5$，支承圈数 $n_z = 2.5$，右旋，试绘制该弹簧。

（1）计算弹簧相关参数

弹簧外径 $D = D_2 + d = 38 + 6 = 44$

自由高度 $H_0 = nt + (n_z - 0.5)d = 7.5 \times 11.8 + (2.5 - 0.5) \times 6 = 100.5$

（2）绘制图形

作图步骤如图 6-4-4 所示：首先根据 D_2 及 H_0 画出弹簧高度和中径线，其次画出支承圈部分与簧丝直径相等的圆和半圆，再次画出有效圈数部分与簧丝直径相等的圆和半圆，最后按右旋方向作相应圆公切线及剖面线，检查描深，完成作图。

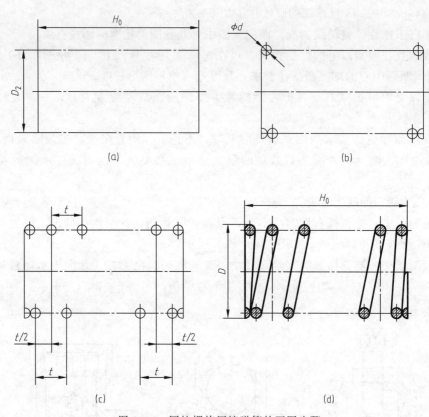

图 6-4-4　圆柱螺旋压缩弹簧的画图步骤

附录

一、螺纹

附表 1 普通螺纹直径与螺距（GB/T 193—2003、GB/T 196—2003）　　　　mm

公称直径(D、d)		螺距(P)		粗牙螺纹小径
第一系列	第二系列	粗牙	细牙	(D_1、d_1)
3		0.5	0.35	2.459
	3.5	(0.6)		2.850
4	—	0.7		3.242
	4.5	(0.75)	0.5	3.688
5	—	0.8		4.134
6	—	1	0.75、(0.5)	4.917
8	—	1.25	1、0.75、(0.5)	6.647
10	—	1.5	1.25、1、0.75、(0.5)	8.376
12	—	1.75	1.5、1.25、1、(0.75)、(0.5)	10.106
—	14	2	1.5、(1.25)、1、(0.75)、(0.5)	11.835
16	—	2	1.5、1、(0.75)、(0.5)	13.835
—	18	2.5	2、1.5、1、(0.75)、(0.5)	15.294
20	—	2.5		17.294
—	22	2.5	2、1.5、1、(0.75)、(0.5)	19.294
24	—	3	2、1.5、1、(0.75)	20.752
	27	3	2、1.5、1、(0.75)	23.752
30	—	3.5	(3)、2、1.5、1、(0.75)	26.211
—	33	3.5	(3)、2、1.5、(1)、(0.75)	29.211
36	—	4	3、2、1.5、(1)	31.670
—	39	4		34.670

续表

公称直径（D、d）		螺距（P）		粗牙螺纹小径
第一系列	第二系列	粗牙	细牙	（D_1、d_1）
42		4.5		37.129
	45	4.5	（4）、3、2、1.5、（1）	40.129
48		5		42.587
	52	5		46.587
56		5.5		50.046
	60	5.5	4、3、2、1.5、（1）	54.046
64		6		57.505
	68	6		61.505

注：1. 优先选用第一系列，第三系列未列入。

2. 括号内尺寸尽可能不用。

附表 2 管螺纹

用螺纹密封的管螺纹（GB/T 7306—2000）　　　　非螺纹密封的管螺纹（GB/T 7307—2001）

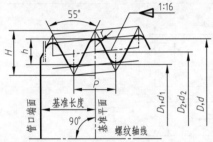 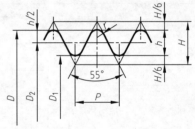

标记示例：

R1/2（尺寸代号 1/2,右旋圆锥外螺纹）　　　　G1/2-LH　（尺寸代号 1/2,左旋内螺纹）

Rc1/2LH　（尺寸代号 1/2,左旋圆锥内螺纹）　　　G1/2A　（尺寸代号 1/2,A 级右旋外螺纹）

Rp1/2　（尺寸代号 1/2,右旋圆柱内螺纹）　　　　G1/2B-LH　（尺寸代号 1/2,B 级左旋外螺纹）

尺寸代号	基面上的直径（GB/T 7306—2000）基本直径（GB/T 7307—2001）			螺距（P）/mm	牙高（h）/mm	圆弧半径（R）/mm	每 25.4mm 内的牙数（n）	有效螺纹长度（GB/T 7306）/mm	基准的基本长度（GB/T 7306）/mm
	大径（$d=D$）/mm	中径（$d_2=D_2$）/mm	小径（$d_1=D_1$）/mm						
1/16	7.723	7.142	6.561	0.907	0.581	0.125	28	6.5	4.0
1/8	9.728	9.147	8.566					6.5	4.0
1/4	13.157	12.301	11.445	1.337	0.856	0.184	19	9.7	6.0
3/8	16.662	15.806	14.950					10.1	6.4
1/2	20.955	19.793	18.631	1.814	1.162	0.249	14	13.2	8.2
3/4	26.441	25.279	24.117					14.5	9.5
1	33.249	31.770	30.291					16.8	10.4
1¼	41.910	40.431	28.952					19.1	12.7
1½	47.803	46.324	44.845					19.1	12.7
2	59.614	58.135	56.656					23.4	15.9
2½	75.184	73.705	72.226	2.309	1.479	0.317	11	26.7	17.5
3	87.884	86.405	84.926					29.8	20.6
4	113.030	111.551	110.072					35.8	25.4
5	138.430	136.951	135.472					40.1	28.6
6	163.830	162.351	160.872					40.1	28.6

二、常用标准件

附表 3　六角头螺栓　　　　　　　　　　mm

六角头螺栓　A 和 B 级（GB/T 5782—2000）

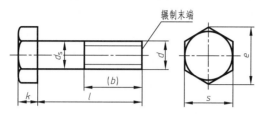

标记示例：

螺栓　GB/T 5780　M20×100　（螺纹规格 d＝M20、公称长度 l＝100、性能等级为 8.8 级、表面氧化、A 级的六角头螺栓）

六角头螺栓　全螺栓　A 和 B 级（GB/T 5783—2000）

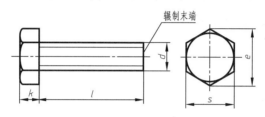

标记示例：

螺栓　GB/T 5783　M12×80　（螺纹规格 d＝M12、公称长度 l＝80、性能等级为 8.8 级、表面氧化、全螺纹、A 级的六角头螺栓）

规格(d)		M5	M6	M8	M10	M12	M16	M20	M24	M30	M36	M42	M48
$b_{参考}$	$l_{公称}$≤125	16	18	22	26	30	38	40	54	66	78	—	—
	125<$l_{公称}$≤200	—	—	28	32	36	44	52	60	72	84	96	108
	$l_{公称}$>200	—	—	—	—	—	57	65	73	85	97	109	121
$k_{公称}$		3.5	4.0	5.3	6.4	7.5	10	12.5	15	18.7	22.5	26	30
s_{min}		8	10	13	16	18	24	30	36	46	55	65	75
e_{min}	A	8.79	10.05	14.38	17.77	20.03	26.75	33.53	39.98	—	—	—	—
	B	8.63	10.89	14.2	17.59	19.85	26.17	32.95	39.55	50.85	60.79	72.02	82.6
d_{smin}	A	6.9	8.9	11.6	14.6	16.6	22.5	28.2	33.6	—	—	—	—
	B	6.7	8.7	11.4	14.4	16.4	22	27.7	33.2	42.7	51.1	60.6	69.4
$l_{范围}$	GB/T 5782	25~50	30~60	35~80	40~100	50~120	65~160	80~200	90~240	110~300	140~360	160~440	180~480
	GB/T 5783	10~50	12~60	16~80	20~100	25~100	30~150	40~150	50~150	60~200	70~200	80~200	100~200
$l_{公称}$	GB/T 5782	20~65(5 进位)、70~160(10 进位)、180~400(20 进位)											
	GB/T 5783	8、10、12、16、18、20、20~65(5 进位)、70~160(10 进位)、180~500(20 进位)											

注：1. 括号内的规格尽可能不用。末端按 GB/T 2—2001 规定。

　　2. 螺纹公差：6g；力学性能等级：8.8。

附表 4　双头螺柱（GB/T 897～900）　　　　　　mm

$b_m=1d$（GB/T 897）　　　$b_m=1.25d$（GB/T 898）　　　$b_m=1.5d$（GB/T 899）　　　$b_m=2d$（GB/T 900）

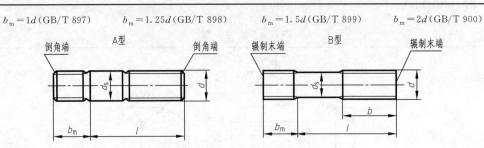

标记示例：

螺柱　GB/T 900　M10×50　（两端均为粗牙普通螺纹、d＝M10、l＝50、性能等级为 4.8 级、不经表面处理、B 型、$b_m=2d$ 的双头螺柱）

螺柱　GB/T 900　AM10-10×1×50　（旋入机体一端为粗牙普通螺纹、旋螺母端为螺距 $P=1$ 的细牙普通螺纹、d＝M10、l＝50、性能等级为 4.8 级、不经表面处理、A 型、$b_m=2d$ 的双头螺柱）

螺柱　GB/T 897　GM10-M10×50-8.8-Zn·D（旋入机体一端为过渡配合螺纹的第一种配合、旋螺母端为粗牙普通螺纹、d＝M10、l＝50、性能等级为 8.8 级、镀锌钝化、B 型、$b_m=d$ 的双头螺柱）

螺纹规格 (d)	b_m（旋入机体端长度）				$\dfrac{l（螺柱长度）}{b（旋螺母端长度）}$				
	GB/T 897	GB/T 898	GB/T 899	GB/T 900					
M4	—	—	6	8	$\dfrac{16\sim22}{8}$	$\dfrac{25\sim40}{14}$			
M5	5	6	8	10	$\dfrac{16\sim22}{10}$	$\dfrac{25\sim50}{16}$			
M6	6	8	10	12	$\dfrac{20\sim22}{10}$	$\dfrac{25\sim30}{14}$	$\dfrac{32\sim75}{18}$		
M8	8	10	12	16	$\dfrac{20\sim22}{12}$	$\dfrac{25\sim30}{16}$	$\dfrac{32\sim90}{22}$		
M10	10	12	15	20	$\dfrac{25\sim28}{14}$	$\dfrac{30\sim38}{16}$	$\dfrac{40\sim120}{26}$	$\dfrac{130}{32}$	
M12	12	15	18	24	$\dfrac{25\sim30}{16}$	$\dfrac{32\sim40}{20}$	$\dfrac{45\sim120}{30}$	$\dfrac{130\sim180}{36}$	
M16	16	20	24	32	$\dfrac{30\sim38}{20}$	$\dfrac{40\sim55}{30}$	$\dfrac{60\sim120}{38}$	$\dfrac{130\sim200}{44}$	
M20	20	25	30	40	$\dfrac{35\sim40}{25}$	$\dfrac{45\sim65}{35}$	$\dfrac{70\sim120}{46}$	$\dfrac{130\sim200}{52}$	
(M24)	24	30	36	48	$\dfrac{45\sim50}{30}$	$\dfrac{55\sim75}{45}$	$\dfrac{80\sim120}{54}$	$\dfrac{130\sim200}{60}$	
(M30)	30	38	45	60	$\dfrac{60\sim65}{40}$	$\dfrac{70\sim90}{50}$	$\dfrac{95\sim120}{66}$	$\dfrac{130\sim200}{72}$	$\dfrac{210\sim250}{85}$
M36	36	45	54	72	$\dfrac{65\sim75}{45}$	$\dfrac{80\sim110}{60}$	$\dfrac{120}{78}$	$\dfrac{130\sim200}{84}$	$\dfrac{210\sim300}{97}$
M42	42	52	63	84	$\dfrac{70\sim80}{50}$	$\dfrac{85\sim110}{70}$	$\dfrac{120}{90}$	$\dfrac{130\sim200}{96}$	$\dfrac{210\sim300}{109}$
M48	48	60	72	96	$\dfrac{80\sim90}{60}$	$\dfrac{95\sim110}{80}$	$\dfrac{120}{102}$	$\dfrac{130\sim200}{108}$	$\dfrac{210\sim300}{121}$
$l_{公称}$	12、(14)、16、(18)、20、(22)、25、(28)、30、(32)、35、(38)、40、45、50、(55)、60、(65)、70、(75)、80、(85)、90、(95)、100～260(10 进位)、280、300								

注：1. 尽可能不采用括号内的规格。末端按 GB/T 2—2001 规定。

2. $b_m=1d$，一般用于钢对钢；$b_m=(1.25\sim1.5)d$，一般用于钢对铸铁；$b_m=2d$，一般用于钢对铝合金。

附表 5　螺钉　　　　　　　　　　　　　　　　mm

开槽圆柱头螺钉(GB/T 65—2000)

开槽盘头螺钉(GB/T 67—2008)

开槽沉头螺钉(GB/T 68—2000)

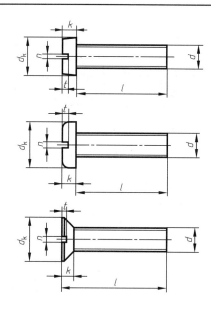

标记示例：

螺钉　GB/T 65　M5×20　（螺纹规格 d＝M5、l＝50、性能等级为 4.8 级、不经表面处理的开槽圆柱头螺钉）

螺纹规格 d		M1.6	M2	M2.5	M3	M4	M5	M6	M8	M10
n公称		0.4	0.5	0.6	0.8	1.2	1.2	1.6	2	2.5
GB/T 65	d_{kmax}	3	3.8	4.5	5.5	7	8.5	10	13	16
	k_{max}	1.1	1.4	1.8	2	2.6	3.3	3.9	5	6
	t_{min}	0.35	0.5	0.6	0.7	1	1.2	1.4	1.9	2.4
	l范围	2～16	3～20	3～25	4～30	5～40	6～50	8～60	10～80	12～80
GB/T 67	d_{kmax}	3.2	4	5	5.6	8	9.5	12	16	20
	k_{max}	1	1.3	1.5	1.8	2.4	3	3.6	4.8	6
	t_{min}	0.35	0.5	0.6	0.7	1	1.2	1.4	1.9	2.4
	l范围	2～16	2.5～20	3～25	4～30	5～40	6～50	8～60	10～80	12～80
GB/T 68	d_{kmax}	3	3.8	4.7	5.5	8.4	9.3	11.3	15.8	18.3
	k_{max}	1	1.2	1.5	1.65	2.7	2.7	3.3	4.65	5
	t_{min}	0.32	0.4	0.5	0.6	1	1.1	1.2	1.8	2
	l范围	2.5～16	3～20	4～25	5～30	6～40	8～50	8～60	10～80	12～80
l系列		2、2.5、3、4、5、6、8、10、12、(14)、16、20、25、30、35、40、45、50、(55)、60、(65)、70、(75)、80								

注：尽可能不采用括号内的规格。

附表6　六角螺母　C级（GB/T 41—2000）　　　　　　　　　　mm

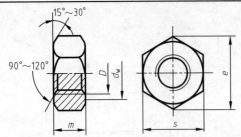

标记示例：

螺母　GB/T 41　M12

（螺纹规格 D＝M12、性能等级为5级、不经表面处理、产品等级为C级的六角螺母）

螺纹规格（D）	M5	M6	M8	M10	M12	M16	M20	M24	M30	M36	M42	M48	M56
s_{max}	8	10	13	16	18	24	30	36	46	55	65	75	95
e_{min}	8.63	10.9	14.2	17.6	19.9	26.2	33.0	39.6	50.9	60.8	72.0	82.6	104.86
m_{max}	5.6	6.1	7.9	9.5	12.2	15.9	18.7	22.3	26.4	31.5	34.9	38.9	45.9
d_w	6.9	8.7	11.5	14.5	16.5	22.0	27.7	33.2	42.7	51.1	60.6	69.4	88.2

附表7　垫圈　　　　　　　　　　　　　　　　　　　　mm

平垫圈　A级（GB/T 97.1—2002）　　　　　　　平垫圈　C级（GB/T 95—2002）

平垫圈　倒角型　A级（GB/T 97.2—2002）　　　标准型弹簧垫圈（GB/T 93—1987）

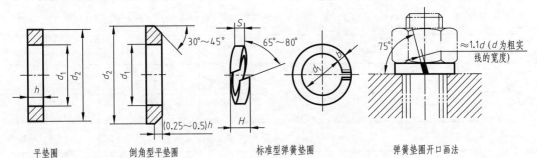

平垫圈　　　　　　倒角型平垫圈　　　　标准型弹簧垫圈　　　　弹簧垫圈开口画法

标记示例：

垫圈　GB/T 95　8-100HV　（标准系列、规格8、性能等级为100HV级、不经表面处理，产品等级为C级的平垫圈）

公称尺寸 d（螺纹规格）		4	5	6	8	10	12	14	16	20	24	30	36	42	48
GB/T 97.1（A级）	d_1	4.3	5.3	6.4	8.4	10.5	13.0	15	17	21	25	31	37	—	—
	d_2	9	10	12	16	20	24	28	30	37	44	56	66	—	—
	h	0.8	1	1.6	1.6	2	2.5	2.5	3	3	4	4	5	—	—
GB/T 97.2（A级）	d_1	—	5.3	6.4	8.4	10.5	13	15	17	21	25	31	37	—	—
	d_2	—	10	12	16	20	24	28	30	37	44	56	66	—	—
	h	—	1	1.6	1.6	2	2.5	2.5	3	3	4	4	5	—	—
GB/T 95（C级）	d_1	—	5.5	6.6	9	11	13.5	15.5	17.5	22	26	33	39	45	52
	d_2	—	10	12	16	20	24	28	30	37	44	56	66	78	92
	h	—	1	1.6	1.6	2	2.5	2.5	3	3	4	4	5	8	8
GB/T 93	d_1	4.1	5.1	6.1	8.1	10.2	12.2	—	16.2	20.2	24.5	30.5	36.5	42.5	48.5
	$S=b$	1.1	1.3	1.6	2.1	2.6	3.1	—	4.1	5	6	7.5	9	10.5	12
	H	2.8	3.3	4	5.3	6.5	7.8	—	10.3	12.5	15	18.6	22.5	26.3	30

注：1. A级适用于精装配系列，C级适用于中等装配系列。

2. C级垫圈没有 $Ra3.2$ 和去毛刺的要求。

附表 8　平键及键槽各部尺寸（GB/T 1095—2003、GB/T 1096—2003）　　mm

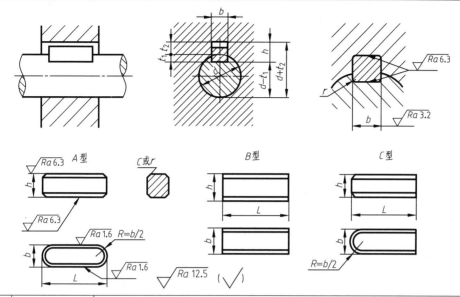

轴	键		键槽											
				宽度（b）					深度				半径（r）	
公称直径（d）	公称尺寸（b×h）	长度（L）	公称尺寸（b）	极限偏差					轴（t）		毂（t₁）			
				较松键连接		一般键连接		较紧键连接	公称	偏差	公称	偏差	最大	最小
				轴 H9	毂 D10	轴 N9	毂 JS9	轴和毂 P9						
6~8	2×2	6~20	2	+0.030 0	+0.060 +0.020	−0.004 −0.029	±0.0125	−0.006 −0.031	1.2		1			
>8~10	3×3	6~36	3						1.8	+0.1 0	1.4	+0.1 0	0.08	0.16
>10~12	4×4	8~45	4	+0.030 0	+0.078 +0.030	0 −0.030	±0.015	−0.012 −0.042	2.5		1.8			
>12~17	5×5	10~56	5						3.0		2.3			
>17~22	6×6	14~70	6						3.5		2.8		0.16	0.25
>22~30	8×7	18~90	8	+0.036 0	+0.098 +0.040	0 −0.036	±0.018	−0.015 −0.051	4.0		3.3			
>30~38	10×8	22~110	10						5.0		3.3			
>38~44	12×8	28~140	12	+0.043 0	+0.120 +0.050	0 −0.043	±0.022	−0.018 −0.061	5.0		3.3			
>44~50	14×9	36~160	14						5.5		3.8			
>50~58	16×10	45~180	16						6.0	+0.2 0	4.3	+0.2 0	0.25	0.40
>58~65	18×11	50~200	18						7.0		4.4			
>65~75	20×12	56~220	20	+0.052 0	+0.149 +0.065	0 −0.052	±0.026	−0.022 −0.074	7.5		4.9			
>75~85	22×14	63~250	22						9.0		5.4			
>85~95	25×14	70~280	25						9.0		5.4		0.40	0.60
>95~110	28×16	80~320	28						10		6.4			
L系列	6~22（2 进位）、25、28、32、36、40、45、50、56、63、70、80、90、100、110、125、140、160、180、200、220、250、280、320、360、400、450、500													

注：1.（d−t）和（d+t₁）两组组合尺寸的极限偏差按相应的 t 和 t₁ 的极限偏差选取，但（d−t）极限偏差应取负号（−）。

2. 键 b 的极限偏差为 h9，键 h 的极限偏差为 h11，键长 L 的极限偏差为 h14。

附表 9　圆柱销（GB/T 119.1—2000）　　　　　　　　　　mm

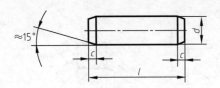

标记示例：

销　GB/T 119.1　6 m6×30

公称直径 $d = 6$mm、公差为 m6、公称长度 $l = 30$mm、材料为钢、不经淬火、不经表面处理的圆柱销

d	2.5	3	4	5	6	8	10	12	16	20	25	30
$c \approx$	0.4	0.5	0.63	0.8	1.2	1.6	2.0	2.5	3.0	3.5	4.0	5.0
L (商品范围)	6～24	8～30	8～40	10～50	12～60	14～80	18～95	22～140	26～180	35～200	50～200	60～200
L 系列	6～32(2 进位)、35～100(5 进位)、120～200(20 进位)（公称长度大于 200，按 20 递增）											

附表 10　圆锥销（GB/T 117—2000）　　　　　　　　　　mm

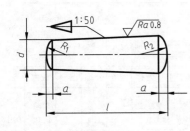

A 型（磨削）：锥面表面粗糙度 $Ra = 0.8\mu$m

B 型（切削或冷镦）：锥面表面粗糙度 $Ra = 3.2\mu$m

标记示例：

销　GB/T 117　6×30　（公称直径 $d = 6$mm、公称长度 $l = 30$mm、材料为 35 钢、热处理硬度 28～38 HRC、表面氧化处理的 A 型圆锥销）

$R_1 \approx d$

$$R_2 \approx \frac{a}{2} + d + \frac{(0.021)^2}{8a}$$

d 公称	2.5	3	4	5	6	8	10	12	16	20	25	30
$a \approx$	0.3	0.4	0.5	0.63	0.8	1.0	1.2	1.6	2.0	2.5	3.0	4.0
l 范围	10～35	12～45	12～55	18～60	22～90	22～120	26～160	32～180	40～200	45～200	50～200	55～200
l 公称	10～32(2 进位)、35～100(5 进位)、120～200(20 进位)（公称长度大于 200，按 20 递增）											

附表 11　滚动轴承

深沟球轴承（GB/T 276—2013）	圆锥滚子轴承（GB/T 297—2015）	推力球轴承（GB/T 301—1995）
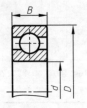	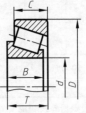	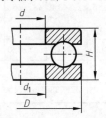
标记示例：	标记示例：	标记示例：
滚动轴承 6310　GB/T 276—2013	滚动轴承 30212　GB/T 297—2015	滚动轴承 51305　GB/T 301—1995

续表

轴承型号	d	D	B	轴承型号	d	D	B	C	T	轴承型号	d	D	T	d_1
尺寸系列[(0)2]				尺寸系列[02]						尺寸系列[12]				
6202	15	35	11	30203	17	40	12	11	13.25	51202	15	32	12	17
6203	17	40	12	30204	20	47	14	12	15.25	51203	17	35	12	19
6204	20	47	14	30205	25	52	15	13	16.25	51204	20	40	14	22
6205	25	52	15	30206	30	62	16	14	17.25	51205	25	47	15	27
6206	30	62	16	30207	35	72	17	15	18.25	51206	30	52	16	32
6207	35	72	17	30208	40	80	18	16	19.75	51207	35	62	18	37
6208	40	80	18	30209	45	85	19	16	20.75	51208	40	68	19	42
6209	45	85	19	30210	50	90	20	17	21.75	51209	45	73	20	47
6210	50	90	20	30211	55	100	21	18	22.75	51210	50	78	22	52
6211	55	100	21	30212	60	110	22	19	23.75	51211	55	90	25	57
6212	60	110	22	30213	65	120	23	20	24.75	51212	60	95	26	62
尺寸系列[(0)3]				尺寸系列[03]						尺寸系列[13]				
6302	15	42	13	30302	15	42	13	11	14.25	51304	20	47	18	22
6303	17	47	14	30303	17	47	14	12	15.25	51305	25	52	18	27
6304	20	52	15	30304	20	52	15	13	16.25	51306	30	60	21	32
6305	25	62	17	30305	25	62	17	15	18.25	51307	35	68	24	37
6306	30	72	19	30306	30	72	19	16	20.75	51308	40	78	26	42
6307	35	80	21	30307	35	80	21	18	22.75	51309	45	85	28	47
6308	40	90	23	30308	40	90	23	20	25.25	51310	50	95	31	52
6309	45	100	25	30309	45	100	25	22	27.25	51311	55	105	35	57
6310	50	110	27	30310	50	110	27	23	29.25	51312	60	110	35	62
6311	55	120	29	30311	55	120	29	25	31.50	51313	65	115	36	67
6312	60	130	31	30312	60	130	31	26	33.50	51314	70	125	40	72
尺寸系列[(0)4]				尺寸系列[13]						尺寸系列[14]				
6403	17	62	17	31305	25	62	17	13	18.25	51405	25	60	24	27
6404	20	72	19	31306	30	72	19	14	20.75	51406	30	70	28	32
6405	25	80	21	31307	35	80	21	15	22.75	51407	35	80	32	37
6406	30	90	23	31308	40	90	23	17	25.25	51408	40	90	36	42
6407	35	100	25	31309	45	100	25	18	27.25	51409	45	100	39	47
6408	40	110	27	31310	50	110	27	19	29.25	51410	50	110	43	52
6409	45	120	29	31311	55	120	29	21	31.50	51411	55	120	48	57
6410	50	130	31	31312	60	130	31	22	33.50	51412	60	130	51	62
6411	55	140	33	31313	65	140	33	23	36.00	51413	65	140	56	68
6412	60	150	35	31314	70	150	35	25	38.00	51414	70	150	60	73
6413	65	160	37	31315	75	160	37	26	40.00	51415	75	160	65	78

注：圆括号中的尺寸系列代号在轴承型号中省略。

三、极限与配合

附表 12　轴的基本偏差

基本尺寸/mm 大于	至	上极限偏差 es（所有标准公差等级）											js	基本偏 IT5和IT6	IT7	IT8
		a	b	c	cd	d	e	ef	f	fg	g	h	js	j		
—	3	−270	−140	−60	−34	−20	−14	−10	−6	−4	−2	0		−2	−4	−6
3	6	−270	−140	−70	−46	−30	−20	−14	−8	−6	−4	0		−2	−4	—
6	10	−280	−150	−80	−56	−40	−25	−18	−13	−8	−5	0		−2	−5	—
10	14	−290	−150	−95		−50	−32	—	−16		−6	0		−3	−6	—
14	18	−290	−150	−95		−50	−32	—	−16		−6	0		−3	−6	—
18	24	−300	−160	−110	—	−65	−40	—	−20		−7	0		−4	−8	—
24	30	−300	−160	−110	—	−65	−40	—	−20		−7	0		−4	−8	—
30	40	−310	−170	−120	—	−80	−50	—	−25		−9	0		−5	−10	—
40	50	−320	−180	−130	—	−80	−50	—	−25		−9	0		−5	−10	—
50	65	−340	−190	−140	—	−100	−60	—	−30		−10	0		−7	−12	—
65	80	−360	−200	−150	—	−100	−60	—	−30		−10	0		−7	−12	—
80	100	−380	−220	−170	—	−120	−72	—	−36		−12	0	偏差=±(ITn)/2,式中 ITn 是 IT 数值	−9	−15	—
100	120	−410	−240	−180	—	−120	−72	—	−36		−12	0		−9	−15	—
120	140	−460	−260	−200	—	−145	−85	—	−43		−14	0		−11	−18	—
140	160	−520	−280	−210	—	−145	−85	—	−43		−14	0		−11	−18	—
160	180	−580	−310	−230	—	−145	−85	—	−43		−14	0		−11	−18	—
180	200	−660	−340	−240	—	−170	−100	—	−50		−15	0		−13	−21	—
200	225	−740	−380	−260	—	−170	−100	—	−50		−15	0		−13	−21	—
225	250	−820	−420	−280	—	−170	−100	—	−50		−15	0		−13	−21	—
250	280	−920	−480	−300	—	−190	−110	—	−56		−17	0		−16	−26	—
280	315	−1050	−540	−330	—	−190	−110	—	−56		−17	0		−16	−26	—
315	355	−1200	−600	−360	—	−210	−125	—	−62		−18	0		−18	−28	—
355	400	−1350	−680	−400	—	−210	−125	—	−62		−18	0		−18	−28	—
400	450	−1500	−760	−440	—	−230	−135	—	−68		−20	0		−20	−32	—
450	500	−1650	−840	−480	—	−230	−135	—	−68		−20	0		−20	−32	—

注：1. 基本尺寸小于或等于 1 时，基本偏差 a 和 b 均不采用。

2. 公差带 js7 至 js11，若 ITn 值是奇数，则取偏差=±(ITn −1)/2。

数值 (GB/T 1800.1—2009) μm

差 数 值

下 极 限 偏 差 ei

IT4 至 IT7	≤IT3 / >IT7	所有标准公差等级													
k		m	n	p	r	s	t	u	v	x	y	z	za	zb	zc
0	0	+2	+4	+6	+10	+14	—	+18	—	+20	—	+26	+32	+40	+60
+1	0	+4	+8	+12	+15	+19	—	+23	—	+28	—	+35	+42	+50	+80
+1	0	+6	+10	+15	+19	+23	—	+28	—	+34	—	+42	+52	+67	+97
+1	0	+7	+12	+18	+23	+28	—	+33	—	+40	—	+50	+64	+90	+130
									+39	+45	—	+60	+77	+108	+150
+2	0	+8	+15	+22	+28	+35	—	+41	+47	+54	+63	+73	+98	+136	+188
							+41	+48	+55	+64	+75	+88	+118	+160	+218
+2	0	+9	+17	+26	+34	+43	+48	+60	+68	+80	+94	+112	+148	+200	+274
							+54	+70	+81	+97	+114	+136	+180	+242	+325
+2	0	+11	+20	+32	+41	+53	+66	+87	+102	+122	+144	+172	+226	+300	+405
					+43	+59	+75	+102	+120	+146	+174	+210	+274	+360	+480
+3	0	+13	+23	+37	+51	+71	+91	+124	+146	+178	+214	+258	+335	+445	+585
					+54	+79	+104	+144	+172	+210	+254	+310	+400	+525	+690
+3	0	+15	+27	+43	+63	+92	+122	+170	+202	+248	+300	+365	+470	+620	+800
					+65	+100	+134	+190	+228	+280	+340	+415	+535	+700	+900
					+68	+108	+146	+210	+252	+310	+380	+465	+600	+780	+1000
+4	0	+17	+31	+50	+77	+122	+166	+236	+284	+350	+425	+520	+670	+880	+1150
					+80	+130	+180	+258	+310	+385	+470	+575	+740	+960	+1250
					+84	+140	+196	+284	+340	+425	+520	+640	+820	+1050	+1350
+4	0	+20	+34	+56	+94	+158	+218	+315	+385	+475	+580	+710	+920	+1200	+1550
					+98	+170	+240	+350	+425	+525	+650	+790	+1000	+1300	+1700
+4	0	+21	+37	+62	+108	+190	+268	+390	+475	+590	+730	+900	+1150	+1500	+1900
					+114	+208	+294	+435	+532	+660	+820	+1000	+1300	+1650	+2100
+5	0	+23	+40	+68	+126	+232	+330	+490	+595	+740	+920	+1100	+1450	+1850	+2400
					+132	+252	+360	+540	+660	+820	+1000	+1250	+1600	+2100	+2600

附表 13　孔的基本偏差

基本尺寸/mm		下极限偏差 EI（所有标准公差等级）											JS	基本偏 J			K		M	
														IT6	IT7	IT8	≤IT8	>IT8	≤IT8	>IT8
大于	至	A	B	C	CD	D	E	EF	F	FG	G	H	JS	J			K		M	
—	3	+270	+140	+60	+34	+20	+14	+10	+6	+4	+2	0		+2	+4	+6	0	0	−2	−2
3	6	+270	+140	+70	+46	+30	+20	+14	+10	+6	+4	0		+5	+6	+10	−1+Δ	—	−4+Δ	−4
6	10	+280	+150	+80	+56	+40	+25	+18	+13	+8	+5	0		+5	+8	+12	−1+Δ	—	−6+Δ	−6
10	14	+290	+150	+95	—	+50	+32	—	+16	—	+6	0		+6	+10	+15	−1+Δ	—	−7+Δ	−7
14	18	+290	+150	+95	—	+50	+32	—	+16	—	+6	0		+6	+10	+15	−1+Δ	—	−7+Δ	−7
18	24	+300	+160	+110	—	+65	+40	—	+20	—	+7	0		+8	+12	+20	−2+Δ	—	−8+Δ	−8
24	30	+300	+160	+110	—	+65	+40	—	+20	—	+7	0		+8	+12	+20	−2+Δ	—	−8+Δ	−8
30	40	+310	+170	+120	—	+80	+50	—	+25	—	+9	0	偏差=±(ITn)/2, 式中 ITn 是 IT 数值	+10	+14	+24	−2+Δ	—	−9+Δ	−9
40	50	+320	+180	+130	—	+80	+50	—	+25	—	+9	0		+10	+14	+24	−2+Δ	—	−9+Δ	−9
50	65	+340	+190	+140	—	+100	+60	—	+30	—	+10	0		+13	+18	+28	−2+Δ	—	−11+Δ	−11
65	80	+360	+200	+150	—	+100	+60	—	+30	—	+10	0		+13	+18	+28	−2+Δ	—	−11+Δ	−11
80	100	+380	+220	+170	—	+120	+72	—	+36	—	+12	0		+16	+22	+34	−3+Δ	—	−13+Δ	−13
100	120	+410	+240	+180	—	+120	+72	—	+36	—	+12	0		+16	+22	+34	−3+Δ	—	−13+Δ	−13
120	140	+460	+260	+200	—	+145	+85	—	+43	—	+14	0		+18	+26	+41	−3+Δ	—	−15+Δ	−15
140	160	+520	+280	+210	—	+145	+85	—	+43	—	+14	0		+18	+26	+41	−3+Δ	—	−15+Δ	−15
160	180	+580	+310	+230	—	+145	+85	—	+43	—	+14	0		+18	+26	+41	−3+Δ	—	−15+Δ	−15
180	200	+660	+340	+240	—	+170	+100	—	+50	—	+15	0		+22	+30	+47	−4+Δ	—	−17+Δ	−17
200	225	+740	+380	+260	—	+170	+100	—	+50	—	+15	0		+22	+30	+47	−4+Δ	—	−17+Δ	−17
225	250	+820	+420	+280	—	+170	+100	—	+50	—	+15	0		+22	+30	+47	−4+Δ	—	−17+Δ	−17
250	280	+920	+480	+300	—	+190	+110	—	+56	—	+17	0		+25	+36	+55	−4+Δ	—	−20+Δ	−20
280	315	+1050	+540	+330	—	+190	+110	—	+56	—	+17	0		+25	+36	+55	−4+Δ	—	−20+Δ	−20
315	355	+1200	+600	+360	—	+210	+125	—	+62	—	+18	0		+29	+39	+60	−4+Δ	—	−21+Δ	−21
355	400	+1350	+680	+400	—	+210	+125	—	+62	—	+18	0		+29	+39	+60	−4+Δ	—	−21+Δ	−21
400	450	+1500	+760	+440	—	+230	+135	—	+68	—	+20	0		+33	+43	+66	−5+Δ	—	−23+Δ	−23
450	500	+1650	+840	+480	—	+230	+135	—	+68	—	+20	0		+33	+43	+66	−5+Δ	—	−23+Δ	−23

注：1. 基本尺寸小于或等于 1 时，基本偏差 A 和 B 及大于 IT8 的 N 均不采用。

2. 公差带 JS11，若 ITn 值数是奇数，则取偏差=±(ITn −1)/2。

3. 对小于或等于 IT8 的 K、M、N 和小于或等于 IT7 的 P 至 ZC，所需 Δ 值从表内右侧选取。

4. 特殊情况：250 至 315 段的 M6，ES=−9μm(代替−11μm)。

数值（GB/T 1800.1—2009）　　　　　　　　　　　　　　　　μm

上极限偏差 ES ≤IT8	>IT8 ≤IT7 P至ZC	标准公差等级大于 IT7												Δ值 标准公差等级					
N	P至ZC	P	R	S	T	U	V	X	Y	Z	ZA	ZB	ZC	IT3	IT4	IT5	IT6	IT7	IT8
−4	−4	−6	−10	−14	—	−18	—	−20	—	−26	−32	−40	−60	0	0	0	0	0	0
−8+Δ	0	−12	−15	−19	—	−23	—	−28	—	−35	−42	−50	−80	1	1.5	2	3	6	7
−10+Δ	0	−15	−19	−23	—	−28	—	−34	—	−42	−52	−67	−97	1	1.5	2	3	6	7
−12+Δ	0	−18	−23	−28	—	−33	—	−40	—	−50	−64	−90	−130	1	2	3	3	7	9
							—	−45	—	−60	−77	−108	−150						
−15+Δ	0	−22	−28	−35	—	−41	—	−54	—	−73	−98	−136	−188	1.5	2	3	4	8	12
					−41	−48	−55	−64	−75	−88	−118	−160	−218						
−17+Δ	0	−26	−35	−43	−48	−60	−68	−80	−94	−112	−148	−200	−274	1.5	3	4	5	9	14
					−54	−71	−81	−97	−114	−136	−180	−242	−325						
−20+Δ	0	−32	−43	−53	−66	−87	−102	−122	−144	−172	−226	−300	−405	2	3	5	6	11	16
			−53	−59	−75	−102	−120	−146	−174	−210	−274	−360	−480						
−23+Δ	0	−37	−59	−71	−91	−124	−146	−178	−214	−258	−335	−445	−585	2	4	5	7	13	19
			−71	−79	−104	−144	−172	−210	−254	−310	−400	−525	−690						
−27+Δ	0	−43	−79	−92	−122	−170	−202	−248	−300	−365	−470	−620	−800	3	4	6	7	15	23
			−92	−100	−134	−190	−228	−280	−340	−415	−535	−700	−900						
			−100	−108	−146	−210	−252	−310	−380	−465	−600	−780	−1000						
−31+Δ	0	−50	−122	−122	−166	−236	−284	−350	−425	−520	−670	−880	−1150	3	4	6	9	17	26
			−130	−130	−180	−258	−310	−385	−470	−575	−740	−960	−1250						
			−140	−140	−196	−284	−340	−425	−520	−640	−820	−1050	−1350						
−34+Δ	0	−56	−158	−158	−218	−315	−385	−475	−580	−710	−920	−1200	−1550	4	4	7	9	20	29
			−170	−170	−240	−350	−425	−525	−650	−790	−1000	−1300	−1700						
−37+Δ	0	−62	−190	−190	−268	−390	−475	−590	−730	−900	−1150	−1500	−1900	4	5	7	11	21	32
			−208	−208	−294	−435	−530	−660	−820	−1000	−1300	−1650	−2100						
−40+Δ	0	−68	−232	−232	−330	−490	−595	−740	−920	−1100	−1450	−1850	−2400	5	5	7	13	23	34
			−252	−252	−360	−540	−660	−820	−1000	−1250	−1600	−2100	−2600						

注（P至ZC 列）：在大于 IT7 的相应数值上增加一个 Δ 值

附表 14　优先及常用配合轴的极限

代号			a	b		c			d				e		
基本尺寸/mm											公差				
	至		11	11	12	9	10	*11	8	*9	10	11	7	8	9
—	3	上	−270	−140	−140	−60	−60	−60	−20	−20	−20	−20	−14	−14	−14
		下	−330	−200	−240	−85	−100	−120	−34	−45	−60	−80	−24	−28	−39
3	6	上	−270	−140	−140	−70	−70	−70	−30	−30	−30	−30	−20	−20	−20
		下	−345	−215	−260	−100	−118	−145	−48	−60	−78	−115	−32	−38	−50
6	10	上	−280	−150	−150	−80	−80	−80	−40	−40	−40	−40	−25	−25	−25
		下	−338	−240	−300	−116	−138	−170	−62	−76	−98	−130	−40	−47	−61
10	14	上	−290	−150	−150	−95	−95	−95	−50	−50	−50	−50	−32	−32	−32
14	18	下	−400	−260	−330	−138	−165	−205	−77	−93	−120	−160	−50	−59	−75
18	24	上	−300	−160	−160	−110	−110	−110	−65	−65	−65	−65	−40	−40	−40
24	30	下	−430	−290	−370	−162	−194	−240	−98	−117	−149	−195	−61	−73	−92
30	40	上	−310	−170	−170	−120	−120	−120	−80	−80	−80	−80	−50	−50	−50
		下	−470	−330	−420	−182	−220	−280	−119	−142	−180	−240	−75	−89	−112
40	50	上	−320	−180	−180	−130	−130	−130							
		下	−480	−340	−430	−192	−230	−290							
50	65	上	−340	−190	−190	−140	−140	−140	−100	−100	−100	−100	−60	−60	−60
		下	−530	−380	−490	−214	−260	−330	−146	−174	−220	−290	−90	−106	−134
65	80	上	−360	−200	−200	−150	−150	−150							
		下	−550	−390	−500	−224	−270	−340							
80	100	上	−380	−220	−220	−170	−170	−170	−120	−120	−120	−120	−72	−72	−72
		下	−600	−440	−570	−257	−310	−390	−174	−207	−260	−340	−107	−126	−159
100	120	上	−410	−240	−240	−180	−180	−180							
		下	−630	−460	−590	−267	−320	−400							
120	140	上	−460	−260	−260	−200	−200	−200	−145	−145	−145	−145	−85	−85	−85
		下	−710	−510	−660	−300	−360	−450	−208	−245	−305	−390	−125	−148	−185
140	160	上	−520	−280	−280	−210	−210	−210							
		下	−770	−530	−680	−310	−370	−460							
160	180	上	−580	−310	−310	−230	−230	−230							
		下	−830	−560	−710	−330	−390	−480							
180	200	上	−660	−340	−340	−240	−240	−240	−170	−170	−170	−170	−100	−100	−100
		下	−950	−630	−800	−355	−425	−530	−242	−285	−355	−460	−146	−172	−215
200	225	上	−740	−380	−380	−260	−260	−260							
		下	−1030	−670	−840	−375	−445	−550							
225	250	上	−820	−420	−420	−280	−280	−280							
		下	−1110	−710	−880	−395	−465	−570							
250	280	上	−920	−480	−480	−300	−300	−300	−190	−190	−190	−190	−110	−110	−110
		下	−1240	−800	−1000	−430	−510	−620	−271	−320	−400	−510	−162	−191	−240
280	315	上	−1050	−540	−540	−330	−330	−330							
		下	−1370	−860	−1060	−460	−540	−650							
315	355	上	−1200	−600	−600	−360	−360	−360	−210	−210	−210	−210	−125	−125	−125
		下	−1560	−960	−1170	−500	−590	−720	−299	−350	−440	−570	−182	−214	−265
355	400	上	−1350	−680	−680	−400	−400	−400							
		下	−1710	−1040	−1250	−540	−630	−760							
400	450	上	−1500	−760	−760	−440	−440	−440	−230	−230	−230	−230	−135	−135	−135
		下	−1900	−1160	−1390	−595	−690	−840	−327	−385	−480	−630	−198	−232	−290
450	500	上	−1650	−840	−840	−480	−480	−480							
		下	−2050	−1240	−1470	−635	−730	−880							

偏差表 （GB/T 1800.2—2009）　　　　　　　　　　　　　　　　　　　　　　　　μm

f					g			h							
等 级															
5	6	*7	8	9	5	*6	7	5	*6	*7	8	*9	10	*11	12
−6 −10	−6 −12	−6 −16	−6 −20	−6 −31	−2 −6	−2 −8	−2 −12	0 −4	0 −6	0 −10	0 −14	0 −25	0 −40	0 −60	0 −100
−10 −15	−10 −18	−10 −22	−10 −28	−10 −40	−4 −9	−4 −12	−4 −16	0 −5	0 −8	0 −12	0 −18	0 −30	0 −48	0 −75	0 −120
−13 −19	−13 −22	−13 −28	−13 −35	−13 −49	−5 −11	−5 −14	−5 −20	0 −6	0 −9	0 −15	0 −22	0 −36	0 −58	0 −90	0 −150
−16 −24	−16 −27	−16 −34	−16 −43	−16 −59	−6 −14	−6 −17	−6 −24	0 −8	0 −11	0 −18	0 −27	0 −43	0 −70	0 −110	0 −180
−20 −29	−20 −33	−20 −41	−20 −53	−20 −72	−7 −16	−7 −20	−7 −28	0 −9	0 −13	0 −21	0 −33	0 −52	0 −84	0 −130	0 −210
−25 −36	−25 −41	−25 −50	−25 −64	−25 −87	−9 −20	−9 −25	−9 −34	0 −11	0 −16	0 −25	0 −39	0 −62	0 −100	0 −160	0 −250
−30 −43	−30 −49	−30 −60	−30 −76	−30 −104	−10 −23	−10 −29	−10 −40	0 −13	0 −19	0 −30	0 −46	0 −74	0 −120	0 −190	0 −300
−36 −51	−36 −58	−36 −71	−36 −90	−36 −123	−12 −27	−12 −34	−12 −47	0 −15	0 −22	0 −35	0 −54	0 −87	0 −140	0 −220	0 −350
−43 −61	−43 −68	−43 −83	−43 −106	−43 −143	−14 −32	−14 −39	−14 −54	0 −18	0 −25	0 −40	0 −63	0 −100	0 −160	0 −250	0 −400
−50 −70	−50 −79	−50 −96	−50 −122	−50 −165	−15 −35	−15 −44	−15 −61	0 −20	0 −29	0 −46	0 −72	0 −115	0 −185	0 −290	0 −460
−56 −79	−56 −88	−56 −108	−56 −137	−56 −186	−17 −40	−17 −49	−17 −69	0 −23	0 −32	0 −52	0 −81	0 −130	0 −210	0 −320	0 −520
−62 −87	−62 −98	−62 −119	−62 −151	−62 −202	−18 −43	−18 −54	−18 −75	0 −25	0 −36	0 −57	0 −89	0 −140	0 −230	0 −360	0 −570
−68 −95	−68 −108	−68 −131	−68 −165	−68 −223	−20 −47	−20 −60	−20 −83	0 −27	0 −40	0 −63	0 −97	0 −155	0 −250	0 −400	0 −630

代号	js			k			m			n			p		
基本尺寸 /mm									公　差						
至	5	6	7	5	*6	7	5	6	7	5	*6	7	5	*6	7
— ～ 3	±2	±3	±5	+4/0	+6/0	+10/0	+6/+2	+8/+2	+12/+2	+8/+4	+10/+4	+14/+4	+10/+6	+12/+6	+16/+6
3 ～ 6	±2.5	±4	±6	+6/+1	+9/+1	+13/+1	+9/+4	+12/+4	+16/+4	+13/+8	+16/+8	+20/+8	+17/+12	+20/+12	+24/+12
6 ～ 10	±3	±4.5	±7	+7/+1	+10/+1	+16/+1	+12/+6	+15/+6	+21/+6	+16/+10	+19/+10	+25/+10	+21/+15	+24/+15	+30/+15
10 ～ 14	±4	±5.5	±9	+9/+1	+12/+1	+19/+1	+15/+7	+18/+7	+25/+7	+20/+12	+23/+12	+30/+12	+26/+18	+29/+18	+36/+18
14 ～ 18	±4	±5.5	±9	+9/+1	+12/+1	+19/+1	+15/+7	+18/+7	+25/+7	+20/+12	+23/+12	+30/+12	+26/+18	+29/+18	+36/+18
18 ～ 24	±4.5	±6.5	±10	+11/+2	+15/+2	+23/+2	+17/+8	+21/+8	+29/+8	+24/+15	+28/+15	+36/+15	+31/+22	+35/+22	+43/+22
24 ～ 30	±4.5	±6.5	±10	+11/+2	+15/+2	+23/+2	+17/+8	+21/+8	+29/+8	+24/+15	+28/+15	+36/+15	+31/+22	+35/+22	+43/+22
30 ～ 40	±5.5	±8	±12	+13/+2	+18/+2	+27/+2	+20/+9	+25/+9	+34/+9	+28/+17	+33/+17	+42/+17	+37/+26	+42/+26	+51/+26
40 ～ 50	±5.5	±8	±12	+13/+2	+18/+2	+27/+2	+20/+9	+25/+9	+34/+9	+28/+17	+33/+17	+42/+17	+37/+26	+42/+26	+51/+26
50 ～ 65	±6.5	±9.5	±15	+15/+2	+21/+2	+32/+2	+24/+11	+30/+11	+41/+11	+33/+20	+39/+20	+50/+20	+45/+32	+51/+32	+62/+32
65 ～ 80	±6.5	±9.5	±15	+15/+2	+21/+2	+32/+2	+24/+11	+30/+11	+41/+11	+33/+20	+39/+20	+50/+20	+45/+32	+51/+32	+62/+32
80 ～ 100	±7.5	±11	±17	+18/+3	+25/+3	+38/+3	+28/+13	+35/+13	+48/+13	+38/+23	+45/+23	+58/+23	+52/+37	+59/+37	+72/+37
100 ～ 120	±7.5	±11	±17	+18/+3	+25/+3	+38/+3	+28/+13	+35/+13	+48/+13	+38/+23	+45/+23	+58/+23	+52/+37	+59/+37	+72/+37
120 ～ 140	±9	±12.5	±20	+21/+3	+28/+3	+43/+3	+33/+15	+40/+15	+55/+15	+45/+27	+52/+27	+67/+27	+61/+43	+68/+43	+83/+43
140 ～ 160	±9	±12.5	±20	+21/+3	+28/+3	+43/+3	+33/+15	+40/+15	+55/+15	+45/+27	+52/+27	+67/+27	+61/+43	+68/+43	+83/+43
160 ～ 180	±9	±12.5	±20	+21/+3	+28/+3	+43/+3	+33/+15	+40/+15	+55/+15	+45/+27	+52/+27	+67/+27	+61/+43	+68/+43	+83/+43
180 ～ 200	±10	±14.5	±23	+24/+4	+33/+4	+50/+4	+37/+17	+46/+17	+63/+17	+51/+31	+60/+31	+77/+31	+70/+50	+79/+50	+96/+50
200 ～ 225	±10	±14.5	±23	+24/+4	+33/+4	+50/+4	+37/+17	+46/+17	+63/+17	+51/+31	+60/+31	+77/+31	+70/+50	+79/+50	+96/+50
225 ～ 250	±10	±14.5	±23	+24/+4	+33/+4	+50/+4	+37/+17	+46/+17	+63/+17	+51/+31	+60/+31	+77/+31	+70/+50	+79/+50	+96/+50
250 ～ 280	±11.5	±16	±26	+27/+4	+36/+4	+56/+4	+43/+20	+52/+20	+72/+20	+57/+34	+66/+34	+86/+34	+79/+56	+88/+56	+108/+56
280 ～ 315	±11.5	±16	±26	+27/+4	+36/+4	+56/+4	+43/+20	+52/+20	+72/+20	+57/+34	+66/+34	+86/+34	+79/+56	+88/+56	+108/+56
315 ～ 355	±12.5	±18	±28	+29/+4	+40/+4	+61/+4	+46/+21	+57/+21	+78/+21	+62/+37	+73/+37	+94/+37	+87/+62	+98/+62	+119/+62
355 ～ 400	±12.5	±18	±28	+29/+4	+40/+4	+61/+4	+46/+21	+57/+21	+78/+21	+62/+37	+73/+37	+94/+37	+87/+62	+98/+62	+119/+62
400 ～ 450	±13.5	±20	±31	+32/+5	+45/+5	+68/+5	+50/+23	+63/+23	+86/+23	+67/+40	+80/+40	+103/+40	+95/+68	+108/+68	+131/+68
450 ～ 500	±13.5	±20	±31	+32/+5	+45/+5	+68/+5	+50/+23	+63/+23	+86/+23	+67/+40	+80/+40	+103/+40	+95/+68	+108/+68	+131/+68

续表

r			s			t			u		v	x	y	z
等级														
5	6	7	5	*6	7	5	6	7	*6	7	6	6	6	6
+14/+10	+16/+10	+20/+10	+18/+14	+20/+14	+24/+14	—	—	—	+24/+18	+28/+18	—	+26/+20	—	+32/+26
+20/+15	+23/+15	+27/+15	+24/+19	+27/+19	+31/+19	—	—	—	+31/+23	+35/+23	—	+36/+28	—	+43/+35
+25/+19	+28/+19	+34/+19	+29/+23	+32/+23	+38/+23	—	—	—	+37/+28	+43/+28	—	+43/+34	—	+51/+42
+31/+23	+34/+23	+41/+23	+36/+28	+39/+28	+46/+28	—	—	—	+44/+33	+51/+33	—	+51/+40	—	+61/+50
						—	—	—			+50/+39	+56/+45	—	+71/+60
+37/+28	+41/+28	+49/+28	+44/+35	+48/+35	+56/+35	—	—	—	+54/+41	+62/+41	+60/+47	+67/+54	+76/+63	+86/+73
						+50/+41	+54/+41	+62/+41	+61/+48	+69/+48	+68/+55	+77/+64	+88/+75	+101/+88
+45/+34	+50/+34	+59/+34	+54/+43	+59/+43	+68/+43	+59/+48	+64/+48	+73/+48	+76/+60	+85/+60	+84/+68	+96/+80	+110/+94	+128/+112
						+65/+54	+70/+54	+79/+54	+86/+70	+95/+70	+97/+81	+113/+97	+130/+114	+152/+136
+54/+41	+60/+41	+71/+41	+66/+53	+72/+53	+83/+53	+79/+66	+85/+66	+96/+66	+106/+87	+117/+87	+121/+102	+141/+122	+163/+144	+191/+172
+56/+43	+62/+43	+73/+43	+72/+59	+78/+59	+89/+59	+88/+75	+94/+75	+105/+75	+121/+102	+132/+102	+139/+120	+165/+146	+193/+174	+229/+210
+66/+51	+73/+51	+86/+51	+86/+71	+93/+71	+106/+71	+106/+91	+113/+91	+126/+91	+146/+124	+159/+124	+168/+146	+200/+178	+236/+214	+280/+258
+69/+54	+76/+54	+89/+54	+94/+79	+101/+79	+114/+79	+119/+104	+126/+104	+139/+104	+166/+144	+179/+144	+194/+172	+232/+210	+276/+254	+332/+310
+81/+63	+88/+63	+103/+63	+110/+92	+117/+92	+132/+92	+140/+122	+147/+122	+162/+122	+195/+170	+210/+170	+227/+202	+273/+248	+325/+300	+390/+365
+83/+65	+90/+65	+105/+65	+118/+100	+125/+100	+140/+100	+152/+134	+159/+134	+174/+134	+215/+190	+230/+190	+253/+228	+305/+280	+365/+340	+440/+415
+86/+68	+93/+68	+108/+68	+126/+108	+133/+108	+148/+108	+164/+146	+171/+146	+186/+146	+235/+210	+250/+210	+277/+252	+335/+310	+405/+380	+490/+465
+97/+77	+106/+77	+123/+77	+142/+122	+151/+122	+168/+122	+186/+166	+195/+166	+212/+166	+265/+236	+282/+236	+313/+284	+379/+350	+454/+425	+549/+520
+100/+80	+109/+80	+126/+80	+150/+130	+159/+130	+176/+130	+200/+180	+209/+180	+226/+180	+287/+258	+304/+258	+339/+310	+414/+385	+499/+470	+604/+575
+104/+84	+113/+84	+130/+84	+160/+140	+169/+140	+186/+140	+216/+196	+225/+196	+242/+196	+313/+284	+330/+284	+369/+340	+454/+425	+549/+520	+669/+640
+117/+94	+126/+94	+146/+94	+181/+158	+190/+158	+210/+158	+241/+218	+250/+218	+270/+218	+347/+315	+367/+315	+417/+385	+507/+475	+612/+580	+742/+710
+121/+98	+130/+98	+150/+98	+198/+170	+202/+170	+222/+170	+263/+240	+272/+240	+292/+240	+382/+350	+402/+350	+457/+425	+557/+525	+682/+650	+822/+790
+133/+108	+144/+108	+165/+108	+215/+190	+226/+190	+247/+190	+293/+268	+304/+268	+325/+268	+426/+390	+447/+390	+511/+475	+626/+590	+766/+730	+936/+900
+139/+114	+150/+114	+171/+114	+233/+208	+244/+208	+265/+208	+319/+294	+330/+294	+351/+294	+471/+435	+492/+435	+566/+530	+696/+660	+856/+820	+1036/+1000
+153/+126	+166/+126	+189/+126	+259/+232	+272/+232	+295/+232	+357/+330	+370/+330	+393/+330	+530/+490	+553/+490	+635/+595	+780/+740	+960/+920	+1140/+1100
+159/+132	+172/+132	+195/+132	+279/+252	+292/+252	+315/+252	+387/+360	+400/+360	+423/+360	+580/+540	+603/+540	+700/+660	+860/+820	+1040/+1000	+1290/+1250

代号		A	B		C		D				E		F			
基本尺寸 /mm	至														公　差	
		11	11	12	*11	12	8	*9	10	11	8	9	6	7	*8	9
—	3	+330 / +270	+200 / +140	+240 / +140	+120 / +60	+160 / +60	+34 / +20	+45 / +20	+60 / +20	+80 / +20	+28 / +14	+39 / +14	+12 / +6	+16 / +6	+20 / +6	+31 / +6
3	6	+345 / +270	+215 / +140	+260 / +140	+145 / +70	+190 / +70	+48 / +30	+60 / +30	+78 / +30	+105 / +30	+38 / +20	+50 / +20	+18 / +10	+22 / +10	+28 / +10	+40 / +10
6	10	+370 / +280	+240 / +150	+300 / +150	+170 / +80	+230 / +80	+62 / +40	+76 / +40	+98 / +40	+130 / +40	+47 / +25	+61 / +25	+22 / +13	+28 / +13	+35 / +13	+49 / +13
10	14	+400 / +290	+260 / +150	+330 / +150	+205 / +95	+275 / +95	+77 / +50	+93 / +50	+120 / +50	+160 / +50	+59 / +32	+75 / +32	+27 / +16	+34 / +16	+43 / +16	+59 / +16
14	18	+400 / +290	+260 / +150	+330 / +150	+205 / +95	+275 / +95	+77 / +50	+93 / +50	+120 / +50	+160 / +50	+59 / +32	+75 / +32	+27 / +16	+34 / +16	+43 / +16	+59 / +16
18	24	+430 / +300	+290 / +160	+370 / +160	+240 / +110	+320 / +110	+98 / +65	+117 / +65	+149 / +65	+195 / +65	+73 / +40	+92 / +40	+33 / +20	+41 / +20	+53 / +20	+72 / +20
24	30	+430 / +300	+290 / +160	+370 / +160	+240 / +110	+320 / +110	+98 / +65	+117 / +65	+149 / +65	+195 / +65	+73 / +40	+92 / +40	+33 / +20	+41 / +20	+53 / +20	+72 / +20
30	40	+470 / +310	+330 / +170	+420 / +170	+280 / +120	+370 / +120	+119 / +80	+142 / +80	+180 / +80	+240 / +80	+89 / +50	+112 / +50	+41 / +25	+50 / +25	+64 / +25	+87 / +25
40	50	+480 / +320	+340 / +180	+430 / +180	+290 / +130	+380 / +130	+119 / +80	+142 / +80	+180 / +80	+240 / +80	+89 / +50	+112 / +50	+41 / +25	+50 / +25	+64 / +25	+87 / +25
50	65	+530 / +340	+380 / +190	+490 / +190	+330 / +140	+440 / +140	+146 / +100	+174 / +100	+220 / +100	+290 / +100	+106 / +60	+134 / +60	+49 / +30	+60 / +30	+76 / +30	+104 / +30
65	80	+550 / +360	+390 / +200	+500 / +200	+340 / +150	+450 / +150	+146 / +100	+174 / +100	+220 / +100	+290 / +100	+106 / +60	+134 / +60	+49 / +30	+60 / +30	+76 / +30	+104 / +30
80	100	+600 / +380	+440 / +220	+570 / +220	+390 / +170	+520 / +170	+174 / +120	+207 / +120	+260 / +120	+340 / +120	+126 / +72	+159 / +72	+58 / +36	+71 / +36	+90 / +36	+123 / +36
100	120	+630 / +410	+460 / +240	+590 / +240	+400 / +180	+530 / +180	+174 / +120	+207 / +120	+260 / +120	+340 / +120	+126 / +72	+159 / +72	+58 / +36	+71 / +36	+90 / +36	+123 / +36
120	140	+710 / +460	+510 / +260	+660 / +260	+450 / +200	+600 / +200	+208 / +145	+245 / +145	+305 / +145	+395 / +145	+148 / +85	+185 / +85	+68 / +43	+83 / +43	+106 / +43	+143 / +43
140	160	+770 / +520	+530 / +280	+680 / +280	+460 / +210	+610 / +210	+208 / +145	+245 / +145	+305 / +145	+395 / +145	+148 / +85	+185 / +85	+68 / +43	+83 / +43	+106 / +43	+143 / +43
160	180	+830 / +580	+560 / +310	+710 / +310	+480 / +230	+630 / +230	+208 / +145	+245 / +145	+305 / +145	+395 / +145	+148 / +85	+185 / +85	+68 / +43	+83 / +43	+106 / +43	+143 / +43
180	200	+950 / +660	+630 / +340	+800 / +340	+530 / +240	+700 / +240	+242 / +170	+285 / +170	+355 / +170	+460 / +170	+172 / +100	+215 / +100	+79 / +50	+96 / +50	+122 / +50	+165 / +50
200	225	+1030 / +740	+670 / +380	+840 / +380	+550 / +260	+720 / +260	+242 / +170	+285 / +170	+355 / +170	+460 / +170	+172 / +100	+215 / +100	+79 / +50	+96 / +50	+122 / +50	+165 / +50
225	250	+1110 / +820	+710 / +420	+880 / +420	+570 / +280	+740 / +280	+242 / +170	+285 / +170	+355 / +170	+460 / +170	+172 / +100	+215 / +100	+79 / +50	+96 / +50	+122 / +50	+165 / +50
250	280	+1240 / +920	+800 / +480	+1000 / +480	+620 / +300	+820 / +300	+271 / +190	+320 / +190	+400 / +190	+510 / +190	+191 / +110	+240 / +110	+88 / +56	+108 / +56	+137 / +56	+186 / +56
280	315	+1370 / +1050	+860 / +540	+1060 / +540	+650 / +330	+850 / +330	+271 / +190	+320 / +190	+400 / +190	+510 / +190	+191 / +110	+240 / +110	+88 / +56	+108 / +56	+137 / +56	+186 / +56
315	355	+1560 / +1200	+960 / +600	+1170 / +600	+720 / +360	+930 / +360	+299 / +210	+350 / +210	+440 / +210	+570 / +210	+214 / +125	+265 / +125	+98 / +62	+119 / +62	+151 / +62	+202 / +62
355	400	+1710 / +1350	+1040 / +680	+1250 / +680	+760 / +400	+970 / +400	+299 / +210	+350 / +210	+440 / +210	+570 / +210	+214 / +125	+265 / +125	+98 / +62	+119 / +62	+151 / +62	+202 / +62
400	450	+1900 / +1500	+1160 / +760	+1390 / +760	+840 / +440	+1070 / +440	+327 / +230	+385 / +230	+480 / +230	+630 / +230	+232 / +135	+290 / +135	+108 / +68	+131 / +68	+165 / +68	+223 / +68
450	500	+2050 / +1650	+1240 / +840	+1470 / +840	+880 / +480	+1110 / +480	+327 / +230	+385 / +230	+480 / +230	+630 / +230	+232 / +135	+290 / +135	+108 / +68	+131 / +68	+165 / +68	+223 / +68

极限偏差表（GB/T 1800.2—2009）　　　　　　　　　　　　　　　　　　　μm

G		H							JS			K		
						等　级								
6	*7	6	*7	*8	*9	10	*11	12	6	7	8	6	*7	8
+8 +2	+12 +2	+6 0	+10 0	+14 0	+25 0	+40 0	+60 0	+100 0	±3	±5	±7	0 −6	0 −10	0 −14
+12 +4	+16 +4	+8 0	+12 0	+18 0	+30 0	+48 0	+75 0	+120 0	±4	±6	±9	+2 −6	+3 −9	+5 −13
+14 +5	+20 +5	+9 0	+15 0	+22 0	+36 0	+58 0	+90 0	+150 0	±4.5	±7	±11	+2 −7	+5 −10	+6 −16
+17 +6	+24 +6	+11 0	+18 0	+27 0	+43 0	+70 0	+110 0	+180 0	±5.5	±9	±13	+2 −9	+6 −12	+8 −19
+20 +7	+28 +7	+13 0	+21 0	+33 0	+52 0	+84 0	+130 0	+210 0	±6.5	±10	±16	+2 −11	+6 −15	+10 −23
+25 +9	+34 +9	+16 0	+25 0	+39 0	+62 0	+100 0	+160 0	+250 0	±8	±12	±19	+3 −13	+7 −18	+12 −27
+29 +10	+40 +10	+19 0	+30 0	+46 0	+74 0	+120 0	+190 0	+300 0	±9.5	±15	±23	+4 −15	+9 −21	+14 −32
+34 +12	+47 +12	+22 0	+35 0	+54 0	+87 0	+140 0	+220 0	+350 0	±11	±17	±27	+4 −18	+10 −25	+16 −38
+39 +14	+54 +14	+25 0	+40 0	+63 0	+100 0	+160 0	+250 0	+400 0	±12.5	±20	±31	+4 −21	+12 −28	+20 −43
+44 +15	+61 +15	+29 0	+46 0	+72 0	+115 0	+185 0	+290 0	+460 0	±14.5	±23	±36	+5 −24	+13 −33	+22 −50
+49 +17	+69 +17	+32 0	+52 0	+81 0	+130 0	+210 0	+320 0	+520 0	±16	±26	±40	+5 −27	+16 −36	+25 −56
+54 +18	+75 +18	+36 0	+57 0	+89 0	+140 0	+230 0	+360 0	+570 0	±18	±28	±44	+7 −29	+17 −40	+28 −61
+60 +20	+83 +20	+40 0	+63 0	+97 0	+155 0	+250 0	+400 0	+630 0	±20	±31	±48	+8 −32	+18 −45	+29 −68

续表

代号	M			N			P		R		S		T		U
基本尺寸 /mm	公差等级														
至	6	7	8	6	7	7	6	*7	6	7	6	*7	6	7	*7
—～3	-2 / -8	-2 / -12	-2 / -16	-4 / -10	-4 / -14	-4 / -18	-6 / -12	-6 / -16	-10 / -16	-10 / -20	-14 / -20	-14 / -24	—	—	-18 / -28
3～6	-1 / -9	0 / -12	+2 / -16	-5 / -13	-4 / -16	-2 / -20	-9 / -17	-8 / -20	-12 / -20	-11 / -23	-16 / -24	-15 / -27	—	—	-19 / -31
6～10	-3 / -12	0 / -15	+1 / -21	-7 / -16	-4 / -19	-3 / -25	-12 / -21	-9 / -24	-16 / -25	-13 / -28	-20 / -29	-17 / -32	—	—	-22 / -37
10～14	-4 / -15	0 / -18	+2 / -25	-9 / -20	-5 / -23	-3 / -30	-15 / -26	-11 / -29	-20 / -31	-16 / -34	-25 / -36	-21 / -39	—	—	-26 / -44
14～18	-4 / -15	0 / -18	+2 / -25	-9 / -20	-5 / -23	-3 / -30	-15 / -26	-11 / -29	-20 / -31	-16 / -34	-25 / -36	-21 / -39	—	—	-26 / -44
18～24	-4 / -17	0 / -21	+4 / -29	-11 / -24	-7 / -28	-3 / -36	-18 / -31	-14 / -35	-24 / -37	-20 / -41	-31 / -44	-27 / -48	—	—	-33 / -54
24～30	-4 / -17	0 / -21	+4 / -29	-11 / -24	-7 / -28	-3 / -36	-18 / -31	-14 / -35	-24 / -37	-20 / -41	-31 / -44	-27 / -48	-37 / -50	-33 / -54	-40 / -61
30～40	-4 / -20	0 / -25	+5 / -34	-12 / -28	-8 / -33	-3 / -42	-21 / -37	-17 / -42	-29 / -45	-25 / -50	-38 / -54	-34 / -59	-43 / -59	-39 / -64	-51 / -76
40～50	-4 / -20	0 / -25	+5 / -34	-12 / -28	-8 / -33	-3 / -42	-21 / -37	-17 / -42	-29 / -45	-25 / -50	-38 / -54	-34 / -59	-49 / -65	-45 / -70	-61 / -86
50～65	-5 / -24	0 / -30	+5 / -41	-14 / -33	-9 / -39	-4 / -50	-26 / -45	-21 / -51	-35 / -54	-30 / -60	-47 / -66	-42 / -72	-60 / -79	-55 / -85	-76 / -106
65～80	-5 / -24	0 / -30	+5 / -41	-14 / -33	-9 / -39	-4 / -50	-26 / -45	-21 / -51	-37 / -56	-32 / -62	-53 / -72	-48 / -78	-69 / -88	-64 / -94	-91 / -121
80～100	-6 / -28	0 / -35	+6 / -48	-16 / -38	-10 / -45	-4 / -58	-30 / -52	-24 / -59	-44 / -66	-38 / -73	-64 / -86	-58 / -93	-84 / -106	-78 / -113	-111 / -146
100～120	-6 / -28	0 / -35	+6 / -48	-16 / -38	-10 / -45	-4 / -58	-30 / -52	-24 / -59	-47 / -69	-41 / -76	-72 / -94	-66 / -101	-97 / -119	-91 / -126	-131 / -166
120～140	-8 / -33	0 / -40	+8 / -55	-20 / -45	-12 / -52	-4 / -67	-36 / -61	-28 / -68	-56 / -81	-48 / -88	-85 / -110	-77 / -117	-115 / -140	-107 / -147	-155 / -195
140～160	-8 / -33	0 / -40	+8 / -55	-20 / -45	-12 / -52	-4 / -67	-36 / -61	-28 / -68	-58 / -83	-50 / -90	-93 / -118	-85 / -125	-127 / -152	-119 / -159	-175 / -215
160～180	-8 / -33	0 / -40	+8 / -55	-20 / -45	-12 / -52	-4 / -67	-36 / -61	-28 / -68	-61 / -86	-53 / -93	-101 / -126	-93 / -133	-139 / -164	-131 / -171	-195 / -235
180～200	-8 / -37	0 / -46	+9 / -63	-22 / -51	-14 / -60	-5 / -77	-41 / -70	-33 / -79	-68 / -97	-60 / -106	-113 / -142	-105 / -151	-157 / -186	-149 / -195	-219 / -265
200～225	-8 / -37	0 / -46	+9 / -63	-22 / -51	-14 / -60	-5 / -77	-41 / -70	-33 / -79	-71 / -100	-63 / -109	-121 / -150	-113 / -159	-171 / -200	-163 / -209	-241 / -287
225～250	-8 / -37	0 / -46	+9 / -63	-22 / -51	-14 / -60	-5 / -77	-41 / -70	-33 / -79	-75 / -104	-67 / -113	-131 / -160	-123 / -169	-187 / -216	-179 / -225	-267 / -313
250～280	-9 / -41	0 / -52	+9 / -72	-25 / -57	-14 / -66	-5 / -86	-47 / -79	-36 / -88	-85 / -117	-74 / -126	-149 / -181	-138 / -190	-209 / -241	-198 / -250	-295 / -347
280～315	-9 / -41	0 / -52	+9 / -72	-25 / -57	-14 / -66	-5 / -86	-47 / -79	-36 / -88	-89 / -121	-78 / -130	-161 / -193	-150 / -202	-231 / -263	-220 / -272	-330 / -382
315～355	-10 / -46	0 / -57	+11 / -78	-26 / -62	-16 / -73	-5 / -94	-51 / -87	-41 / -98	-97 / -133	-87 / -144	-179 / -215	-169 / -226	-257 / -293	-247 / -304	-369 / -426
355～400	-10 / -46	0 / -57	+11 / -78	-26 / -62	-16 / -73	-5 / -94	-51 / -87	-41 / -98	-103 / -139	-93 / -150	-197 / -233	-187 / -244	-283 / -319	-273 / -330	-414 / -471
400～450	-10 / -50	0 / -63	+11 / -86	-27 / -67	-17 / -80	-6 / -103	-55 / -95	-45 / -108	-113 / -153	-103 / -166	-219 / -259	-209 / -272	-317 / -357	-307 / -370	-467 / -530
450～500	-10 / -50	0 / -63	+11 / -86	-27 / -67	-17 / -80	-6 / -103	-55 / -95	-45 / -108	-119 / -159	-109 / -172	-239 / -279	-229 / -292	-347 / -387	-337 / -400	-517 / -580

四、常用材料及热处理名词解释

附表 16　常用钢材

名称	钢号	主 要 用 途
普通碳素结构钢	Q215 Q235	强度较低,但塑性、焊接性好,常用作各种板材及型钢,制作工程结构或机器中受力不大的零件,如螺钉、螺母、垫圈、吊钩、拉杆等;也可制作不重要的渗碳件
	Q275	强度较高,可制作承受中等应力的普通零件,如紧固件、吊钩、拉杆等;也可经热处理后制作不重要的轴
优质碳素结构钢	15 20	强度较低,但塑性、韧性、焊接性和冷冲性都很好,用于制作受力不大,但要求韧性高的零件、渗碳件、紧固件,如螺栓、螺钉、拉条、法兰盘等
	35	有较好的塑性和适当的强度,用于制造曲轴、转轴、摇杆、拉杆、链轮、键、销、螺栓、螺钉、螺母、垫圈等
	40 45	用于要求强度较高、韧性要求中等的零件,通常进行调质处理,用于制造齿轮、齿条、链轮、凸轮、轧辊、曲轴、轴、活塞销等
	55	经热处理后有较高的表面硬度和强度,用于制作齿轮、连杆、轧辊、轮圈等
	65	一般经中温回火后具有较高弹性,用于制作小尺寸弹簧
	15Mn	性能与 15 钢相似,但淬透性好,用于制作芯部力学性能要求较高,且需渗碳的零件
	65Mn	性能与 65 钢相似,用于制作弹簧、弹簧垫圈、弹簧环和片、发条等
合金结构钢	20Cr	用于较重要的渗碳件,制作受力不大、不需强度很高的耐磨件,如机床齿轮、齿轮轴、蜗杆、凸轮、活塞销等
	40Cr	用于制作要求力学性能比碳钢高的重要的调质零件,如齿轮、轴、曲轴、连杆螺栓等
	20CrMnTi	强度高、韧性好,经热处理后,用于制作承受高速、中等或重负荷、冲击、易磨的重要零件,如汽车上的重要渗碳齿轮、凸轮等
	38CrMoAl	渗氮专用钢种,经热处理后用于要求高耐磨性、高疲劳强度和高强度且热处理变形小的零件,如镗杆、主轴、齿轮、蜗杆、套筒、套环等
	50CrVA	用于 φ30～φ50mm 的重要的承受大应力的各种弹簧,也可用于制作大截面的温度低于 400℃的气阀弹簧、喷油嘴弹簧等
铸钢	ZG200-400	用于受力不大,要求韧性高的各种形状的零件,如机座、箱体等
	ZG230-450	用于 450℃以下工作条件的铸件,如汽缸、蒸汽室、汽阀壳体、隔板等
	ZG270-500	用于制作各种形状的零件,如飞轮、机架、水压机工作缸、横梁等

附表 17　常用铸铁

名称	牌号	主 要 用 途
灰铸铁	HT100	用于低载荷和不重要的零件,如盖、罩、手轮、支架等
	HT150	用于承受中等应力的零件,如机床底座、工作台、汽车变速箱、泵体、阀体、阀盖等

续表

名称	牌号	主要用途
灰铸铁	HT200 HT250	承受较大应力和较重要零件，如刀架、齿轮箱体、床身、油缸、泵体、阀体、缸套、活塞、齿轮、皮带轮、齿轮箱、轴承盖和架等
	HT300 HT350 HT400	用于承受高弯曲应力、拉应力的重要零件，如高压油缸、泵体、阀体、齿轮、车床卡盘、剪床和压力机的机身、床身等
球墨铸铁	QT400-15 QT450-10 QT500-7 QT600-3 QT700-2	可代替部分碳钢、合金钢，用来制造一些受力复杂，强度、韧性和耐磨性要求高的零件。前两种牌号的球墨铸铁，具有相对较高的塑性和韧性，常用来制造受压阀门、机器底座、汽车后桥壳等；后两种牌号的球墨铸铁，具有较高的强度与耐磨性，常用于制造拖拉机或柴油机中的曲轴、连杆、凸轮轴、各种齿轮、机床的主轴、蜗杆、蜗轮、轧钢机的轧辊、大齿轮、大型水压机的工作缸、缸套、活塞等
可锻铸铁	KTH300-06	具有较高的强度，用于制造受冲击、振动及扭转负荷的汽车、机床等零件
	KTZ550-04 KTB350-04	具有较高强度，耐磨性好，韧性较差，用于制造轴承座、轮毂、箱体、履带、齿轮、连杆、轴、活塞环等

附表 18　常用有色金属

名称		牌号	主要用途
铜合金	普通黄铜	H62	用于制作销钉、铆钉、螺钉、螺母、垫圈、弹簧等
		H68	用于制作复杂的冷冲压件、散热器外壳、弹壳、导管、波纹管、轴套等
		HT90	用于制作双金属片、供水和排水管、证章、艺术品等
	特殊黄铜	HPb59-1	适用于仪器仪表等工业部门用的切削加工零件，如销、螺钉、螺母、轴套等
	铸造黄铜	ZCuZn38	用于制作耐蚀零件，如阀座、手柄、螺钉、螺母、垫圈等
	压力加工青铜	QSn4-3	用于制作弹性元件、管配件、化工机械中耐磨零件及抗磁零件等
		QSn6.5-0.1	用于制作弹簧、接触片、振动片、精密仪器中的耐磨零件
	铸造青铜	ZCuSn5PbZn5	用于制作中等速度和中等载荷下工作的轴承、轴套、蜗轮等耐磨零件
		ZCuAl9Mn2 ZCuAl10Fe3	用于制作要求强度高、耐蚀性好，气密性要求高的零件，如衬套、齿轮、蜗轮等
铝合金	铸造铝合金	ZAlSi7Mg (ZL101)	用于制作承受中等载荷、形状复杂的零件，如水泵体、汽缸体、抽水机和电器、仪表的壳体
		ZAlSi12 (ZL102)	用于制作复杂的砂型、金属型和压力铸造、低负荷零件，如抽水机、仪表的壳体等
		ZAlSi12Cu2Mg1 (ZL108)	用于制作砂型、金属型铸造的、要求高温强度及低膨胀系数的高速内燃机活塞及其他耐热零件

五、倒角与倒圆、普通螺纹退刀槽及砂轮越程槽

附表 19　倒角与倒圆（GB/T 6403.4—2008）　　mm

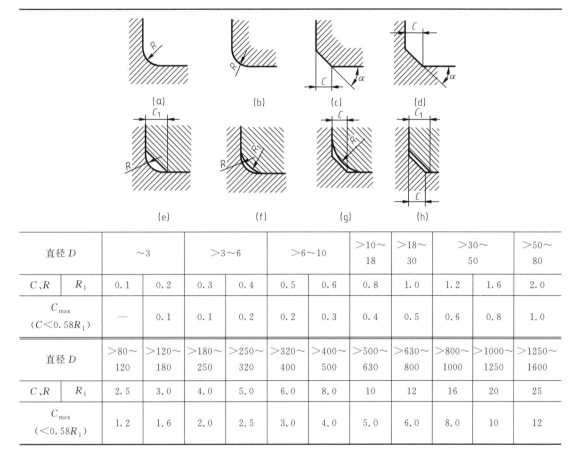

直径 D		～3		>3～6		>6～10		>10～18	>18～30	>30～50		>50～80
C、R	R_1	0.1	0.2	0.3	0.4	0.5	0.6	0.8	1.0	1.2	1.6	2.0
C_{max} ($C<0.58R_1$)		—	0.1	0.1	0.2	0.2	0.3	0.4	0.5	0.6	0.8	1.0
直径 D		>80～120	>120～180	>180～250	>250～320	>320～400	>400～500	>500～630	>630～800	>800～1000	>1000～1250	>1250～1600
C、R	R_1	2.5	3.0	4.0	5.0	6.0	8.0	10	12	16	20	25
C_{max} ($<0.58R_1$)		1.2	1.6	2.0	2.5	3.0	4.0	5.0	6.0	8.0	10	12

附表 20　普通螺纹退刀槽（GB/T 3—1997）　　mm

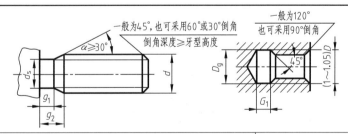

螺距	外螺纹			内螺纹	
	g_{2max}	g_{1min}	d_s	G_1	D_g
0.5	1.5	0.8	$d-0.8$	2	D+0.3
0.7	2.1	1.1	$d-1.1$	2.8	
0.8	2.4	1.3	$d-1.3$	3.2	
1	3	1.6	$d-1.6$	4	
1.25	3.75	2	$d-2$	5	D+0.5
1.5	4.5	2.5	$d-2.3$	6	

续表

螺距	外螺纹			内螺纹	
	g_{2max}	g_{1min}	d_s	G_1	D_g
1.75	5.25	3	$d-2.6$	7	
2	6	3.4	$d-3$	8	
2.5	7.5	4.4	$d-3.6$	10	
3	9	5.2	$d-4.4$	12	$D+0.5$
3.5	10.5	6.2	$d-5$	14	
4	12	7	$d-5.7$	16	

附表21　砂轮越程槽（GB/T 6403.5—2008）　　　　　mm

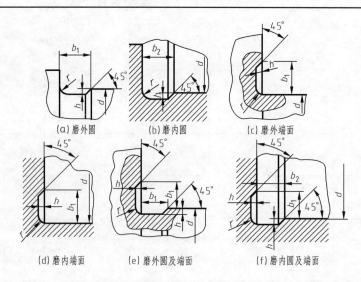

(a) 磨外圆　　　(b) 磨内圆　　　(c) 磨外端面

(d) 磨内端面　　(e) 磨外圆及端面　　(f) 磨内圆及端面

d	~ 10			$>10\sim 50$		$>50\sim 100$		>100	
b_1	0.6	1.0	1.6	2.0	3.0	4.0	5.0	8.0	10
b_2	2.0	3.0		4.0		5.0		8.0	10
h	0.1	0.2		0.3	0.4		0.6	0.8	1.2
r	0.2	0.5		0.8	1.0		1.6	2.0	3.0

参 考 文 献

[1] 杨新田，等. 机械制图. 南京：江苏凤凰科学技术出版社，2016.
[2] 刘哲，等. 机械制图. 5 版. 大连：大连理工大学出版社，2011.
[3] 周明贵. 机械制图与识图实例教程. 2 版. 北京：化学工业出版社，2015.
[4] 彭晓兰. 机械制图. 2 版. 北京：高等教育出版社，2018.
[5] 吴宗泽，等. 机械设计课程设计手册. 4 版. 北京：高等教育出版社，2012.
[6] 刘力. 机械制图. 2 版. 北京：高等教育出版社，2004.